Bernhard Stein
Meisterschule Modellbahnbau

Bernhard Stein

Meisterschule Modellbahnbau

Vorbildtreue Gestaltung von
Bahn und Landschaft

Augustus Verlag Augsburg

Die Deutsche Bibliothek – CIP-Einheitsaufnahme

Stein, Bernhard:
Meisterschule Modellbahnbau : vorbildtreue Gestaltung von
Bahn und Landschaft / Bernhard Stein. – Augsburg : Augustus-
Verl., 1992
  ISBN 3-8043-0147-9
NE: HST

Alle Modellanlagen entstanden im „Atelier Bernhard Stein", wenn
nicht anders angegeben.
Alle Aufnahmen vom Autor, wenn nicht anders angegeben.

Umschlaggestaltung: Bine Cordes, Weyarn unter Verwendung eines
Fotos des Autors
Lektorat: Manfred Braun
AUGUSTUS VERLAG AUGSBURG 1992
© Weltbild Verlag GmbH, Augsburg
Satz: 9/11 Punkt Rockwell von Cicero Lasersatz, Augsburg
Gesamtherstellung: Neue Stalling, Oldenburg
Printed in Germany

ISBN 3-8043-0147-9

Inhalt

Einführung

Modelleisenbahn-Anlagenbau als Freizeitgestaltung

Es gibt viele Möglichkeiten, sich mit dem Freizeitmedium Modelleisenbahn zu beschäftigen. Die einen begnügen sich mit dem Sammeln von Modellen und finden Erfüllung im Betrachten ihrer wohlbestückten Vitrinen. Andere wünschen sich eine Anlage, die möglichst viel Fahr- und Rangierbetrieb bietet. Und wieder andere ereifern sich in der exakten Darstellung realistischer Eisenbahnlandschaften.

Dieses Buch befaßt sich mit „der hohen Schule" der Modellbahngestaltung als einer Disziplin, die Technik und Landschaft als harmonische Einheit in den Vordergrund aller Betrachtungen stellt und mit künstlerischen Mitteln möglichst getreu nach dem Naturvorbild darzustellen versucht. Bei der Ausführung wird vor allem Beobachtungsgabe, solide handwerkliche Arbeit sowie ein hohes Maß an Kreativität, Geduld und Ausdauer beim Ausarbeiten der Details gefordert.

Auch bei einer nach diesen Gesichtspunkten gestalteten Modelleisenbahnanlage sind die bahntechnischen Einrichtungen und Fahrzeuge die wichtigsten Elemente. Man beachtet aber als Grundregel, daß die in Farben und Formen präzis ihren Originalen nachgebildeten Fahrzeugmodelle nur dann richtig zur Geltung kommen, wenn sie sich in einem Umfeld bewegen, das nach den gleichen Kriterien gestaltet ist. Dazu gehören neben der sicher funktionierenden Steuerung auch millimetergenau und absolut verwindungsfrei verlegte Gleiskörper, die einen sauberen Fahrzeuglauf garantieren.

Größe und Umfang der Anlage spielen hingegen nur eine untergeordnete Rolle. Entscheidend ist vielmehr der optische Gesamteindruck.

Modelleisenbahnanlagen oder Dioramen, die nach den vorgenannten Kriterien gestaltet sind, gelten unabhängig von ihrer künstlerischen Qualität als Werke der Bildenden Kunst und unterliegen uneingeschränkt dem gesetzlich verbrieften Urheberrechtsschutz. Dies gilt auch für die Gleispläne, Entwürfe, Detailskizzen und fotografischen Wiedergaben.

Die sieben Regeln zum Erfolg

Modelleisenbahnanlagen, die nach den genannten Kriterien gestaltet sind, finden allerorts, wo sie in der Öffentlichkeit gezeigt werden, große Beachtung.

Abbildung unten:
Ausschnitt aus einer mit viel Liebe zum Detail und nach künstlerischen Gesichtspunkten gestalteten Modelleisenbahnanlage. Das Motiv ist dem einer Mosel-Landschaft nachempfunden mit doppelgleisiger Eisenbahnbrücke und Kaimauer.

Zugegebenermaßen fordert ein hoher Anspruch im Anlagenbau auch ein hohes Maß an handwerklichen Fertigkeiten und künstlerischem Einfühlungsvermögen. Doch die meisten Menschen verfügen über die nötigen Talente, es gilt sie lediglich zu wekken. Fachliche Vorkenntnisse sind hierbei weniger ausschlaggebend als der Wille zum Erfolg. Wer sich ernstlich vornimmt, seine Anlage nach den Kriterien der „hohen Schule" zu planen, zu bauen und zu gestalten, dem wird mit Hilfe dieses Buches auch ein zufriedenstellendes Ergebnis gelingen. Alle beschriebenen praktischen Verfahren sind vielfach erprobt und ohne spezielle handwerkliche Vorkenntnisse erlernbar.

Der Schlüssel zum Erfolg liegt im Befolgen der sieben nachstehenden Regeln:

1. Nie unter Termindruck arbeiten! Man sollte sich genügend Zeit für das Vorhaben nehmen. Der Anlagenbau soll in erster Linie entspannende Freizeitgestaltung sein und darf nie in Streß ausarten.
2. Das Vorbild eingehend studieren! Fortgesetzte Naturbeobachtungen sind dabei unerläßlich. Nur so schult man das Auge im Sehen, Erkennen und Selektieren der Details.
3. Sorgfältig Planen bis in die letzten Details! Dies setzt auch voraus, daß man die Gleisgeometrie des gewählten Modellbahnsystems sicher beherrscht.
4. Solide Handwerksarbeit zum obersten Gebot erheben! Millimetergenaue Arbeit nach Plan ist auch dort erforderlich, wo man später nicht mehr hinsehen kann. Nennenswerte Korrekturen sollten unbedingt in die Baupläne eingezeichnet werden.
5. Nicht geläufige Arbeitstechniken außerhalb der Anlage einüben! Man sollte erst dann eine handwerkliche Technik anwenden, wenn das Ergebnis der extern angefertigten Arbeitsproben befriedigt und damit die nötige Sicherheit garantiert ist.

Abbildung oben:
Eine ländliche Bahnhofsszene — Ausschnitte einer Modelleisenbahnanlage im Nachbildungsmaßstab 1:87 gestaltet im Zeitstil der 30er Jahre.

Abbildung Seite 9:
Vorderansicht der auf Seite 7 im Ausschnitt gezeigten Anlage mit der Fährbootanlegestelle, dem Stadtkern und der aus Modellbauplatten gestalteten Burgruine im Hintergrund.

6. Immer nur das Beste darf gut genug sein! Nie sollte man sich mit zweitrangigen Lösungen zufriedengeben.
7. Nicht von Dritten in das eigene Konzept hineinreden lassen! Man sollte den eigenen schöpferischen Kräften mehr trauen. Sie sind meist stärker als man ahnt, wenn man sie nur richtig zu fordern und einzusetzen versteht.

Wer sich an diese sieben Regeln hält, hat bereits den richtigen Weg eingeschlagen.

Überlegungen am Anfang

Die Kunst des Sehens und Erkennens

Vor dem Bau der Anlage steht die Naturbeobachtung. Das Studium guter Fotos oder Bildbände mag zwar bei der Motivsuche recht hilfreich sein, es kann aber das Erlebnis vor Ort in der Natur nicht ersetzen. Die Qualität der Arbeit drückt sich nicht nur in der rein handwerklichen Leistung aus, sondern in hohem Maße darin, inwieweit es gelingt, persönliche Wahrnehmungen und Empfindungen in das eigene Schaffen mit einfließen zu lassen. Auf unser Metier bezogen heißt das also, eine Eisenbahnlandschaft im Modell nicht nur so darzustellen, wie wir sie gesehen, sondern wir wir sie in uns aufgenommen, wie wir sie persönlich erlebt haben.

Allerdings findet nicht grundsätzlich alles Eingang, was das gesunde Auge zu erfassen vermag. Nur ein kleiner Teil, auf den die Gehirnzellen sozusagen programmiert sind, wird tatsächlich ausgewertet und wiederum nur ein Bruchteil davon gespeichert. Es ist also schon etwas Wahres an dem mehr ironisch gemeinten Ausspruch: „Er sieht nur, was er sehen will!"

Wir müssen also unser Gehirn trainieren, wenn wir mehr sehen und bewußter in uns aufnehmen wollen als es unter üblichen Lebensgewohnheiten geschieht. Und dies gilt nicht nur für das Sehen mit den Augen, sondern für die Summe aller Wahrnehmungen unserer Sinnesorgane.

Die beste Trainingsmöglichkeit bietet das Skizzieren der Motive. Beim Zeichnen vor Ort wird das Auge gezwungen, die einzelnen Objekte

bis in die kleinsten Details eingehend zu studieren und somit auch im proportionellen Erfassen der Dinge geschult. Dem angehenden Anlagenbauer sei daher empfohlen, bevor er mit der Motivsuche für sein Anlagenthema beginnt, sich zunächst einmal im Skizzieren entsprechen-

der Vorbildszenen in der Natur zu üben. Irgendwelche Vorkenntnisse oder besonders ausgeprägte Zeichentalente sind hierbei nicht erforderlich. Mit Bleistift, ein paar farbigen Markern und Zeichenblock hat man das nötige Rüstzeug für den Anfang. Wer mehr investieren will,

kann sich mit Hilfe eines Zeichen-
kurses vorbilden. Nötig ist das aber
nicht, denn es kommt in erster Linie
nicht auf die Qualität der Zeichnungen an, sondern allein auf den Trai-
ningseffekt im visuellen Erfassen der
Details.

Auswahl und Wiedergabe der Motive

Beim Betrachten einer Landschaft mit
geschulten Augen wird man viele
Dinge entdecken, die man in sich aufnimmt und jederzeit als Erinnerungen
wieder ins Bewußtsein zurückrufen
kann. Aber auch die Empfindungen,
die durch die anderen Sinnesorgane
aufgenommen wurden, wie zum
Beispiel die während der Beobach-
tung aufgetretenen Geräusche, das
Klima und die Gerüche werden
registriert. Und erst die Summe aller
aufgenommenen Eindrücke läßt im
Bewußtsein das Erinnerungsbild entstehen, wie es als Milieu erlebt
wurde und oft auch mit „Atmosphäre"
umschrieben wird.

Je besser es gelingt, das Milieu möglichst lebendig darzustellen, desto
mehr werden die Arbeiten Anerkennung finden. Werden diese Erkenntnisse auf das Metier der dreidimensional zu gestaltenden Modell-

bahnlandschaft bezogen, so kann man
das mit den zur Verfügung stehenden
Mitteln nur visuell, wenn man einmal
davon absieht, daß beispielsweise
Dampflokomotivgeräusche, Pfeif- und
Läutesignale auch mit akustischen
Mitteln wiedergegeben werden
können.

Was Klima und Gerüche anbetrifft,
sind wir bei der Darstellung dieser
wichtigen Elemente der Erlebniswelt
ausschließlich auf unsere visuellen
Gestaltungsmittel angewiesen. Sie
bieten dem Könner eine reiche
Palette an Möglichkeiten. Nehmen
wir eine hochsommerliche Landschaft
als Beispiel. Hier läßt sich durch
gekonnte Detailgestaltung beispielsweise in Form einer Badeszene am
Flußufer, leicht bekleideten Men-
schenfiguren, Fahrzeugen mit offenem Verdeck und durch andere
themenspezifisch gestaltete Details,
die man akzentuiert ins Bild bringt,
die hochsommerliche Atmosphäre
überzeugend in das Landschaftsmodell übertragen.

Natürlich spielt auch die Beleuchtung
eine große Rolle. Die Sommerlandschaft wirkt nur dann realistisch,
wenn mit Hilfe einer Lichtquelle die
kurzen, hart kontrastierenden Schlag-
schatten der steil einfallenden Mittagssonne möglichst wirklichkeitsnah

dargestellt sind. Erst die Summe aller
Details kann dem Betrachter die
Illusion eines heißen Sommertages so
hautnah suggerieren, daß er selbst
ins Schwitzen gerät.

Wenn man solche Milieustudien in
der Natur betreibt, ist es kaum möglich, alle Eindrücke zu verarbeiten,
die man über die einzelnen Sinnesorgane aufnimmt. Und nur ein kleiner
Teil davon, das Konzentrat sozusagen,
wird man letztlich in das zu gestal-
tende Landschaftsmodell übertragen
können. Einmal sind den anwendungstechnischen Möglichkeiten
Grenzen gesetzt, zum anderen darf
man das Auge des Betrachters nicht
überstrapazieren. Ein ausgewogenes,
überschaubares Nebeneinander
treffend gelungener Details wirkt
eindrucksvoller als ein überladenes
Motiv. Das Sprichwort, „in der Be-
schränkung zeigt sich der Meister"
gilt hier im besonderen.

Daraus ergibt sich, daß die beim
Beobachten einer bestimmten Vorbildsituation aufgenommenen
Eindrücke selektiert werden müssen.
Diese Selektion ist stets abhängig
vom vorgegebenen Thema, das dem
Werk zu Grunde liegt und letztlich
auch abhängig von den gestaltungstechnischen Möglichkeiten. Nehmen
wir nochmals die vorerwähnte Som-

merlandschaft als Beispiel. Man könnte das Ufer am See mit zweihundert Figuren von Badenden vollpacken und damit das sommerliche Bademilieu sicherlich hinlänglich darstellen. Besser sind aber nur dreißig Figuren und die dafür gut beobachtet in Szene gesetzt: Beispielsweise eine Gruppe, die sich um einen Eisverkäufer schart, eine andere ballspielend, einige Badende im Wasser usw., Szenen also, die den Beobachter besonders beeindruckt und zur Wiedergabe inspiriert haben.

Die Kunst des selektiven Sehens besteht somit darin, das Wesentliche vom Unwesentlichen zu trennen.

Auch den mit zweihundert Figuren bestückten Badestrand könnte man auf diese Art gestalten, doch würden hier die einzelnen Motive in der Masse untergehen und kämen nicht so dominant zur Wirkung wie in einem Umfeld mit einer noch über-

schaubaren Anzahl an Figuren. Nicht das mit Badenden überfüllte Flußufer war als Thema gewählt, sondern die Idylle. Wollte man hingegen ein öffentliches Schwimmbad während eines heißen Sommertages zeigen, stünden im Detail gestaltete Einzelmotive dem in diesem speziellen Fall zu vermittelnden Eindruck des Massenandranges auf den Liegewiesen rings um die Becken eher entgegen.

Welchen Stellenwert der Gestalter den einzelnen Details innerhalb des Gesamtwerkes zumißt, hängt in hohem Maße von seiner persönlichen Einstellung zum vorgegebenen Thema ab. Der Techniker zum Beispiel, der mit seinem Modell den Transportweg der Kohle vom Förderturm bis zur Eisenbahnverladung demonstrieren will, wird den Industriedetails einen höheren Stellenwert einräumen als der Landschaft. Beim Romantiker könnte es gerade um-

Abbildung Seite 10:
Ein typisches Studienobjekt ist die Bahnhofsausfahrt von Triberg an der Schwarzwaldbahn. Die Formsignale und die Seilspannwerke der alten Stelltechnik sind bei diesem Motiv die dominanten Details.

Abbildung unten:
Modellstudie einer Hafeneinfahrt mit Leuchtturm; auf kleinstem Raum finden sich viele Einzelmotive dicht gedrängt. Die gut beobachteten und mit verhältnismäßig bescheidenen Mitteln gekonnt dargestellten Szenen ergeben dessen ungeachtet ein ausgewogenes, harmonisches Bild.

gekehrt sein. Während der Techniker Förderanlagen und Bauwerke in gepflegtem und funktionssicherem Zustand zeigt, wird der Romantiker versuchen, das Motiv so darzustellen, wie er Industrieanlagen dieser Art sieht: verstaubt, mit rostzerfressenden Stahlkonstruktionen, zerbrochenen Fensterscheiben und lädierten Dächern auf windschiefen Gebäuden, im Würgegriff des ringsum wildernden Buschwerks. Insofern ist jede Modellbahnanlage, die nach den Kriterien dieses Buches gestaltet wurde, gleichzeitig auch ein Spiegelbild der Seele ihres Schöpfers.

Ein Teil dieser engen Persönlichkeitsbezogenheit zum Werk geht allerdings dann verloren, wenn nach fremden Bildvorlagen gearbeitet wird. Das ist aber nicht immer zu vermeiden. Bei Anlagen, die nach historischen Eisenbahnlandschaften entstehen, hat man zwar keine andere Wahl als nach alten Fotos oder Stichen zu arbeiten. Aber auch hier besteht die Möglichkeit, sich davon eigene Skizzen als Arbeitsunterlagen anzufertigen. Mehr unbewußt als bewußt wird man beim Zeichnen schon eine erste Selektion vornehmen, indem man automatisch Details betont, die von Interesse sind und andere, weniger markant erscheinende, unterdrückt. Sicherlich wird man bei der späteren Planungsarbeit weitere Selektionen vornehmen, doch mit der selbstgefertigten Skizze hat man unnötigen Ballast bereits über Bord geworfen, was die letzten und endgültigen Wertungen erheblich vereinfacht.

Die Harmoniegesetze der Natur und ihre Anwendung

Allerorts in der Natur, in jedem Lebewesen, in jeder, von Menschenhand nicht willkürlich veränderten Landschaft, sind Schönheit und Harmonie zu erkennen. Dieses harmonische Gleichgewicht in Farben und Formen wird als angenehm, beruhigend und entspannend empfunden. Genauso werden Kompositionen in dem Maße als harmonisch empfunden, wie sie den Harmoniegesetzen der Natur entsprechen. Stark abweichende Propor-

tionen empfinden wir hingegen störend, also disharmonisch.

So kommt es oft vor, daß uns bestimmte, von Menschenhand geschaffene Dinge ungeachtet ihrer handwerklich soliden Verarbeitung einfach nicht gefallen, ohne zu wissen weshalb. Lediglich wer sich mit den Harmoniegesetzen näher befaßt, vermag die störenden Elemente zu analysieren. Auf Grund dieser Erkenntnis ergibt sich, daß auch eine Modelleisenbahnanlage nur dann Anerkennung finden kann — nicht zuletzt auch durch ihren Schöpfer selbst — wenn sie nach den Kriterien der naturgegebenen Harmoniegesetze konzipiert und gestaltet wurde.

Zwar gibt es wie bei allen anderen Disziplinen der Bildenden Kunst auch beim dreidimensional gestalteten Landschaftsmodell keine endgültigen Regeln, die zur Beurteilung herangezogen werden könnten, wenn es um Kitsch oder Kunst geht. Doch mehr als in der Gegenwartskunst der Malerei und Bildhauerei gelten hier neben der soliden handwerklichen Arbeit die dem allgemeinen Schönheitsempfinden entsprechenden Kompositionen in Farben und Formen als die wichtigsten Kriterien.

Grundsätzlich gilt, daß allein die fortgesetzte Naturbeobachtung das Auge auch im Sehen und Erkennen der Formen und Farbenordnungen soweit

schult, daß eventuelle Verstöße gegen die Maßverhältnisse sicher erkannt und erst gar nicht in das Werk übertragen werden.

Neben dem Trainieren unserer naturgegebenen Beobachtungs- und Merkfähigkeit kann es dennoch recht hilfreich sein, wenn wir auch etwas über den „Goldenen Schnitt" wissen. Unter diesem Begriff verbirgt sich nämlich die geheimnisvolle Formel des pythagoräischen Lehrsatzes:

„Die kürzere Strecke verhält sich zur längeren wie die längere zur ganzen, ungeteilten Strecke."

Dieser Lehrsatz ist der Schlüssel zu den geometrischen Zahlenverhältnissen, die den Proportionen der Kristalle, der Pflanzenformen, dem Bau der Tierkörper, den Maßen des menschlichen Körpers, ja sogar der Farbenordnung und den Strukturgesetzen der Musik, der Malerei, der Bildhauerei und der Architektur zu Grunde liegen.

Die klassische geometrische Teilung zur Demonstration des Goldenen Schnittes erfolgt entsprechend dem hier gezeigten Beispiel nach der mathematischen Formel: $A+B:2$.

Allerdings ist der Goldene Schnitt keine Naturnorm. Es gibt viele organische und anorganische Gebilde, die keine Beziehung zu ihm aufweisen. Aber immer dort, wo uns in der Natur besonders wohlgefällige Formen begegnen, sind auch die Maßverhältnisse des Goldenen Schnittes nachweisbar.

Ein bekanntes Beispiel ist das Schneekristall, dessen Grundform eines sechsstrahligen Sterns häufig im Maßverhältnis des Goldenen Schnittes steht. Auch am regelmäßigen Fünfeck, dem Pentagramm, das die Grundform zahlreicher Blätter, Blüten und Kristalle bildet, ergeben sich bei der diagonalen Teilung Abschnitte, die den mathematischen Proportionen des Goldenen Schnittes exakt entsprechen. Andererseits fanden die goldenen Maßverhältnisse auch breit gefächert Eingang in die Technik. Das bekannteste Beispiel sind die DIN-Papierformate.

u. a. entstanden ist und nicht grundsätzlich im harmonischen Maßverhältnis zu ihrer auf organischem Zellwachstum basierenden Vegetation stehen muß, obwohl dies meist der Fall ist. So kommt es vor, daß Formen und Dimensionen eines Bergkegels, eines Hügels oder eines Felsabbruchs zu den Bäumen und Sträuchern in ihrem Umfeld disharmonieren. In der weiträumigen Natur fällt das kaum auf, doch im dichten Nebeneinander innerhalb eines Landschaftsmodells sind solche größenmäßigen Disharmonien untragbar. Durch entsprechende Korrekturen lassen sie sich leicht vermeiden.

Das Auge wird in der Beurteilung der Maßverhältnisse besonders gut geschult, wenn man hin und wieder

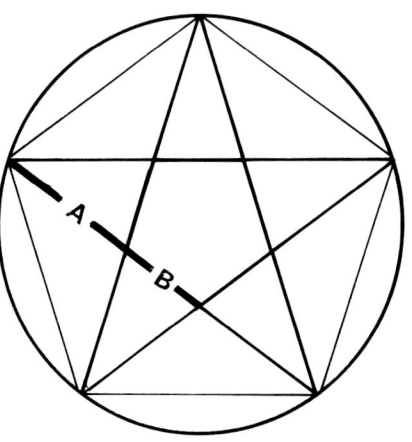

...der Nachweis am Pentagramm

...der Nachweis am Efeublatt

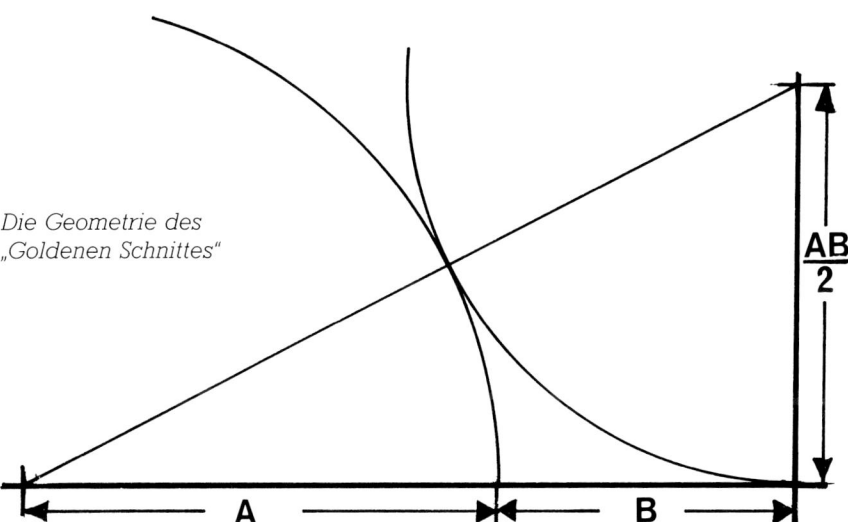

Die Geometrie des „Goldenen Schnittes"

Es würde zu weit führen, wollte man tiefer in diese Materie dringen. Für unsere Praxis genügt es, wenn wir in Zweifelsfällen betreffende Objekte auch auf die naturgegebenen Maßverhältnisse hin überprüfen. Auch beim Abschätzen der Größenverhältnisse im Zuge der Geländegestaltung, beispielsweise zwischen den topografischen Erhebungen und der zu gestaltenden Bepflanzung, kann eine Anlehnung an die geometrischen Regeln des pythagoräischen Lehrsatzes hilfreich sein.

Allerdings muß erwähnt werden, daß die Geländetopografie sozusagen als Zufallsprodukt zahlreicher physikalischer Vorgänge wie Erosionen, Aufschichtungen, Auswaschungen

beim Beobachten der vielen Details innerhalb eines Landschaftsbildes wie zum Beispiel der Bäume, Architekturen oder beim Formenstudium der Blätter und Blüten versucht, die Maßverhältnisse des Goldenen Schnittes nachzuweisen. Dabei wird man auch bald herausfinden, daß es vor allem in der organischen Natur oft vorkommt bzw. schon fast die Regel ist, daß viele gewachsene Strukturen von den goldenen Maßverhältnissen geringfügig abweichen. Größere Abweichungen, die disharmonisch wirken, sind hingegen sehr selten. Auch bei gesund entwickelten menschlichen Körperformen gibt es diese Abweichungen. Interessant hierbei ist, daß sie sich bei den Betroffenen offenbar auch auf deren

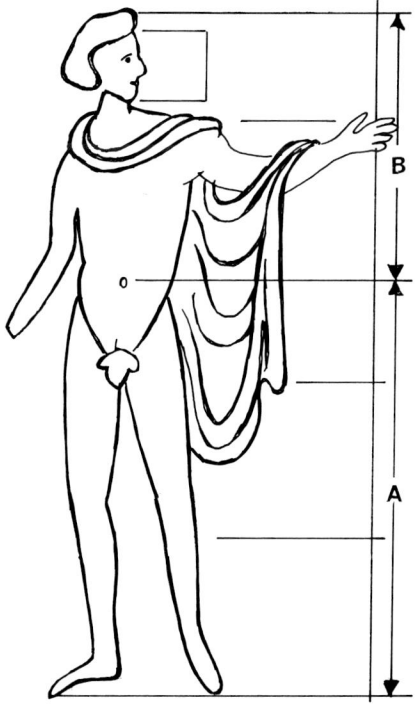

...der Nachweis am menschlichen Körper (Apollofigur)

13

Wahrnehmungsvermögen erstrecken. So neigen beispielsweise kleine, gedrungene Menschen dazu, auch beim Zeichnen die Formen etwas fülliger wiederzugeben, während lange und hagere die Dinge schlanker sehen und auch so darzustellen bestrebt sind. Solche geringfügigen Überbetonungen der Formen sollte man keinesfalls unterdrücken. Sie bringen Dynamik ins Bild und sind außerdem Wesensmerkmale der persönlichen Handschrift.

Der Nachbildungsmaßstab

Wenn man den Bau einer Modelleisenbahnanlage plant, kann man den Nachbildungsmaßstab nicht willkürlich wählen. Vielmehr muß man sich nach dem Angebot an Fahrzeugmodellen, Modellbahngleisen und Zubehör richten. Die am Markt vertretenen Modellbahn-Nenngrößen, darunter versteht man den auf das Vorbild bezogenen Verkleinerungsmaßstab, sind in nebenstehender Tabelle aufgeführt.

Neben den heute kaum noch als Tischbahnen genutzten Nenngrößen IIm, I, 0 und der extrem kleinen Z-Bahn sind die Nenngrößen H0 und N am weitesten verbreitet. Dazwischen gibt es noch die Modellbahnen der Nenngröße TT, die aber nur in einigen osteuropäischen Staaten und den Ländern der ehemaligen DDR wirtschaftliche Bedeutung haben.

Die Nenngröße H0 — sprich: Halb-Null — steht beispielsweise stellvertretend für das Maßstabsverhältnis 1:87. Die Fahrzeuge sind also 87mal kleiner als ihre Vorbilder. Die Spurweite der Modellgleise beträgt, wie in den Normen Europäischer Modellbahnen (NEM) festgelegt, 16,5 mm. Dieses Maß ist auf die bei den meisten europäischen Eisenbahnverwaltungen eingeführte Regelspur von 1435 mm bezogen und entspricht exakt dem vorgegebenen Nachbildungsmaßstab. Bei der Nenngröße N ist der Verkleinerungsmaßstab 1:160 festgelegt, die Spur beträgt 9 mm.

Im allgemeinen wählt der Modellbahner den Nachbildungsmaßstab für

Nenngrößen, Maßstäbe und Spurweiten

Nenngröße	IIm	I	0	0m	00	H0	H0m	H0n³	H0e	H0n²	TT	N	Z
Nachbildungsmaßstab	1:22,5	1:32	1:45	1:45	1:76	1:87	1:87	1:87	1:87	1:87	1:120	1:160	1:220
Modellbahnspurweite, mm	45	45	32	22,5	16,5	16,5	12	10,5	9	7	12	9	6,5
Vorbildspurweite mm	1000	1435	1435	1000	1435	1435	1000	915	750	610	1435	1435	1435

seine Anlage, der unter Berücksichtigung der verfügbaren Räumlichkeiten und den eigenen Vorstellungen von einer Modelleisenbahn am ehesten gerecht wird. Modellbahnen der Nenngröße H0 sind mit einem Marktanteil von rund 70% die absoluten Spitzenreiter. Dementsprechend ist hier auch die Auswahl an Fahrzeugen und Zubehör am größten: Weltweit führen rund 40 Großserienhersteller mehr als 7000 Fahrzeugmodelle in ihrem Angebot. Hinzu kommt noch die wohl kaum erfaßbar hohe Zahl an Kleinserien-Liebhaber- und Sondermodellen. Die große Beliebtheit dieser Modellbahn-Nenngröße liegt offensichtlich darin begründet, daß die Fahrzeugmodelle gerade noch

klein genug sind, um auf noch überschaubarer Fläche einen relativ großzügigen Fahrbetrieb zu ermöglichen, andererseits sind auch kleinere Details in der Profilierung noch recht gut darstellbar.

Eine entscheidende Rolle bei der Wahl des richtigen Nachbildungsmaßstabes spielt auch das Raumangebot. Wenn wenig Platz vorhanden ist, muß man sich auch bei einer Bahn der Nenngröße H0 entsprechend einschränken. In diesem Falle sind die maßstäblich kleineren Modellbahnen im Vorteil. Die Gleisanlagen einer Modelleisenbahn der Nenngröße N zum Beispiel nehmen nur ein Viertel der Grundfläche in Anspruch, die eine

H0-Anlage vergleichbarer Größe benötigt. Dafür können bei den sehr viel kleineren Fahrzeugmodellen dieser Nenngröße die Detaillierungen nicht mehr so ausgeprägt sein.

Mit noch weniger Platz kommt die Z-Bahn aus. Doch ungeachtet der winzigen Fahrzeugmodelle handelt es sich auch hierbei um eine ernst zu nehmende Modelleisenbahn, die sich zur Gestaltung von weiträumigen Eisenbahnlandschaften besonders gut eignet, wie das Bildbeispiel unten zeigt.

Unter eingeschränkten Raumverhältnissen bietet sich auch die Schmalspurbahn als Alternative an. Dem Vorbild entsprechend, können die Gleise einer Schmalspurbahn in erheblich engeren Radien verlegt werden, und der technische Aufwand

9mm-Vollspurgleisen, da aber die Schwellengrößen und Schienenprofile bei diesen Gleisen nicht mit den Maßen der tatsächlichen Nenngröße übereinstimmen, wäre ihre Verwendung an Stelle der maßstäblich exakt nachgebildeten Schmalspurgleise eine eklatanter Stilbruch.

Die Größenverhältnisse bei der dreidimensionalen Bildgestaltung

Wenngleich es sich bei einer Modelleisenbahnanlage um ein dreidimensional gestaltetes Landschaftsbild handelt, muß man sich doch darüber im klaren sein, daß mit einem solchen Werk niemals die maßstäbliche Kopie einer bestimmten Vorbildszene entstehen kann. Auch die hier in Bildausschnitten gezeigte,

Projekt in der Nenngröße H0 rechnen. Ganz abgesehen davon, daß niemand auf die Idee käme, zur Darstellung des Themas eine so große Fläche zu opfern, wäre die Überschaubarkeit der Szene nicht mehr gegeben.

Abbildung Seite 14:
Größenvergleich zwischen einer Modellbahnlokomotive der Nenngröße H0 (1:87) und einer solchen gleichen Typs der Nenngröße N (1:160).

Abbildung unten:
Das berühmte Modell der „Loreleystrecke" im Nachbildungsmaßstab 1:220. Einst eine Messeanlage des Hauses Märklin, heute in Privatbesitz.

ist geringer. Schmalspur-Modelleisenbahnen im Nachbildungsmaßstab 1:87 gibt es in den Nenngrößen H0m (12mm-Spur) und H0e (9mm-Spur). In den USA kennt man auch noch Schmalspur-Modellbahnen in den Nenngrößen H0n2 (7mm-Spur) und H0n3 (10,5mm-Spur). Für alle der genannten Nenngrößen gibt es spezielle Schmalspurgleise. Zwar können diese Schmalspurmodellbahnen auch auf Gleisen der maßstäblich kleineren Vollspurbahnen mit der entsprechenden Spurweite verkehren, beispielsweise die H0e-Bahn auf

acht Meter lange Modelleisenbahnanlage in der Nenngröße Z, eine Nachbildung des vier Kilometer langen Streckenabschnittes der rechten Rheinstrecke zwischen Roßstein und Lorelei, ist um mehr als 60% verkürzt. Dessen ungeachtet gilt diese Arbeit auch heute noch in Fachkreisen als das Musterbeispiel eines maßstabstreu nachgebildeten Landschaftsausschnittes. Wollte man das Vorbild tatsächlich exakt im Maßstab 1:220 nachbilden, ergäbe sich eine Länge von 18 Metern. Und fast die dreifache Länge müßte man für das gleiche

Auch bei einem zweidimensional zu gestaltenden Landschaftsbild wird sich der Maler nicht an einen Nachbildungsmaßstab gebunden fühlen. Viel wichtiger ist, daß die Proportionen stimmen. Dies gilt erst recht für die dreidimensionale Bildgestaltung einer Modelleisenbahnanlage. Nicht zuletzt aus Gründen der Überschaubarkeit, wie das Beispiel der „Loreleystrecke" zeigt, sind hier maßstäbliche Kompromisse unumgänglich. Im Gegensatz zur zweidimensionalen Bildgestaltung ist es beim drei-

dimensionalen Landschaftsmodell
aber nicht möglich, die Tiefe
perspektivisch verjüngt darzustellen,
wie es oft versucht wird. Der
Gestalter ist also hier noch mehr
gefordert, die Szene auf der zur Verfügung stehenden Fläche komprimiert
darzustellen. Und bei dem gedrängten Nebeneinander der verschiedenen Details kommt es sehr darauf
an, die einzelnen Komponenten, ihrer
Rangordnung entsprechend bewertet,
proportionell richtig ins Bild zu
setzen.

Leider gibt es keine technischen
Hilfen, die man zur Berechnung der

maßstäblichen Verkürzungen nutzen
könnte. Man ist ausschließlich auf das
im selektiven Erfassen geschulte
Auge angewiesen und auf dessen
Fähigkeit, sich auf die Illusionsoptik
der zu gestaltenden Szene einzustellen. Bezogen auf die Modelleisenbahnanlage wird man zwangsläufig
immer die Bahn und deren technische Einrichtungen in den Mittel-
punkt aller Betrachtungen stellen.
Doch über der individuellen gestalte-
rischen Freizügigkeit steht als unum-
stößliches Gebot der Harmonielehre:

Das Maß aller Dinge ist der
Mensch!

Abbildung oben:
Modell der bekannten, im Jahre 1904
erbauten Mannheimer Feuerwache
mit realistisch gestaltetem Vorplatz
und Straßenbahnhaltestelle.

Abbildung Seite 17:
Ausschnitt von einer größeren
H0-Anlage, der die sehr realistisch
gestaltete Ausfahrt eines Stadtbahn-
hofs im Stil der 50er Jahre zeigt.

Im Dialog mit dem Werk ist der Betrachter stets versucht, sich selbst in die Szene hineinzuprojizieren. Insgeheim wünschen sich viele Menschen beim Anblick einer gut gestalteten Modelleisenbahnanlage für ein paar Minuten selbst einmal in die Rolle einer Modellfigur zu schlüpfen, in einem der Züge zu sitzen oder auf der Freiterrasse des Berghotels den Blick ins Tal hinunter zu genießen. Aber selbst derjenige, der das Modell nüchterner betrachtet, wird bewußt oder unbewußt, die Szene aus der maßstäblich reduzierten Vorstellungswelt einer menschlichen Modellfigur sehen und danach beurteilen.

Die maßstäblich reduzierte Figur des menschlichen Körpers nimmt also grundsätzlich den ersten Stellenwert im Gestaltungskonzept ein. Daher müssen alle anderen Objekte auf der Anlage, die in direktem Bezug zu den Proportionen der Modellfiguren stehen, exakt im Nachbildungsmaßstab gestaltet sein. Dazu zählen zum Beispiel die Gleiskörper, Eisenbahn- und Straßenfahrzeuge, Brücken und Verkehrszeichen. Bei den Bauwerken hingegen ist eine etwas verkleinerte Darstellung sinnvoll, damit sie im unmittelbaren Umfeld der Bahn ihrer zweiten Rangordnung entsprechend nicht zu wuchtig wirken. Dabei dürfen allerdings die Architekturteile, die in unmittelbarem Bezug zu den menschlichen Körpermaßen stehen, wie zum Beispiel Fenster, Türen und Treppen, keine Verkleinerungen erfahren. Auch die unteren Stockwerkshöhen müssen noch in einem richtigen Verhältnis erhalten bleiben.

Falsch wäre es also, beispielsweise ein bestimmtes Bahnhofs-Empfangsgebäude, das für eine Anlage der Nenngröße H0 vorgesehen ist, anstatt im Maßverhältnis 1:87 im Maßstab 1:100 nachzubilden. Dies hätte zur Folge, daß die exakt im Maßstab 1:87 hergestellten Modellfiguren größer wären als die Eingänge im ersten Stockwerk und die Züge nicht mehr einfahren könnten, weil die Überdachungen zu niedrig wären. Wenn hingegen lediglich die oberen Stockwerks-

höhen und die Gesamttiefe des Bauwerks maßstäblich reduziert und eventuell die Gebäudelänge um ein oder zwei Fenster verkürzt werden, kommt dies dem angestrebten Effekt entgegen.

Neben diesen Gesichtspunkten spielt auch der im Vergleich mit der Vorbildsituation völlig unterschiedliche Betrachterstandort eine große Rolle. Dieser liegt im all-

gemeinen zwischen 0,7 und 2,5 Meter vom Objekt entfernt und entspricht, bezogen auf eine Modellbahnanlage der Nenngröße H0, einer Entfernung von ca. 50 bis 200 Metern. In der Natur wäre dies der in seinem Gesichtsfeld doch recht eingeschränkte Blick aus dem Fenster des benachbarten Hochhauses. Unsere Modellbahnanlage soll uns aber im Idealfall das möglichst realistische Bild einer Landschaft vermitteln, wie sie sich von einem in etwa eineinhalb Kilometer entfernt gelegenen Hügel aus präsentiert. Eine solche Perspektive wird uns aber nur dann gelingen, wenn wir

uns vom maßstäblichen Denken weitgehend lösen. Vor allem Bäume, Buschwerk, Hügel und Berge müssen als Objekte dritten Ranges entsprechend verkleinert in die Planung einbezogen werden.

In diesem Zusammenhang sei an dieser Stelle nochmals auf die Wichtigkeit einer fortgesetzten Naturbeobachtung hingewiesen. Nur im geschulten Auge sind die Maßverhältnisse für ein proportional ausgewogenes Gestaltungskonzept programmiert. Dem Anfänger wird empfohlen, seinen Blick zunächst an besonders auffälligen Details zu schulen. Eine gute Übung ist es hierbei, im Zuge von Naturbeobachtungen immer wieder einmal zu versuchen, sich bestimmte Vorbildsituationen korrekt maßstäblich verkleinert vorzustellen: Ein Bahnhofs-Empfangsgebäude zum Beispiel, das im Original 10 Meter hoch ist und dessen Dachfirst von einer benachbarten Baumgruppe um gute 15 Meter überragt wird. In der weiträumigen Natur würde uns an dieser alltäglichen Situation nichts stören. Wollte man jedoch beide Elemente maßstäblich getreu ins Modell umsetzen, kämen uns dort die Bäume wie Exoten aus dem Fabelreich der Riesen vor. Wir erkennen sofort, daß es unmöglich ist, diese Größenverhältnisse auch für die übrige Umfeldgestaltung konsequent zu übernehmen. Eine akzeptable Lösung ist die etwa um 50% reduzierte Höhe der Bäume.

Mit Ausnahme der Spurweiten sind bei den meisten Modellbahnanlagen auch die Gleise mehr oder weniger in die maßstäblichen Verkleinerungen einbezogen, denn die beim Vorbild üblichen Kurvenradien können nur in seltenen Ausnahmen maßstabtreu übernommen werden. Die manchmal auf mehr als ein Viertel reduzierten Modellbahnradien zwingen ihrerseits zu Kompromissen auch hinsichtlich der Fahrzeuglängen. Maßstabtreu lange Schnellzugwagen beispielsweise, wie sie im Handel auch erhältlich sind, ragen beim Durchfahren stark reduzierter Gleisbögen mit ihren ganzen Wagenbreiten über die Bahnkörper hinaus. Dies ergibt sicherlich ein weit weniger ästhetisches Bild als der Einsatz von Schnellzugwagen, die um ein oder zwei Fenster verkürzt, den gegebenen Modellbahnradien angepaßt sind.

Der Verkehr mit maßstabtreu langen Wagen auf den üblichen Modellbahnradien würde außerdem auch größere Parallelgleisabstände und damit unnatürlich verbreiterte Trassen erfordern. Sie wären insbesondere bei doppelgleisiger Ausführung dem ästhetischen Gesamtbild sehr abträglich. Schon während der ersten Überlegungen zur Anlagenkonzeption sollte man deshalb auch darauf achten, daß die Proportionen der zum Einsatz vorgesehenen Fahrzeuge mit denen der Gleisradien weitgehend übereinstimmen. Wenn die räumlichen Verhältnisse die Verwendung von einigermaßen vorbildnah wirkenden Gleisbögen nicht erlauben, sollte man sich besser im Anlagenthema beschränken und eine Vorbildszene wählen, die wirklichtsnäher auf der zur Verfügung stehenden Grundfläche realisiert werden kann.

Das Anlagenthema

Bevor man sich mit der Wahl des Modellbahnsystems, mit dem Nachbildungsmaßstab oder mit dem Anlagenstandort näher befaßt, muß man sich über das Thema im klaren sein, das man der Konzeption zu Grunde legt. Wer den umgekehrten Weg wählt und sich erst dann über das Thema Gedanken macht, wenn der Gleisplan gezeichnet ist, wird nie im Sinne der „hohen Schule" ein befriedigendes Ergebnis erzielen und irgendwann mit seiner Detailplanung in einer Sackgasse enden. Viele Anfänger begehen diesen Fehler in ihrem Verlangen nach einem möglichst rasch durchführbaren Fahrbetrieb. Der Wunsch nach einem themenbezogenen, mehr vorbildorientierten und auf der Basis einer soliden Handwerksarbeit gestalteten Modell folgt aber meist auf dem Fuß. Nicht selten resultiert die Idee hierzu aus der Enttäuschung über eine mehr oder weniger konzeptionslos zusammengebaute Erstanlage, die außer den ewig gleichen Betriebsabläufen nichts zu bieten hatte.
Das Thema für eine Modelleisenbahnanlage kann ein Großstadtkopfbahn-

hof im Stil der Zwanzigerjahre sein, eine ländliche Szene im winterlichen Hochschwarzwald während der Fünfzigerjahre mit dreigleisigem Durchgangsbahnhof an einer eingleisigen Strecke oder aber eine Hochgebirgsschlucht mit Wasserfall und Eisenbahnviadukt im Gegenwartslook. Diese Umschreibungen zeigen, daß sich das Anlagenthema stets aus mehreren Komponenten zusammensetzt, die von Anfang an festgelegt, und als Vorgaben ins Anlagenkonzept übernommen werden müssen. Dies sind

— die technische Komponente:
Sie bezieht sich auf die Einrichtungen der Bahn wie Spurweite, Gleise, Signale und Bauwerke.
— die landschaftliche Komponente:
Sie bezieht sich auf die Geländetopografie, Vegetation und jahreszeitlich bedingte Farbgebung.
— die historische Komponente:
Sie bezieht sich auf die zeitgeschichtlich richtige Darstellung der Details.

Die Themenwahl richtet sich einmal nach den persönlichen Vorstellungen und Neigungen des Gestalters, zum anderen aber auch nach den örtlich gegebenen Voraussetzungen am

Standort, namentlich des Raumange-
botes. In der Nenngröße H0 beispielsweise wird man auf einer
Grundfläche von 2 m² kaum einen
Großstadtbahnhof realisieren können,
sie würde gerade für eine Neben-
bahnszene reichen. Will man mehr,
dann müßte man schon auf einen kleineren Nachbildungsmaßstab auswei-
chen. Eventuell böte auch das Thema
Schmalspurbahn eine interessante
Alternative.

Grundsätzlich sollte man sich im
Thema eher bescheiden, wenn nicht
genügend Platz zur Verfügung steht.
Das Modell einer harmonisch aus-
gewogenen Landschaft wirkt stets
vorteilhafter als eine mit Gleisen
überladen Anlage. In diesem Zusammenhang stellt sich natürlich die
Frage, wieviel Gleise auf einen
Quadratmeter Grundfläche als oberstes Limit gelten. Hierfür gibt es
keine Regel. Bei einer Hochgebirgslandschaft beispielsweise kann eine
Bahnhofsszene mit drei Bahnsteig-
gleisen und zwei Ladegleisen schon
zuviel sein, wenn nicht genügend
Raum zur realistischen Darstellung
der typischen Landschaftsstruktur
verbleibt, die hier themenbezogen

das wichtigere Gestaltungselement
ist. Wählt man hingegen ein Bahnbetriebswerk oder einen Ortsgüterbahn-
hof mit Ablaufberg zum Thema, wird
es keineswegs stören, wenn die
Gleise mehr als zwei Drittel der
Grundfläche einnehmen und das
grüne Umfeld dazwischen lediglich
andeutungsweise in die Gestaltung
miteinbezogen wird.

Die Themenwahl erfolgt meistens
auf der Grundlage einer bestimmten
Vorbildsituation. Allerdings wird es
nur in den seltensten Fällen möglich
sein, die Vorbildszene so komplett ins
Modell umzusetzen, wie es die Konzeption zu der bereits im Bild gezeigten „Loreleyanlage" vorsah. Vielmehr
wird man sich an eine Vorbildsituation anlehnen, im wörtlichen
Sinne also nur das Thema übernehmen, das nicht grundsätzlich von
einer existenten Vorbildsituation
abgeleitet sein muß. Auch historische
Themen, wie zum Beispiel ein Dampf-
lokomotiv-Betriebswerk zur Länderbahnzeit oder — es muß ja nicht immer so etwas Aufwendiges sein —
eine Feldbahn im Teufelsmoor mit
Torfstichen und Treidelkanälen,
siehe Seiten 20 und 21, könnten

Abbildung oben:
Ausschnitt aus einer H0-Modelleisen-
bahnanlage. Er zeigt eine zeitgemäße
Bahnhofsszene mit Hochgebirgscha-
rakter nach dem Vorbild der Furka-
Oberalp-Schmalspurbahn. Ganz
nach diesem Vorbild sind hier die
Betriebsabläufe auf Linksverkehr aus-
gelegt.

Abbildung Seite 18:
Ausschnitt von einer H0-Modelleisen-
bahnanlage für Zweileiter-Gleich-
strombetrieb. Er zeigt die realistische
Darstellung eines kleinen Turbinen-
Wasserkraftwerkes mit elektrisch
betriebenem Sägewerk. Nach dem
Vorbild des alten Linacher Elektrizi-
tätswerkes (Hochschwarzwald) wer-
den die drei Turbinen mit Wasser
betrieben, das aus dem wesentlich
höher gelegenen Stausee über Druck-
rohre zugeleitet wird.

Die Abbildungen auf dieser und der gegenüberliegenden Seite zeigen Ausschnitte einer Modelleisenbahnanlage nach dem Vorbild einer Torfstich-Feldbahn unter Verwendung von 9mm-Schmalspurgleisen (H0e).

Abbildung Seite 21:
Der „Torfbahnhof" mit Lagerhalle und Ladekai aus der Vogelperspektive.

Abbildung links:
Der Torfstich mit dem beladenen Feldbahnzug im Hintergrund.

Abbildung unten:
Der Torfverladehafen mit Schiebebrücke.

die Vorgaben für ein interessantes Anlagenkonzept sein.

Ein sehr interessantes Thema könnte auch die Western-Bahn nach amerikanischem Vorbild sein. Vor allem in den Nenngrößen H0 und N findet sich hierzu weltweit ein großes Angebot an Fahrzeugen, Gleismaterial und Zubehör, das auch in Europa erhältlich ist.

Nun, fast jedes Thema läßt sich vorbildorientiert ins Modell umsetzen. Oberstes Gebot ist es allerdings, daß man sich mit allen Komponenten des gewählten Themenkomplexes eingehend auseinandersetzt. Und je nach dem, was man sich ausgesucht hat, sind mitunter viele Besichtigungen von entsprechenden Einrichtungen der Großtechnik nötig, ebenso intensive Studien dazugehöriger Literatur, von Streckenplänen und historischem Bildmaterial. Bis man alles zusammenhat, können mitunter Monate vergehen. Man sollte sich auf alle Fälle Zeit lassen und gründlich recherchieren, denn man muß immer damit rechnen, insbesondere wenn die fertige Anlage später zur Schau gestellt wird oder Aufnahmen davon veröffentlicht werden, daß die Arbeit der Kritik von Fachleuten der unterschiedlichsten Wissensdisziplinen ausgesetzt ist.

Die Darstellung der zeitgeschichtlichen Epochen

Wie bereits im vorigen Abschnitt angeführt, spielen die historisch korrekt dargestellten Details eine große Rolle. Wenn man beispielsweise eine Eisenbahnlandschaft im Stil der Dreißigerjahre zum Thema wählt, muß man berücksichtigen, daß es damals in Deutschland noch keine Lichtsignale gab, überirdisch installierte Seilspannwerke in den Bahnhöfen zu den obligaten Einrichtungen zählten und die Uniformen der Bahnbeamten anders aussahen als heute. Auch die Autos, die Verkehrszeichen und Reklameschilder unterschieden sich ebenso grundlegend wie die Eisenbahnfahrzeuge von denen der anderen Epochen.

Sicherlich gibt es viele Modellbahnfreunde, die sich nicht eindeutig auf eine bestimmte Epoche festlegen und auch einmal gerne den historischen Rheingoldzug oder den legendären Orientexpreß auf ihrer mit modernen Lichtsignalen ausgestatteten Anlage fahren lassen wollen. Zwar begegnet man auch heute noch gelegentlich solchen historischen Zügen im Museumsbetrieb. Dies sind aber Ausnahmefälle, die nur als solche in einem modernen Anlagenkonzept akzeptiert

werden. In jedem anderen Falle stünde ein derartiger Mischbetrieb nicht nur im Widerspruch zur zeitgeschichtlichen Epoche des gewählten Themas, auch die Fahrzeuge selbst wirkten in ihren historischen Formen und Farben als Fremdkörper in der von modernen Elementen der Gegenwartstechnik geprägten Landschaft.

Anhaltspunkte für den historisch korrekten Fahrzeugeinsatz und die entsprechende Darstellung der bahntechnischen Details bietet die nachstehend aufgeführte Einteilung in vier Epochen, wie sie bereits im Jahre 1968 von der europäischen Modellbahnfachpresse zur Vermeidung von Stilfehlern bei der Anlagengestaltung als Empfehlung herausgegeben wurde.

Epoche 1

Sie umfaßt die Zeitspanne von 1880 bis nach dem Ersten Weltkrieg. Man bezeichnet sie auch als die „Länderbahnzeit". Neben den vielen privaten Eisenbahngesellschaften verfügte damals jeder der zahlreichen Kleinstaaten über eigene Eisenbahnlinien und einen eigenen Fahrzeugpark. Die Fahrzeuge unterschieden sich nicht nur durch eine Vielfalt von Typen, sondern vor allem durch ihre farbigen Lackierungen. So waren bei-

spielsweise die Lokomotiven der badischen Staatsbahnen blau lackiert, die der Bayern grün und die Personenwagen der preußischen Staatsbahnen präsentierten sich sogar ihren Beförderungsklassen entsprechend in vier verschiedenfarbigen Lackierungen. Die vorwiegend von Dampflokomotiven geführten Züge waren im Vergleich mit denen späterer Epochen recht bunt. Elektrolokomotiven kamen erst gegen Ende dieser Epoche hinzu und zählten auf diesen Strecken zu den Seltenheiten. Auch sah man damals noch wenige Automobile auf den außerhalb der Städte kaum befestigten Straßen und neben den ersten vollgummibereiften Autobussen besorgte immer noch die gute alte Postkutsche den Zubringerverkehr zu den Orten, wo die Eisenbahnschienen noch nicht hinreichten. Fahrzeug- und Gebäudemodelle im Stil der Epoche 1 werden in allen Modellbahn-Nenngrößen reichlich angeboten. Etwas kritisch ist aber die Beschaffung von stilgerechtem Strecken- und Umfeldzubehör. Der relativ geringen Nachfrage wegen gibt es beispielsweise nur von wenigen der damals bei den Bahngesellschaften verwendeten Signale entsprechende Nachbildungen, so daß man meistens auf den Selbstbau nach Originalvorlagen angewiesen ist. Auch das

Angebot an Modellfiguren in der für die damalige Zeit charakteristischen Kleidung ist noch nicht ausreichend. Durch Umarbeiten von Modellfiguren späterer Epochen kann man jedoch diese Lücke leicht schließen.

Epoche 2

Sie umfaßt die Zeitspanne von 1923 bis zum Ende des Zweiten Weltkrieges. Man bezeichnet sie als die „Reichsbahnzeit", weil mit Beginn dieser Ära in Deutschland die Länderbahnen in den Besitz der Deutschen Reichsbahn übergingen. Die übernommenen Fahrzeuge erhielten eine Einheitslackierung — Lokomotiven in schwarz, Personenwagen in chromoxidgrün, Güterwagen in eisenoxidrot — und eine einheitliche Signalisierung wurde eingeführt. Es war die Blütezeit der großen Dampflokomotiven, die ersten Hauptstrecken wurden elektrifiziert und die ersten Dieseltriebfahrzeuge kamen zum Einsatz.

Auf den Straßen gewann das Automobil allmählich die Oberhand und die Kraftomnibusse drängten schon am Anfang dieser Epoche die letzten Postkutschen aus dem Verkehr. Das Angebot an Fahrzeug- und Gebäudemodellen, Strecken- und Umfeldzubehör ist vor allem in den Nenngrößen H0 sehr reich. In diesem Nachbildungsmaßstab gibt es sogar Straßenverkehrszeichen, wie sie in Deutschland bis Anfang der Sechzigerjahre gültig waren.

Epoche 3

Sie umfaßt die Zeit nach dem Zweiten Weltkrieg bis zum Ende der Dampflokära, die in Westdeutschland bereits gegen Mitte der Siebzigerjahre endete, aber in der ehemaligen DDR bis zu deren Auflösung über das Jahr 1990 hinaus währte. Der Betrieb auf den kontinentaleuropäischen Strecken war während der Epoche 3 gekennzeichnet durch den gemischten Verkehr von Vor- und Nachkriegsmodellen. In Deutschland waren die Fahrzeugtypen noch nach dem alten Nummernschema gekennzeichnet. Während dieser Epoche wurden die Bahnsteigsperren aufgehoben und die

modernen Tageslichtsignale eingeführt. Die markantesten Erscheinungen waren die gegen das Ende dieser Epoche aufkommenden rot/beige lackierten TEE-Züge, die auf allen westeuropäischen Strecken verkehrten. Das Angebot an Schienen und Straßenfahrzeugen, Strecken- und Umfeldzubehör ist vor allem in den Nenngrößen H0 und N nahezu lückenlos.

Epoche 4

Sie umfaßt die Zeitspanne von etwa 1975 bis in die Gegenwart hinein. In den westeuropäischen Staaten sind die meisten Hauptstrecken elektrifiziert. Dampflokomotiven sieht man nur noch im Museumsbetrieb. Die Eisenbahnfahrzeuge sind durchweg nach dem neuen UIC-Code gekennzeichnet. Allerdings sind die TEE-Züge, die am Anfang dieser Epoche das Bild auf den internationalen Fernstrecken beherrschten, inzwischen wieder verschwunden. Statt dessen dominieren die IC-Fernzüge in den speziellen Lackierungen ihrer Gesellschaften und in Deutschland belebt allmählich die bunte Vielfalt des neuen Bundesbahn-Farbenkonzeptes (nicht immer in Harmonie mit dem landschaftlichen Umfeld) die Szenerie. Nach Vorbildern dieser Epoche findet sich das reichste Angebot an Modellbahnfahrzeugen und Zubehör.

Dieses Schema gilt nicht grundsätzlich für ganz Europa. In der Schweiz beispielsweise wurde in Ermangelung eigener Kohlevorkommen viel

früher auf Elektrobetrieb umgestellt, so daß dort schon während der Dreißigerjahre die Dampflokomotive aus dem Bild der eidgenössischen Strecken verschwand. Auch die Österreicher waren mit der Elektrifizierung schneller, während sich die Dampflokomotiven in den östlichen Nachbarstaaten bis in die Neunzigerjahre hinein hielten.

Die epochebezogenen Hinweise können also nur der Orientierung dienen und die eigenen Recherchen nicht ersetzen. Zu berücksichtigen ist außerdem, daß die Übergänge von einer Epoche zur anderen stets fließend waren. Die Umstellungen erfolgten nicht über Nacht und beanspruchten, wie beispielsweise beim Umlackieren oder Neubeschriften der Fahrzeuge, oft viele Monate.

Dennoch ist es nicht empfehlenswert, solche Übergangssituationen mit in das Gestaltungskonzept zu übernehmen, da sie vom Publikum oft nicht verstanden und damit auch nicht akzeptiert werden.

Stilsünden vermeiden

Theoretisch gilt auch für die Modellbahngestaltung die so viel zitierte „Freiheit der Kunst". Dennoch hat jede künstlerische Disziplin ihre eigenen Gesetze, deren Zwänge die so viel gepriesene schöpferische Freiheit mitunter beträchtlich einengen. Jede Kunst lebt nun einmal

Abbildung Seite 22:
*Eine historisch getreu im Stil der
Epoche 2 nachgebildete Straßenbau-
stelle im Maßstabsverhältnis 1:87.
Nicht nur die aus England importierte
Dampfwalze, sondern auch die zur
Gestaltung der Absperrung verwendeten Verkehrsschilder entsprechen
exakt den damaligen Vorbildern. Die
abgebildeten Verkehrszeichen waren
übrigens bis 1950 gültig.*

*Abbildung links:
Gegenstück der auf Seite 17 gezeigten Bahnhofseinfahrt im Stil der
Epoche 3. Man beachte auch hier die
mit viel Liebe historisch getreu dargestellten Einzelheiten wie Fahrzeuge, Verkehrsschilder, Signale und
Bauwerke. Typisch für jene Zeit ist
die geschlossene Bahnsteigbrücke
und die zur Wasserversorgung der
Dampflokomotiven obligaten Gelenkwasserkräne an den Bahnsteigenden.
Auch die zur Bewegung von Weichen
und Formsignalen nötigen Seilspannwerke sind hier realistisch dargestellt.*

von der Anerkennung durch das Publikum und ohne sie wird auch die Modelleisenbahnanlage ihren Schöpfer auf die Dauer nie befriedigen. Wie anders könnte er bei einer nach den Kriterien der „hohen Schule" gestalteten Anlage den immensen Leistungsaufwand vor sich selbst rechtfertigen?

Wie bereits an anderer Stelle bemerkt, wird speziell eine Modelleisenbahnanlage, die den künstlerischen Status für sich in Anspruch nimmt, noch vor der handwerklichen Leistung danach beurteilt, inwieweit es ihrem Schöpfer gelungen ist, eine erlebte Eisenbahnlandschaft in allen Details so wirklichkeitsnah wie möglich mit den ihm zur Verfügung stehenden Mitteln darzustellen. Stilfehler werden dabei stets als Nachlässigkeit gewertet und schmä-

lern die künstlerische Qualität erheblich. Um sie zu vermeiden, genügt die sorgfältige Naturbeobachtung alleine nicht, vielmehr ist es auch erforderlich, daß man die naturgegebenen und logischen Beziehungen der im Bild enthaltenen Gestaltungselemente zueinander berücksichtigt, möglichst in allen Einzelheiten und soweit es die gestaltungstechnischen Mittel erlauben.
Freilich gibt es Dinge, die derart auffällig sind, daß sie sich kaum als Stilfehler in das Anlagenkonzept einschleichen wie zum Beispiel der Betrieb von Elektrolokomotiven auf Strecken ohne installierte Oberleitung. Weit verbreitet hingegen sind immer noch die den Gleisbögen folgend gebogenen Oberleitungsfahrdrähte in den Kurven. Sie sind heute allenfalls noch dort entschuldbar, wo die technischen Mittel für eine vor-

bildtreu verspannte elektrische Fahrleitung nicht zur Verfügung stehen wie zum Beispiel bei den Bahnen der Nenngröße Z. Unentschuldbar hingegen sind zum Beispiel vergessene Isolatoren an den Fahrdrahtaufhängungen der Oberleitung. Das sind Stilfehler, die zwar dem Laien kaum auffallen, der Fachmann hingegen wird in ihnen grobe Oberflächlichkeit erkennen und das Werk entsprechend geringer bewerten.

Die drei Beispiele lehren also, daß bestimmte fehlende oder unzulänglich dargestellte Details nur dann verziehen werden, wenn die Ursache eindeutig im Mangel an geeigneten technischen Gestaltungsmitteln liegt. Niemand wird also eine nach dem zeitgeschichtlichen Vorbild der Dreißigerjahre gestalteten Modelleisenbahnanlage in der Nenngröße N

Die Abbildungen auf dieser und der gegenüberliegenden Seite zeigen Ausschnitte einer H0-Modelleisenbahnanlage, die eine Vorstadtszene in einer Vorgebirgslandschaft mit Fluß und Brückenwehr zum Thema hat.

*Abbildung rechts:
Die über das Brückenwehr in die Vorstadt hineinführende Trasse mit dem Straßenbahngleis und der zweispurig angelegten Fahrbahndecke der Autostraße.*

*Abbildung Seite 25;
Ansicht aus der Vogelperspektive mit Fabrikhof, Straßenbahnhaltestelle und der zweigleisig geführten Vollbahntrasse.*

abwertend beurteilen, wenn die Verkehrszeichen an den Straßeneinmündungen fehlen, weil eben keine am Markt erhältlich sind, wie sie damals gültig waren und die Selbstanfertigung, bedingt durch den kleinen Nachbildungsmaßstab, nicht grundsätzlich zumutbar ist. Als unverzeihlichen Stilfehler hingegen würde man es werten, wenn als Ersatz die im Handel erhältlichen modernen Verkehrsschilder Aufstellung fänden. Die Forderung lautet also: Lieber Details weglassen als unzulängliche oder gar stilwidrige Elemente ins Bild bringen! Ein weiteres bekanntes Beispiel sind die Telegrafenmasten, wie sie in früheren Zeiten die Bahntrassen säumten. Man sollte sie nur dann installieren, wenn es konsequenterweise auch möglich ist, sie vorbildgerecht zu verspannen. Ähnlich verhält sich die Sache bei der Oberleitung. Es ist unerheblich, ob sie funktionsfähig oder lediglich als Attrappe gestaltet wird. Es wäre aber ein nicht zu tolerierender Stilbruch, wenn die Dachstromabnehmer der Fahrzeuge als Folge einer unkorrekt ausgeführten Verspannung nicht allerorts und kontaktsicher bis zur Fahrdrahthöhe hinauf reichen.

Insbesondere bei der jahreszeitlichen Darstellung gilt es Stilfehler zu vermeiden. Eine bunte Herbstfärbung, die bekanntlich erst Anfang Oktober einsetzt, paßt beispielsweise nicht zu der Mitte Juli stattfindenden Getreideernte. Wer im Vordergrund

der Anlage einen hochsommerlichen Badestrand mit Eisverkäufer und Bikinimädchen zeigt, würde sich berechtigte Kritik einhandeln, wenn er auf dem Bahnsteig des nahen Haltepunktes Reisende im Wintermantel aufstellte. Andererseits wäre gegen eine Gebirgslandschaft im jungen Frühlingsgrün und weißen Schneeflächen im Bild nichts einzuwenden, allerdings nur unter der Voraussetzung, daß die Szene gut am Naturvorbild gestaltet ist. Dort nämlich liegt die Schneegrenze nicht in der Vertikale, wie sie häufig falsch dargestellt wird. Vielmehr finden sich die Schneereste an den von den wärmenden Strahlen der noch tief stehenden Frühjahrssonne nicht erreichbaren Nordhängen bis in die Tallagen hinunter, während an den Südhängen, den sogenannten „Sommerbergen", bereits die ersten Blumen blühen. Konsequenterweise muß man in einem solchen Fall auch die Szenenbeleuchtung diesen Gegebenheiten entsprechend anpassen.

Es versteht sich von selbst, daß eine moderne Spannbeton-Pilonbrücke auf einer Anlage, die im Stil der Epoche 2 gestaltet ist, nichts zu suchen hat. Im umgekehrten Sinne hingegen vertragen sich auf einer nach Epoche 4 gestalteten Anlage Gebäudemodelle nach Vorbildern der Jahrhundertwende mit solchen der modernen Gegenwartsarchitektur durchaus. Hier kommt es immer auf ein geordnetes Nebeneinander an. Denn allerorts, wo

in der Nachbarschaft historischer Bausubstanz moderne Bauwerke entstehen, sind Architekten und Baubehörden zur Rücksichtnahme verpflichtet und stets um harmonische Übergänge bemüht. So wären auch auf der Anlage willkürlich zusammengewürfelte Architekturen unerträglich. Vielmehr muß man auch hier durch sorgfältiges Studium entsprechender Vorbildsituationen nach vertretbaren Lösungen suchen müssen.

Beim Planen von Gebäudestandorten, vor allem in Bahnhofsnähe, spielt ferner auch die Infrastruktur im Umfeld eine große Rolle. So wird man beispielsweise nur dort ein Postamt vorsehen, wo eine ausreichend bemessene Zufahrt für den Zubringerverkehr und außerdem auch vor dem Haupteingang ein entsprechender Vorplatz mit eingeplant werden kann. Eine Schule wird man nur dort planen, wo genügend Raum für einen Pausenhof vorhanden ist. Wenn diese Bedingungen nicht erfüllbar sind, sollte man besser ein anderes Motiv wählen, denn nichts entwertet ein Stadtbild mehr als bedrängende Enge.

Auch auf die allgemeinen Sicherheitseinrichtungen ist zu achten. Ungesicherte Gleisübergänge, fehlende Geländer an Felspfaden, Brücken oder Brüstungen zählen zu den vermeidbaren Nachlässigkeiten.

Besondere Aufmerksamkeit gilt ferner den stets korrekt nach dem Natur-

vorbild ausgerichteten Senkrechten und Waagrechten. Nicht völlig senkrecht ausgerichtete Fahrleitungs-, Telegrafen- oder Lichtmasten, nicht im Lot stehende Bauwerke oder Mauerfugen am Hang und insbesondere im Winkel ansteigender Trassen geneigte Brücken, die konstruktiv nur für den horizontalen Einbau vorgesehen sind, zählen mit zu den schlimmsten Stilsünden. Wo man die Wasserwaage nicht zu Hilfe nehmen kann, sollte man immer wieder in Augenhöhe durchblicken und mit einer gegebenen Bezugslinie vergleichen. So kann man mit der Kante eines im Hintergrund befindlichen Türrahmens oder einer Zimmerecke die Senkrechten überprüfen und ggf. korrigieren. Der im Neigungswinkel der ansteigenden Bahntrasse aufgestellte Oberleitungsmast beispielsweise ist ein vom Anfänger häufig begangener Stilfehler, der oft erst im fortgeschrittenen Baustadium bemerkt wird.

Nur logisches Denken und vor allem genaues Studium der zeitgeschichtlich relevanten Gegebenheiten schützt vor peinlichen Stilfehlern bei der Gestaltung von Anlagen nach historischen Vorbildern. Wenn man zum Beispiel eine Bahnhofsszene nach Epoche 3 plant, ist eine konsequente Einzäunung des Areals nicht unbedingt erforderlich, bei einer Anlage nach Epoche 2 jedoch obligat, weil damals der Bahnsteigbereich noch abgesperrt war und nur mit einer gültigen Fahrkarte oder aber mit einer Bahnsteigkarte betreten werden durfte. Die „Bahnsteigsperre" wurde erst während der Sechzigerjahre aufgehoben. Bis in die Epoche 3 hinein zählten Läutewerke und Seilspannwerke ebenso zu den unverzichtlichen Requisiten wie die Viehverladerampe, das Lademaß und die Gleiswaage in den ländlichen Bahnhöfen. Bei Bahnhöfen an dampfbetriebenen Strecken wäre ferner der fehlende Gelenkwasserkran an den Bahnstei-

gen ein Stilbruch. Auch die Lichtsignale auf einer nach Epoche 2 gestalteten Anlage würde kaum ein Fachmann verzeihen, da diese erst während der Epoche 3 aufkamen.

Nicht zuletzt auch bei der Landschaftsgestaltung muß man sich nach dem Naturvorbild richten, wenn man Stilfehler vermeiden will. Daß eine Pappel beispielsweise in einer Hochgebirgslandschaft nichts zu suchen hat, dürfte allbekannt sein. Aber wenn man danach fragt, welche Vegetation für eine Moorlandschaft typisch ist, wird man meist nur von Fachleuten die richtige Antwort bekommen. Buchen und Tannen jedenfalls findet man dort nicht. Der Modellbauer, der sich themenbezogen für eine bestimmte Landschaftsgestaltung entscheidet, kommt also auch hier um eingehende Studien nicht herum, denn er muß stets damit rechnen, daß auch Botaniker sein Modell begutachten und in ihrer Beurteilung naturgemäß einen anderen Maßstab anlegen als der lediglich allgemein interessierte Betrachter.

Man könnte die Liste beliebig fortsetzen. Die vorstehend angeführten Beispiele zeigen jedoch, wie ein in jeder Hinsicht stilreines Ergebnis erzielt werden kann.

Der Anlagenstandort

Der Ort, an dem eine Modelleisenbahnanlage über einen längeren Zeitraum hinweg aufgestellt wird, sollte möglichst trocken sein. Räume, die nicht den üblichen wohnraumklimatischen Verhältnissen entsprechen, sind ungeeignet. Dazu zählen auch Innenräume, die im Winter nicht ständig beheizt und belüftet werden, da dort bei niederen Temperaturen die Luftfeuchtigkeit hohe Sättigungswerte erreicht. Ungeeignet sind ferner Wintergärten und andere Räume, in denen eine überdurchschnittlich hohe Wasserverdunstung stattfindet. Eine Ausnahme in dieser Hinsicht bilden lediglich die für den Freilandbetrieb speziell konzipierten Modellbahnen. Zwar werden heutzutage die Schienen fast aller Modellbahngleise aus nichtrostenden Metall-

Abbildung Seite 26:
Ausschnitt aus einer H0-Anlage —
Hochgebirgslandschaft mit zwei-
gleisiger Bahntrasse nach dem Vor-
bild der Schweizer Gotthardlinie in
den 20er Jahren.

Abbildung links:
Ein treffendes Beispiel, wie man es
nicht machen sollte — die ausge-
zeichnet gestaltete Anlage kommt,
unter die Dachschräge gequetscht,
überhaupt nicht zur Wirkung.

verbindungen hergestellt, doch die Kontakte in den Schaltern und Steuergeräten sowie die Motoren in den Triebfahrzeugen sind gegen Oxidationen im allgemeinen nicht geschützt und können unter ungünstigen Verhältnissen durch Luftfeuchtigkeit Schaden nehmen. Außerdem bewirkt der stetige Wechsel von Luftfeuchtigkeit und Temperatur auch in der Holzunterkonstruktion der Anlage Verwerfungen und Rißbildungen, die sich mit der Zeit auch in die gestalteten Oberflächen durchsetzen und dort sichtbar in Erscheinung treten können.

Bei der Standortwahl muß man ferner auch daran denken, daß kein Anlagenteil der direkten Sonneneinstrahlung ausgesetzt werden darf. Dies würde nicht nur zu vorzeitigen Farbveränderungen an den Fahrzeugen und Bemalungen führen, bei intensiver Einstrahlung könnten sich sogar Teile aus thermoplastischen Kunststoffen — auf dieser Rohstoffgrundlage basieren die meisten Eisenbahnmodelle — derart erwärmen, daß sie sich verformen. Auch Rißbildungen in den Lackierungen sind oft die Folgen länger anhaltender Tageslichteinwirkungen. Bei der Wahl des Standortes muß man also den Lichteinfall von Fenstern und Oberlichtern berücksichtigen. Gegebenenfalls sind geeignete Maßnahmen zu ergreifen, um die direkte Sonneneinstrahlung über alle Tageszeiten hinweg sicher zu verhindern. Dies kann durch das Anbringen von Sonnenblenden

oder lichtabweisenden Außenjalousien gelingen.

Auch der Staub ist ein Feind der Modelleisenbahn. Eingestaubte Anlagen wirken nicht nur ungepflegt, die abgelagerten Staubpartikel werden während des Fahrbetriebs von den Fahrzeugrädern auf die Schienenköpfe gewalzt und behindern so die Fahrstromübertragung. Um den Reinigungsaufwand in Grenzen zu halten, ist am Anlagenstandort auf ein möglichst staubfreies Milieu zu achten. Dies gilt insbesondere für die Fußböden in Räumen mit Publikumsverkehr, wie zum Beispiel in Hallen, wo die Anlagen ständig ausgestellt sind. Glatte und hochabriebfeste Fußböden sind am besten geeignet. Aber auch im privaten Bereich sollte man der Staubentwicklung wegen Betonböden entweder abriebfest versiegeln oder mit Fliesen oder Parkett belegen. Auf Teppiche, Teppichböden und Vorhänge sollte man möglichst verzichten. Ähnliches gilt auch für die Wände. Rustikaler Rauhputz wirkt zwar in Wohnräumen recht gemütlich, ist aber für das Modellbahnzimmer der ausgeprägten Staubablagerungstendenz wegen weniger empfehlenswert. Vorbeugend wird man der Verstaubung also nur dann erfolgreich entgegenwirken können, wenn man am Anlagenstandort ein Umfeld schafft, das von allen unnötigen Staubfängern befreit ist und dessen Wand-, Decken- und Fußbodenflächen möglichst glatt und leicht sauberzuhalten sind.

Was die Wahl des Anlagenstandortes betrifft, sollte man sich stets vor Augen halten, daß eine Modelleisenbahnanlage mit beträchtlichem Aufwand gestaltet wurde und zu schade ist, um irgendwo lieblos im Keller, in einem Schuppen oder einer Abstellkammer deponiert zu werden. Es sollte vielmehr ein Raum sein, der eine Atmosphäre bietet, in der das Werk seinem wirklichen Wert entsprechend optimal zur Geltung kommt. Ideal wäre ein solcher Raum innerhalb des engeren Wohnbereichs. Und er sollte nicht gleichzeitig auch Hobbywerkstatt sein. Wenn die Anlage fertiggestellt ist, sollten in diesem Raum keine staubverursachenden Bastelarbeiten mehr ausgeführt werden.
Für eine größere stationäre Anlage könnte beispielsweise auch der Freizeitraum im Keller richtig sein, wenn er die genannten Bedingungen erfüllt.

Für sehr große Rundumanlagen bietet sich auch das ausgebaute Dachgeschoß an, da dort meist die ganze Hauslänge zur Verfügung steht. Bevor man sich aber für diesen Standort entscheidet, sollte man unbedingt überprüfen, ob die Wärme- und Kälteisolierung von der Dachseite her ausreichend ist. Es wäre fatal, sollte sich erst zu einem späteren Zeitpunkt herausstellen, daß es während der Sommermonate dort vor Hitze nicht auszuhalten ist und die Anlage aus diesem Grund nur eingeschränkt genutzt werden kann.

27

Bei der Wahl des Dachbodens als Anlagenstandort muß man aber auch berücksichtigen, daß nur die Grundfläche in der Dachschräge nutzbar ist, die den Einbau einer senkrechten Anlagenrückwand in einer Höhe von etwa 25 cm über der höchsten Erhöhung der Anlagentopografie gestattet. Im anderen Falle bestünde keine Möglichkeit für eine geeignete Hintergrundgestaltung, ohne die eine befriedigende Optik nicht denkbar ist — siehe Seite 27. Die in die Dachschräge eingezwängte Anlage wird nie gehobenen Ansprüchen genügen und letztlich auch ihren Besitzer kaum richtig erfreuen.

Für stationäre Anlagen innerhalb des unmittelbaren Wohnbereichs bieten sich auch raumsparende Lösungen an, indem man Konstruktionen wählt, die versenkbar in einem Wandschrank untergebracht werden können. Auch die im Möbelfachhandel erhältlichen Schrankbetten könnten als Basis für eine solche versenkbare Modelleisenbahnanlage in kleinerem Maßstab genutzt werden. Die oft diskutierte Möglichkeit, eine massiv gebaute Modelleisenbahnanlage mit Hilfe einer Aufzugsmechanik im Hohlraum einer abgehängten Decke zu verstauen, wurde zwar in einem bekannten Fernsehfilm demonstriert, in der Praxis wird ein solches Vorhaben jedoch meist an den technischen Voraussetzungen vor Ort und letztlich auch am kaum vertretbar hohen Installationsaufwand scheitern, der für eine sicher funktionierende Hebe- und Absenkvorrichtung erforderlich ist.

Sofern die Anlage in Räumen des unmittelbaren Wohnbereichs aufgestellt werden soll, ist der Anlagenstandort nicht immer identisch mit dem Ort, an dem die Anlage gebaut wird, da die mit den handwerklichen Arbeiten zwangsläufig verbundenen Geräusche und Gerüche von den anderen Hausbewohnern nicht immer toleriert werden. Wenn die Anlage also anderenorts gebaut wird, muß man sie unter Berücksichtigung der am Standort gegebenen Durchgänge und Raumöffnungen so teilbar konzipieren, daß es weder mit dem Transport noch beim Zusammenfügen der Segmente

Probleme gibt. Die Teilbarkeit empfiehlt sich bei größeren Modelleisenbahnanlagen aber auch dort, wo zunächst kein unmittelbarer Zwang dazu besteht, denn ein späterer Standortwechsel ist nie mit Sicherheit auszuschließen. Mobil konzipierte Anlagen bieten darüberhinaus die Möglichkeit, daß sie gelegentlich auch einmal außer Haus gebracht und öffentlich ausgestellt werden können.

Im Raum selbst sollte man den Standort für die Anlage so wählen, daß das Werk seinem Wert entsprechend optimal präsentiert ist. Ideal wäre ein Raum mit hell getünchten Wänden, in dem nur die Anlage steht. In Anbetracht des allerorts herrschenden Wohnraummangels wird sich dies jedoch nur in den seltensten Fällen realisieren lassen. Andere im Raum befindliche Möbel und Gegenstände sollten jedoch geschmackvoll abgestimmt sein. Im Blickfeld der Anlage sollte man weder mit Bildern noch Postern die Wände dekorieren, da solcher Wandschmuck störend wirkt und vom eigentlichen Objekt ablenkt. Aus dem gleichen Grund sollte man auch auf bemusterte Tapeten verzichten.

Im Zusammenhang mit dem Standort spielt letztlich auch noch die Fahrgeräuschübertragung eine Rolle. Tatsächlich wirkt das aus Holz gebaute Grundgerüst als Resonanzkörper und insbesondere bei größeren, völlig ungedämmten Modelleisenbahnanlagen kann die Belästigung der Anwohner durch die Fahrgeräusche leicht die Grenze des Zumutbaren überschreiten. Eine ausreichende Fahrgeräuschdämmung wird einmal durch geeignete Maßnahmen beim Verlegen der Gleise, zum anderen aber durch die konsequente Trennung der Anlagenkonstruktion von Fußboden und Wand erreicht, indem man zum einen darauf achtet, daß der Anlagenrahmen nirgendwo die Wände berührt und zum anderen die Anlagenfüße mit Gummischeiben unterlegt. Geeignet hierfür sind Materialien, wie sie bei der Herstellung von Kreppsohlen Verwendung finden. Die denkbar beste Schalldämmung bieten außerdem die auf Seite 57 gezeigten Stahlrohrfüße, die mit gummibereiften Lenkrollen

ausgestattet sind und ein Übertragen der Schallwellen von der Anlage auf die Baukörpersubstanz wirksam verhindern.

Die Grundformen der Anlagen

Für eine kleine Tischanlage wird man meist die Rechtecktform wählen, da hier die zur Verfügung stehende Fläche für die Gleisplanung am besten ausgenutzt werden kann. Für größere Anlagen bietet sich neben der gestreckten Rechteckform auch die Übereckanlage in L- oder U-Form an und schließlich die hauptsächlich in den USA für raumfüllenden Anlagen bevorzugte E-Form — siehe nebenstehende Skizzen.

Auch bei größeren Anlagen ist die Rechteckform am häufigsten vertreten. Der Grund liegt sicherlich in dem Umstand, daß hier die dreidimensional gestaltete Szene kompakt und in ihrer bildhaft plastischen Gesamtwirkung vorteilhafter dargestellt werden kann als in einer gegliederten Grundrißform. Die Übereckanlage bietet hingegen bei begrenztem Raumangebot die Möglichkeit zur Streckenverlängerung in der Diagonalen und überdies auch bei geringer Anlagentiefe Raum für die Gestaltung der für den Ringverkehr erforderlichen Wendeschleifen. Die U-Form ist dort sinnvoll, wo der ganze zur Verfügung stehende Raum für den Anlagenbetrieb genutzt werden soll. Die E-Form letztlich wird man in erster Linie für Clubanlagen nutzen, wo entsprechend große Räume zur Verfügung stehen. Sie bietet die besten Voraussetzungen für die dezentrale Steuerung der einzelnen Anlagenbereiche von verschiedenen Standorten aus, so wie dies im Clubbetrieb oft gewünscht wird.

Für welche Anlagenform man sich entscheidet, ist vor allem aber abhängig vom Anlagenthema, von den angestrebten Fahrbetriebsmöglichkeiten und nicht zuletzt von den örtlichen Gegebenheiten am Standort. Zu berücksichtigen sind hierbei insbesondere die Lage der Fenster und Türen.

Beim Planen der Anlagengrundform muß man zunächst darauf achten, daß grundsätzlich alle Teile der späteren Anlage von den Rändern aus bequem erreichbar sind. Zu tief geplante Anlagen sind nicht nur während der Bauarbeiten ein lästiges Ärgernis. Insbesondere die Reinigungs- und Wartungsarbeiten an dem betriebsfertigen Modell gestalten sich schwierig. Rechteckwandanlagen, die von hinten nicht zugänglich sind, sollte man daher nie tiefer planen als 1,35 Meter. Bei allseitigem Zugang ist je nach Höhe der vorgesehenen Geländetopografie eine Tiefe bis 1,80 Meter noch vertretbar. Wo diese Maße beispielsweise der Kurvenradien wegen nicht eingehalten werden können, muß man entsprechende Durchschlupfmöglichkeiten in Form von herausnehmbaren Segmenten einplanen, um die Zugänglichkeit auch dort zu gewährleisten, wo die Hand vom Rand der Anlage aus nicht mehr hinreicht.

Speziell bei Rechteckanlagen, die aus Platzgründen mit der Rückseite ohne verbleibenden Freiraum, also unmittelbar an der Wand Aufstellung finden, wäre die Verwendung der bereits erwähnten und auf Seite 57 vorgestellten Stahlrohrfüße mit angeschweißten Lenkrollen sinnvoll. Da in diesem Fall die Anlage zur Erledigung der üblichen Wartungsarbeiten von der Wand weggerückt werden kann und somit allseitig zugänglich wird, könnte man auch den Grundriß entsprechend tiefer planen.

Die Wahl des Modellbahnsystems

Bei einer elektrisch betriebenen Modelleisenbahn wird der Fahrstrom über die Schienen der Modellbahn-

Zu den Darstellungen der verschiedenen Anlageformen:

(1) – Die klassische Rechteckanlage
(2) – Die Übereckanlage in U-Form
(3) – Die raumfüllende Übereckanlage
(4) – Die hauptsächlich in den USA bevorzugte raumfüllende Anlage in E-Form.

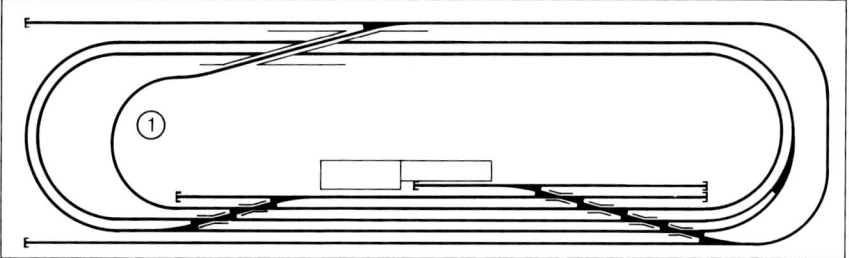

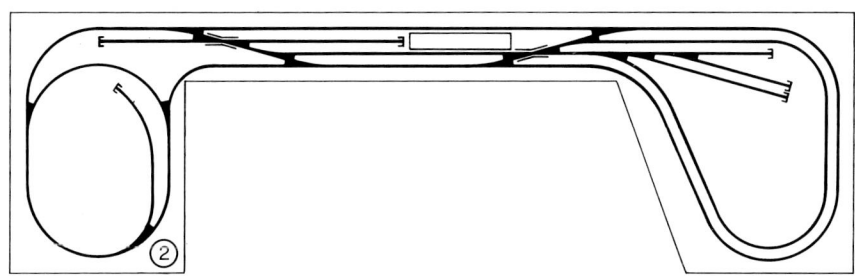

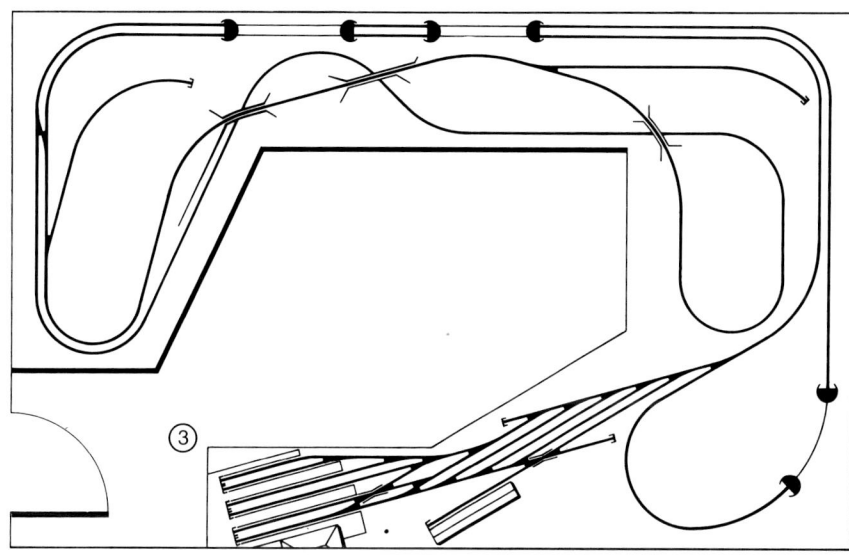

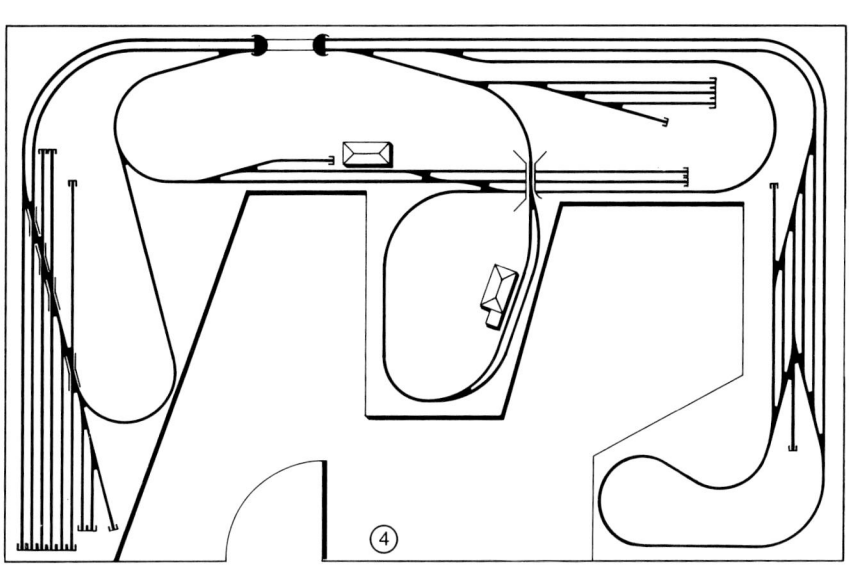

gleise übertragen. Zunächst einmal unabhängig von der Betriebsstromart haben vor allem zwei Fahrstromübertragungssysteme Marktbedeutung: Das „Zweileitersystem" und das „Mittelleiter-Punktkontaktsystem".

Beim Zweileitersystem sind die beiden stromführenden Schienen des sogenannten „Zweileitergleises" durch die nichtleitenden Schwellen ebenso elektrisch getrennt wie die Achsen der Fahrzeuge. Die Lokomotiven und beleuchteten Wagen beziehen also ihren Betriebsstrom aus den beiden Schienen über die Räder. Wird zusätzlich eine stromführende Oberleitung installiert, können zwei Züge voneinander unabhängig auf einem Gleis über zwei getrennte Fahrregler gesteuert werden, wenn eines der

Triebfahrzeuge mit Dachstromabnehmer ausgestattet ist und auf Oberleitungsfahrbetrieb umgeschaltet werden kann. In diesem Falle wird eine der Schienen für beide Fahrstromkreise als gemeinsamer Leiter genutzt.

Von besonderer praktischer Bedeutung bei dem weltweit fast ausschließlich für Gleichstromfahrbetrieb genutzten Zweileitergleis sind die beiden unterschiedlich gepolten Schienen. Um Kurzschlüsse zu vermeiden, bedürfen Gleisfiguren mit Kehrschleifen und Gleisdreiecken der elektrischen Trennung. Mit speziellen, zuggesteuerten Schaltungen ist jedoch auch hier ein nahezu unbehinderter Durchfahrtsverkehr möglich. Der Fahrtrichtungswechsel

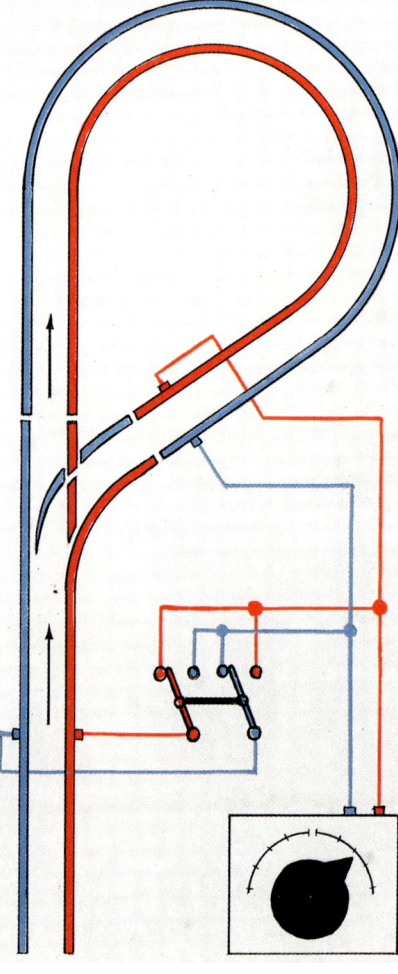

Prinzip der Kehrschleifenschaltung bei der Zweileiter-Gleichstrombahn.

Abbildung links:
Ausschnitt einer Anlage mit H0-Wechselstrombetrieb — wenn die Gleise fachgerecht patiniert und eingeschottert werden, fällt das Mittelleiterpunktkontaktband kaum auf, wie dieses Beispiel zeigt.

Abbildung Seite 31:
Das fachgerecht patinierte und eingeschotterte Zweileitergleis am Beispiel einer eingleisigen Nebenbahnstrecke (H0m).

erfolgt bei Gleichstromlokomotiven durch Umpolen des Fahrstroms.

Nur für die Nenngröße H0 gibt es alternativ auch noch das ausschließlich für Wechselstrombetrieb genutzte Mittelleiter-Punktkontaktsystem. Neben den elektrisch nicht getrennten Schienen verfügt dieses Gleis über Punktkontakte, die kaum sichtbar in den Schwellenmitten eingelassen sind. Die Fahrstromaufnahme erfolgt also hier über die Schienen durch die Fahrzeugräder und über die Punktkontakte durch den an der Fahrzeugunterseite angebrachten Skischleifer. Da bei diesem Gleissystem die Fahrschienen gleichgepolt sind, werden elektrische Trennungen beim Bau von Kehrschleifen

und Gleisdreiecken nicht erforderlich. Bei Oberleitungsfahrbetrieb wird das Punktkontaktband als gemeinsamer Masseleiter genutzt. Bei den Wechselstromlokomotiven erfolgt der Fahrtrichtungswechsel durch im Fahrgerät erzeugte Überspannungsimpulse.

Zum Betrieb auf Mittelleiterpunkt-Kontaktgleisen ausgelegte Fahrzeuge, deren Achsen nicht elektrisch getrennt sind, können auf Zweileitergleisen nicht eingesetzt werden. Während bei den Wagen eine Umrüstung durch Austausch der Radsätze leicht möglich ist, lohnt sich der recht aufwendige Umbau bei den Triebfahrzeugen nicht. Das gleiche gilt in umgekehrtem Sinne für den Einsatz

von Gleichstromlokomotiven auf Mittelleiter-Punktkontaktgleisen. Lediglich die für den Zweileiterbetrieb vorgesehenen Modellbahnwagen könnten in ihren Originalausstattungen auf den „Wechselstromgleisen" verkehren, da aber oft die Radkranzprofile nicht korrekt übereinstimmen, empfiehlt sich auch hier im Hinblick auf die sichere Spurführung ein Austausch der Radsätze.

Wie bereits erwähnt, kann man nur bei der Nenngröße H0 in Abwägung der systembezogenen Vor- und Nachteile zwischen dem Zweileiter- und dem Mittelleiter-Punktkontaktgleissystem unterscheiden. Beim Zweileitersystem wirkt der Gleiskörper natürlicher und möglicherweise läßt sich das Zweileitergleis etwas leichter verlegen. Diesen Vorzügen stehen die elektrisch unterschiedlich gepolten Fahrschienen und die damit verbundenen Einschränkungen beim Planen bestimmter Gleisfiguren entgegen. Der Vorteil beim Mittelleiter-Punktkontaktgleis hingegen liegt eindeutig in dem Umstand, daß man sich bei der Gleisplanung um die elektrische Polung nicht zu kümmern braucht. Durch das spezielle Fahrstromübertragungsprinzip bedingt, gilt die Wechselstrombahn außerdem auch als fahrstromkontaktsicherer. Als nachteilig werden oft die nicht ganz vorbildtreuen Punktkontakte im Gleiskörper genannt und letztlich auch die etwas schwierigere Arbeit beim Verlegen von Flexgleisen in Bögen.

Im Gegensatz zum Mittelleiter-Punktkontaktgleissystem, das ausschließlich unter der Marke MÄRKLIN vertrieben wird, gibt es eine ganze Reihe von Firmen, die sich mit der Herstellung von Zweileitergleisen befassen. Ungeachtet der bestehenden Normen, unterscheiden sich jedoch die Modellgleise der einzelnen Fabrikate mitunter erheblich. Deshalb sind die meisten Zweileitergleise der einzelnen Marken auch nicht kompatibel.

Bei der Wahl des für die eigene Anlage bestimmten Zweileitergleises sollte man sich nicht allein auf die maßstäblich exakte Nachbildung stützen. Ob beispielsweise ein H0-Schienenprofil 1,8 oder 2,5 mm hoch ist, spielt in der Gesamtoptik der Anlage überhaupt keine Rolle. Viel wichtiger ist die Frage, ob auf den Gleisen handelsübliche Serienfahrzeuge einwandfrei verkehren können, und ob außerdem auch eine ausreichende Verwindungsstabilität gegeben ist. Speziell bei Flexgleisen, die in Bögen verlegt werden, können zu fein detaillierte Schienenbefestigungen leicht ausbrechen. Außerdem dürfen Flexgleise beim Verlegen in Bögen ihre Spur nicht verändern.

Bei den Weichen sind Herzstücke aus Metall mit polarisierter Fahrstromeinspeisung sowie gefräste Zungen mit funktionssicherer Stellmechanik wichtige Qualitätsmerkmale. Eine wesentliche Rolle spielen auch die Weichenantriebe. Sie sollten über eine Endabschaltung verfügen.

Im Hinblick auf die Kompatibilität mit den handelsüblichen elektronischen Steuerungen sind Magnetspulenantriebe günstiger als Stellmotoren. Bei größeren Anlagen ist ferner auch die Stromaufnahme der Weichenantriebe von Bedeutung; sie sollte nicht höher liegen als 1,5 Ampere.

Letztlich stellt sich noch die Frage, ob man ein Modellbahngleis mit oder ohne angeformter Schotterbettung wählt. Zugegebenermaßen geht das Verlegen von Gleisen mit bereits fix und fertig angeformten Schotterbettungen flotter, während das fachgerechte Einschottern von Gleiskörpern ohne Bettung viel Geschick und mitunter auch einen erheblichen Zeitaufwand erfordert. Wer sich darüber nicht so recht im klaren ist, dem sei ein Versuch empfohlen. Im Vergleich mit den Ergebnissen fällt dann die endgültige Entscheidung sicherlich nicht schwer.

Die Anlagenplanung

Überlegungen zum Gleisplankonzept

Das Gleisbild einer Modelleisenbahnanlage basiert stets auf der Grundlage bestimmter geometrischer Figuren. Streng genommen gibt es nur zwei Varianten: Die „offene" und die „geschlossene" Streckenführung.

Die offene Strecke gestattet Zugfahrten lediglich vom einen bis zum anderen Ende. Realistischer Fahrbetrieb wäre hier allenfalls mit Wendezugeinheiten möglich. Deshalb findet man offene Strecken fast nur mit anderen kombiniert. Bildet man jedoch die Streckenenden als Kehrschleifen aus, sind die für einen ununterbrochenen Zugverkehr erforderlichen Wendemöglichkeiten gegeben. In diesem Falle wird die Stammstrecke in beiden Fahrtrichtungen genutzt. Deshalb sind Gleisfiguren mit Kehrschleifen für höher frequentierten Mehrzugbetrieb nicht geeignet.

Die geschlossene Ringstrecke bietet hingegen den Vorteil, daß die Züge in einer Fahrtrichtung auch bei Zweileitergleichstrombetrieb ohne Fahrstromumpolung beliebig lange kreisen können. Grundfiguren, die eine geschlossene Ringstrecke bilden, sind der Kreis, das Oval, die Acht und das gequetschte Oval.

Für die Planung größerer Anlagen ist das gequetschte Oval, in der Fachsprache auch als „Hundeknochen" bezeichnet, die ideale Grundfigur. Sie wird häufig angewendet, um eine zweigleisige Strecke vorzutäuschen, wobei man die rückführenden Verbindungsschleifen überbaut und auf diese Weise den Betrachter-

blicken entzieht. Besonders raumsparende Lösungen bietet das gequetschte Oval vor allem bei Trassenführungen, die über zwei oder mehrere Ebenen hinweg geplant sind.

Natürlich werden die hier gezeigten Grundformen nie so streng geometrisch in das Anlagenkonzept übernommen, wie sie mit den Schemaskizzen dargestellt sind. Bevor-

zugt werden vielmehr dynamisierte Varianten, die in Abstimmung auf das gewählte Thema meist kombiniert angewandt werden. Dabei wird ein möglichst gefälliges und harmonisch ausgewogenes Gleisbild angestrebt.

Beim anspruchsvollen Anlagenbau empfiehlt es sich aus optischen Gründen nur vorbildnah schlanke Weichenwinkel unter 15 Grad zu wählen.

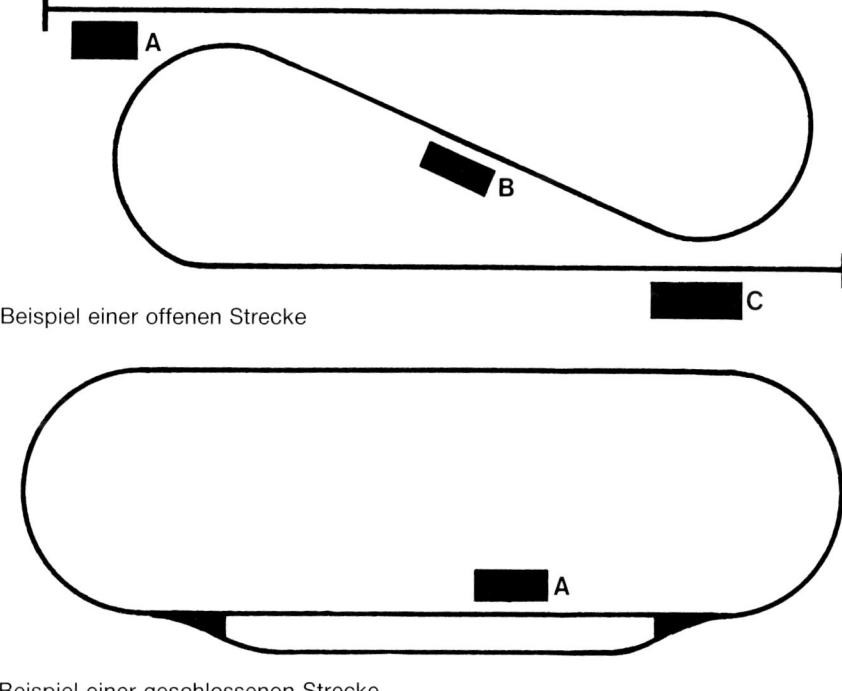

Beispiel einer offenen Strecke

Beispiel einer geschlossenen Strecke

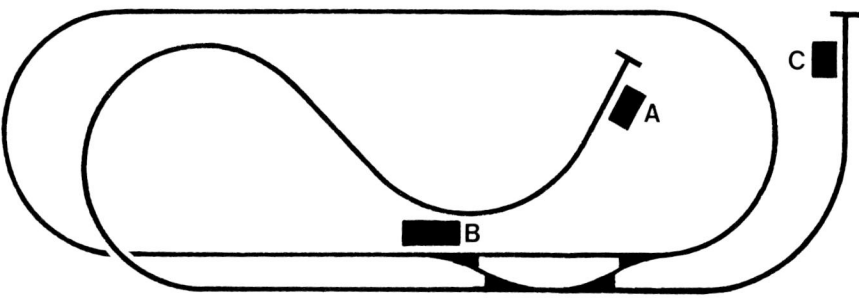

Beispiel einer kombinierten Streckenführung

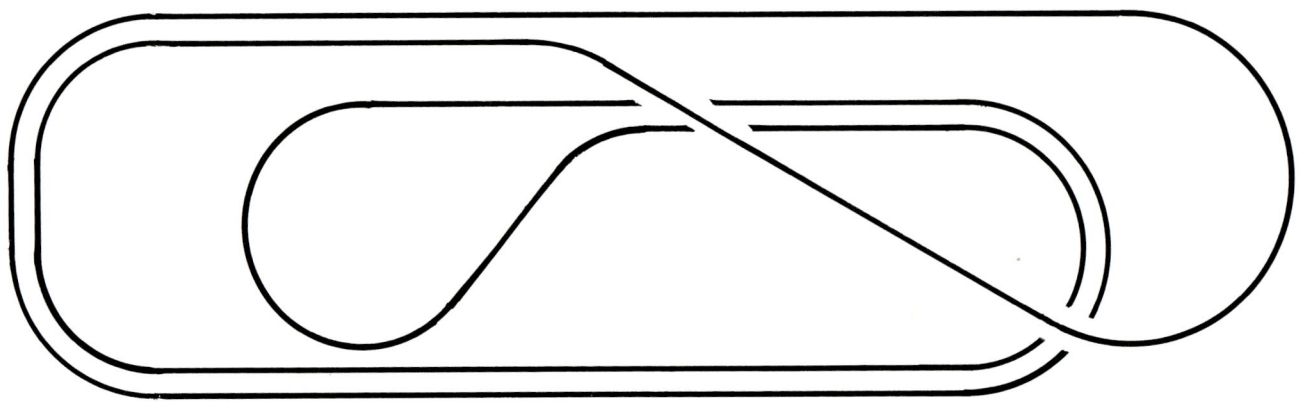

Außerdem sollte man danach trachten, innerhalb der sichtbaren Anlagenbereiche nur einigermaßen realistisch wirkende Gleisbögen mit möglichst großen Radien einzuplanen. Unter Verwendung der für nahezu alle Gleissysteme erhältlichen Flexgleise ist es heute möglich, die Gleisbögen freizügig zu gestalten. Die rückführenden Ringstreckenschleifen, die bei eingeschränkter Anlagentiefe oft in kleineren Radien ausgeführt werden müssen, sollte man, wenn es irgend geht, in den Untergrund verlegen.

Bahnhöfe und Verbindungsstrecken

Wie in der Wirklichkeit besteht auch bei einer Modelleisenbahnanlage das Schienennetz aus den Bahnhöfen und den dazwischenliegenden Verbindungsstrecken. Diese Einteilung ist schon für die Planungsarbeit von Bedeutung, denn die Bahnhöfe sind die Zentren des gesamten Eisenbahnbetriebs. In ihnen verteilt sich der Verkehr auf die einzelnen Strecken. Sie müssen die Ausgangspunkte aller Überlegungen zum Gleisplankonzept sein.

So versteht es sich von selbst, daß beim anspruchsvollen Anlagenbau die fachgerechte und vorbildbezogene Bahnhofsgestaltung eine dominante Rolle spielt. Dies gilt für die Gleisanlagen ebenso wie für die Ausstattung. Um Planungsfehler zu vermeiden, empfiehlt es sich, die nachfolgenden Hinweise zu beachten.

Der Begriff „Bahnhof" ist in der Fachsprache des Eisenbahners genau definiert als Gleisanlage, die mindestens über eine Weiche verfügt, in der Zugfahrten beginnen oder enden oder die in irgendeiner anderen Weise betriebsinternen Zwecken dient. Eine Eisenbahnstation ohne Weiche bezeichnet man als „Haltepunkt".

Nur in der Vorstellungswelt des Laien ist das Wort Bahnhof stets mit einem Empfangsgebäude, einer Schalterhalle und den obligaten Bahnsteigen verbunden. Der Fachmann unterscheidet jedoch zunächst ihren Aufgabenstellungen entsprechend zwischen solchen Bahnhöfen, die als Kontaktstellen zu den betreibenden Bahngesellschaften und den Bahnbenutzern dienen, wie beispielsweise Personen- und Güterbahnhöfe, und solchen, die ausschließlich für bahnbetriebliche Zwecke vorgesehen sind. Diese sogenannten Betriebsbahnhöfe sind nicht für den Publikumsverkehr eingerichtet. Vielmehr werden ihre Gleisanlagen beispielsweise zum Überholen, Abstellen oder Bereitstellen von Zügen genutzt. Auch die Rangierbahnhöfe und die

Skizze Seite 34 oben:
Aus dem „gequetschten Oval" (Hundeknochen) entwickelte Gleisfigur.

Abbildung Seite 34:
Stets eine Augenweide — der Schnellzug auf einer mit Flexgleisen in weitem Bogen gestalteten Strecke.

Abbildung links:
Luftaufnahme vom ländlichen Durchgangsbahnhof Bärental an der Strecke Titisee — Schluchsee (Hochschwarzwald).

Die Bahnhofsformen

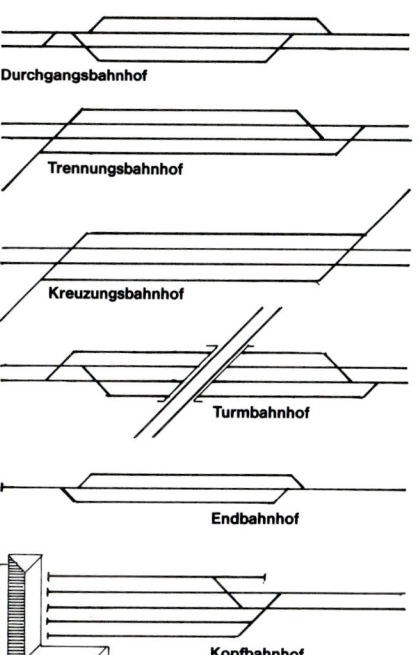

Durchgangsbahnhof

Trennungsbahnhof

Kreuzungsbahnhof

Turmbahnhof

Endbahnhof

Kopfbahnhof

Bahnbetriebswerke mit ihren vielfältigen technischen Ausstattungen zählen zu den Betriebsbahnhöfen.

Nach ihrer Lage innerhalb des Eisenbahnnetzes unterscheidet man ferner zwischen End-, Zwischen- und Knotenpunktbahnhöfen.
Und letztlich wird auch noch in Abhängigkeit ihrer Gleisführungen unterschieden zwischen den Durchgangs-, Trennungs-, Kreuzungs-, Kopf-, Anschluß-, Berührungs- und Turmbahnhöfen (siehe Schemazeichnungen). Speziell im Modellbahnwesen kennt man außerdem

auch noch den „Schattenbahnhof". Gemeint ist damit eine Gleisanlage mit der Funktion eines Betriebsbahnhofs, die den Betrachterblicken entzogen im Untergrund installiert ist.

Die Grenzen zwischen den Bahnhöfen und Strecken sind durch die Einfahrsignale festgelegt. Wenn diese fehlen, gilt die erste Weiche als Marke.

Innerhalb der Bahnhofsbereiche wird zwischen Haupt- und Nebengleisen unterschieden. Die Hauptgleise sind stets durch Hauptsignale gedeckt.

Die Nebengleise werden in der Regel durch Sperr- und Rangiersignale gesichert. Zu den Hauptgleisen zählen die Durchfahrts-, Bahnsteig- und Überholgleise. Den Nebengleisen sind die Lade-, Rangier-, Abstell-, Aufstell-, Auszieh-, Versorgungs-, Kehr- und Umfahrgleise zugeordnet.

Beim großtechnischen Vorbild kommt es bei der Bahnhofsplanung vor allem darauf an, daß sich möglichst viele Zugfahrten gleichzeitig abwickeln lassen. Dies gilt uneingeschränkt auch für den Nachvollzug im Modell. Die

Gleisbögen und Weichen der Durch-
fahrgleise sind deshalb so zu wählen,
daß die Züge ihre Streckengeschwin-
digkeiten möglichst unvermindert
einhalten können. Die Hauptgleise
müssen außerdem gegen Flanken-
fahrten durch sogenannte Schutzweichen abgesichert sein, die
den feindlichen Verkehr bei geschal-
teter Fahrstraße auf ein Nebengleis
leiten.

Tips zur Planung von Personen-
und Güterbahnhöfen

Die wichtigste Frage zur Bahnhofsplanung gilt den nutzbaren Gleislängen. Darunter versteht man die
Längen der Gleisabschnitte zwischen
den Weichen, die ohne Beeinträch-
tigung des Verkehrs auf den
Nachbargleisen durch die Fahrzeuge
genutzt werden können. Bei der
Deutschen Bundesbahn sind die Nutz-
längen durch spezielle, neben den

Gleisen aufgestellte Grenzzeichen in
Form von weiß/rot lackierten Pflöcken
gekennzeichnet oder durch die
Standorte der zugeordneten Ausfahrsignale festgelegt.

Von den nutzbaren Gleislängen hängt
es auch ab, welcher Bahnhofstyp auf
der Anlage realisiert werden kann.
Für einen Personenbahnhof beispielsweise, in dem auch Schnellzüge
anhalten, sollten die nutzbaren Längen der Hauptgleise mindestens
den Längen der längsten zu
erwartenden Züge entsprechen,
wobei unter Berücksichtigung des
unterschiedlichen Bremsverhaltens
der einzelnen Lokomotiven eine
Sicherheitsreserve von etwa einem
Drittel noch hinzuzurechnen ist. Dies
gilt im besonderen für Bahnhöfe,
die im sichtbaren Anlagenbereich
geplant sind und in denen Zugbetrieb
mit elektronisch geregelter Anfahr-
und Bremsverzögerung vorgesehen
ist.

Abbildung oben:
Luftaufnahme vom Turmbahnhof
Ludwigshafen (Rhein).

Abbildung Seite 36:
Ein typischer Hochgebirgs-Landbahn-
hof im Modell, nach dem Vorbild der
Rhätischen Bahn (H0m). Der Durch-
gangsbahnhof verfügt über ein
Durchfahrtsgleis, zwei Bahnsteig-
gleise, ein Abstellgleis und ein Lade-
gleis, das hauptsächlich auf die
Stamm- und Papierholzverladung aus-
gelegt ist. Daher fehlt hier die anson-
sten übliche Rampe.

37

Im Hinblick auf einen einigermaßen vorbildnahen Schnellzugbetrieb sollte eine Zuggarnitur mit mindestens fünf Wagen ausgestattet sein, zwei mehr wären allerdings besser und auch realistischer. Unter dieser Voraussetzung müßte man bei einem Personenbahnhof in der Nenngröße H0 beispielsweise die nutzbaren Gleislängen mit mindestens 2,40 m bzw. 3,00 m in Ansatz bringen. Wenn man nun noch ungefähr 70 cm für die Strecke hinter dem Signal und für die Weichenverbindungen hinzurechnet, muß man für die gesamte Bahnhofsanlage eine Mindestlänge von 4,00 bis 4,50 m einkalkulieren. Ein Stadtbahnhof mit Schnellzugbedienung, dessen nutzbare Gleislängen lediglich zur Aufnahme einer Zuggarnitur mit 3 Wagen ausreichten, wäre also kein Thema für ein ernst zu nehmendes Anlagenkonzept. Wenn eine entsprechende Fläche nicht zur Verfügung steht, sollte man sich besser ein Nebenbahnmotiv zum Anlagenthema wählen. Dort wären noch nutzbare Gleislängen unter einem Meter denkbar. Der Personenbahnhof des „gemischten Dienstes" ist auf Modelleisenbahnanlagen am häufigsten vertreten, da er relativ wenig Platz beansprucht. Dieser

Bahnhofstyp, in dem die Abfertigung der Reisenden und des örtlichen Güteraufkommens durch das gleiche Personal erfolgt, findet sich hauptsächlich in ländlichen Gegenden. Warte- und Diensträume, ja oft sogar die Güterhalle und die Dienstwohnungen sind unter dem Dach eines Gebäudes vereinigt. Bei der Planung einer solchen Bahnhofsanlage muß man jedoch die betriebsbedingt besonderen Einrichtungen berücksichtigen. Dazu zählen neben den obligaten Bahnsteigen und Gleisübergangssperren auch die für die Fracht- und Expreßgutabfertigung erforderlichen Laderampen. Oft sind noch zusätzliche Ladegleise vorhanden, beispielsweise für die Verladung landwirtschaftlicher Erzeugnisse mit Viehrampe, Lademaß, Gleiswaage und Holzverladekran.

In größeren Personenbahnhöfen ist der Reise- vom Güterverkehr nicht nur personell, sondern auch räumlich

Abbildung linke Spalte oben:
Arkaden-Stützmauer mit Treppe zum
Diensteingang des Empfangs-
gebäudes.

Abbildung linke Spalte unten:
Szene vor dem Haupteingang des
Stadtbahnhofs.

Abbildung rechts:
Vorbildlich gestaltete Einfahrt in
einen größeren Stadtbahnhof moder-
ner Prägung. Im Hintergrund sieht
man die Überdachung der Bahnsteig-
halle als Requisit einer früheren
Epoche.

Abbildung Seite 38 oben:
Modell einer beim Vorbild sehr
seltenen Konstellation eines sog.
„Anschlußbahnhofs", der den drei-
gleisigen Durchgangsbahnhof der
Vollspurstrecke (H0) und die Endsta-
tion der offenen Schmalspurstrecke
(H0m) unter Nutzung der gemeinsa-
men technischen Einrichtungen in
sich vereinigt.

Abbildung Seite 38 unten:
Ein in der Nenngröße H0 großzügig
gestalteter Kopfbahnhof. Im Vorder-
grund des Ausschnittes sieht man die
Güterhallen der Expreßgutabferti-
gung mit Ladestraße für den Zubrin-
gerverkehr.

getrennt. Beim Planen reiner Personenbahnhöfe muß man vor allem an trittbretthohe und ausreichend breite Bahnsteige denken, die den Reisenden einen sicheren Zustieg zu den Zügen ermöglichen. Die engen Gleisabstände der Strecken reichen hier zur Aufnahme der Bahnsteiginseln nicht aus und müssen entsprechend auseinandergezogen werden. Da bei größeren Bahnhöfen die Gleisübergänge durch die Reisenden aus Sicherheitsgründen nicht benutzt werden dürfen, sind ferner die zu den Bahnsteiginseln erforderlichen Unter- und Überführungen mit einzuplanen.

Ein völlig anderes Planungskonzept erfordern die Güterbahnhöfe. Anstelle der Bahnsteige säumen Rampen, Bühnen und Hallen die Ladegleise. Auch die Hafen- und Industriebahnhöfe zählen zu den Güterbahnhöfen. Gleisführungen und Ausstattungen sind dort jedoch auf die jeweiligen speziellen Bedürfnisse des örtlichen Güterumschlags ausgelegt. So präsentiert sich beispielsweise der Ladekai eines Hafenbahnhofs mit seinen imposanten Krananlagen anders als die Ladegleisharfe einer Ölraffinerie oder eines Schotterwerkes. Generell aber gilt für die Planung von Güterbahnhöfen, daß auch die Infrastruktur im Umfeld, also Zufahrten und Lagerplätze nebst den erforderlichen maschinellen Ladehilfen vorbildorientiert eingeplant werden müssen, wenn die Szene glaubhaft wirken soll.

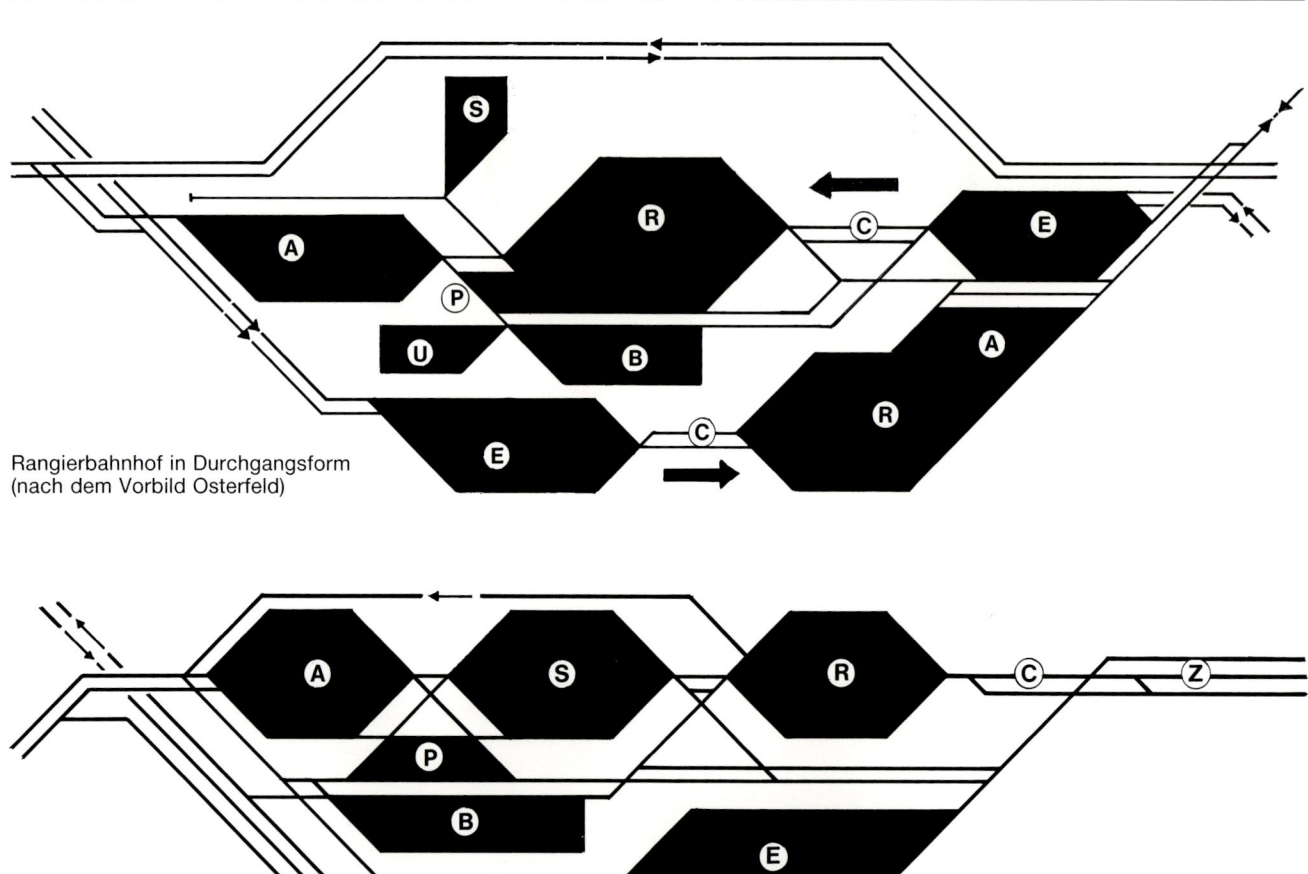

Rangierbahnhof in Durchgangsform
(nach dem Vorbild Osterfeld)

Rangierbahnhof in Kopfform

Tips zur Planung von Betriebsbahnhöfen

Wie bereits erwähnt, dienen Betriebsbahnhöfe ausschließlich bahnbetrieblichen Zwecken. Es gibt dort weder Empfangsgebäude noch Bahnsteige. Bei einem Ausweichbahnhof zum Beispiel, wie er für eingleisige Nebenbahnlinien typisch ist, besteht die ganze Einrichtung oft nur aus zwei Weichen und dem Ausweichgleis. In moderneren Ausweich- und Überholbahnhöfen fehlt oft sogar das früher obligate Stellwerk, da die Weichen vom nächstgelegenen Dienstbahnhof aus gesteuert werden.

Es gibt aber auch Betriebsbahnhöfe, die aus hunderten von Gleisen bestehen und deren Areale sich über mehrere Kilometer hinweg erstrecken. Dazu zählen beispielsweise die Rangierbahnhöfe. Sie befinden sich meistens an Eisenbahnknotenpunkten und dienen zum Auflösen und Bilden von Güterzügen.

In Abhängigkeit der Betriebsabläufe besteht ein Rangierbahnhof, wie mit der Schemaskizze des historischen Rangierbahnhofs Osterfeld gezeigt, aus mehreren Gleisgruppen (siehe Abb. Seite 40 oben). Einlaufende Güterzüge finden zunächst Aufnahme in der Einfahrtgruppe (E); die Streckenlokomotiven werden abgekuppelt und fahren zur Versorgung in das im Zentrum gelegenen Betriebswerk (B).

Für den Verschiebedienst innerhalb des Rangierbahnhofs stehen spezielle Rangierlokomotiven zur Verfügung. Sie übernehmen die in der Einfahrtgleisgruppe abgestellten und bereits vorentkuppelten Züge und drücken sie auf den Ablaufberg (C). Dort werden die Wagen vollends entkuppelt. Jenseits des Scheitelpunktes rollen sie dann über die Gefällstrecke ihrer eigenen Schwerkraft folgend einzeln oder aber als Zugteile bis zu fünf Wagen in die den neuen Zugzusammenstellungen entsprechend vorausbestimmten Gleise der Richtgleisgruppe (R).

In modernen Rangierbahnhöfen wird die Geschwindigkeit der einrollenden Güterwagen durch radarüberwachte Gleisabschnitte und vollautomatisch gesteuerte Gleisbremsen kontrolliert. Früher wurden die Wagen von Bahnbediensteten gebremst, die auf den abrollenden Wagen mitfuhren. Die mit „Bremserhäuschen" ausgestatteten Güterwagen älterer Bauart erinnern noch an jene Epochen.

Bestimmte Güterwagen, wie zum Beispiel Druckgaskesselwagen oder Wagen mit Viehladungen dürfen allerdings nicht über den Ablaufberg rollen. Diese besonders deklarierten Wagen werden schon vor dem Ablaufberg ausgesondert und über ein horizontal verlegtes Umfahrgleis direkt in die neuen Zugzusammenstellungen verschoben.

Der Richtgleisgruppe nachgeordnet ist die Stationsgleisgruppe (S), in der die Wagenreihenfolgen erforderlichenfalls nochmals nachsortiert werden. Früher gab es auch noch eine Packwagengleisgruppe (P), in der die Güterzugpackwagen bereitgestellt waren. In der Ausfahrtgleis-

gruppe (A) sammeln sich letztlich die reisefertig komplettierten Züge. Für Güterwagen, die nicht unmittelbar nach ihrer Ankunft in neue Züge eingestellt werden, ist ein Verbleib in der Abstellgruppe (U) vorgesehen.

Um einen möglichst rationellen Betriebsablauf sicherzustellen und die Rangierfahrten auf ein Minimum zu beschränken, sind bei größeren Rangierbahnhöfen die Einfahr-, Richtungs- und Ausfahrgleisgruppen doppelt angelegt, so daß jeweils ein komplettes System für die gesamten Betriebsabläufe in den beiden Hauptverkehrsrichtungen zur Verfügung steht. Lediglich das Bahnbetriebswerk und ggf. die Stationsgleisgruppe wird gemeinsam genutzt.

Der Nachbau eines Rangierbahnhofs in Durchgangsform wird stets an der Platzfrage scheitern. Allenfalls wäre dieses Thema zu verwirklichen, wenn man sich an ein kleineres Vorbild anlehnt und die Kopfform wählt. In dem in der zweiten Schemaskizze vorgestellten Rangierbahnhof in Kopfform wird der Verkehr in zwei Richtungen abgewickelt. Die Güterzüge laufen also aus beiden Richtungen ein. Nach dem Lokwechsel werden

Abbildung oben:
Luftaufnahme von den Industriegleisanlagen des Ölhafenbahnhofs Ludwigshafen (Rhein).

Abbildung Seite 40:
Rangierbahnhöfe sind oft kilometerlang — die Luftaufnahme zeigt die Richtgleisgruppe vom östlichen Teil des Rangierbahnhofs Mannheim.

sie zunächst über den Ablaufberg hinweg in die Zerlegegleisgruppe (Z) gezogen. Von dort vollziehen sich dann die weiteren Betriebsabläufe wie bereits beschrieben. Wenn man die Anlage nach dem Vorbild eines erweiterten Ortsgüterbahnhofs noch kleiner bauen will, könnte man eventuell auf die Stationsgleisgruppe und sogar auf die Ausfahrtgleisgruppe verzichten. In diesem Fall wären dann Richt- und Ausfahrtgleise in einer Gruppe vereinigt.

Tips zur Planung des Ablaufberges

Für einen Ablaufberg mit der zugeordneten Richtgleisgruppe muß man, bezogen auf die Nenngröße H0, eine Länge von mindestens 6,00 m einkalkulieren, wenn man die für die Zufahrt erforderlichen Gleisbögen noch mit einrechnet. Bei anderen Nenngrößen reduziert sich die Länge dem Nachbildungsmaßstab entsprechend. Der Raumbedarf in der Tiefe ist hingegen relativ gering.

Beim Ablaufberg im Modell wird stets ein vom Stellpult aus ferngesteuertes Zerlegen und Neubilden von Güterzügen angestrebt. Um hierbei einwandfrei funktionierende Betriebsabläufe sicherzustellen, muß man schon bei der Planung einige wichtige Punkte berücksichtigen. Zunächst gilt es den günstigsten Neigungswinkel der Gefällstrecke herauszufinden. Er darf weder zu flach noch zu steil sein. Die Maßangaben in der Skizze sind lediglich Richtwerte. Vielmehr sollte man sich den richtigen Neigungswinkel durch Vorversuche mit den zum Einsatz kommenden Güterwagen an einem provisorisch aufgebauten Modell ermitteln.

Das Gefälle am Ablaufberg muß jedenfalls so stark sein, daß der dadurch entstehende Schub ausreicht, um die Wagen über die Weichen hinweg in die Richtgleise hineinlaufen zu

lassen. Verlegt man nun noch, der Skizze entsprechend, die Richtungsgleise selbst mit leichtem Gefälle, dann werden die Wagen bis zum jeweiligen Streckenende ihrer eigenen Schwerkraft folgend weiterlaufen. Um einen Aufprall auf den Prellbock zu verhindern empfiehlt es sich, die Streckenenden der Richtgleise leicht ansteigend zu verlegen.
Letztlich kommt es noch auf die richtige Lage der Entkupplungsvorrichtung an. Sie wird vorteilhaft hinter dem Scheitelpunkt in die Gefällstrecke eingebaut, da ein einwandfreies Lösen der Kupplungen durch die aus dem Gleiskörper tretende Entkupplerzunge eine leichte Zug-

belastung voraussetzt. Die Entfernung von der Ausrundung des Scheitelpunktes richtet sich nach den längsten Fahrzeugen, die zum Einsatz kommen, denn das ferngesteuerte Entkuppeln kann nur dann gelingen, wenn die Längsachsen der Fahrzeuge und somit auch deren Kupplungen unverkantet in einer Ebene liegen. Bei dem hier angeführten Skizzenbeispiel, das auf die Nenngröße H0 bezogen ist, sind es 500 mm.

Abbildung oben:
Der „Eselsrücken" mit Ablaufberg im Rangierbahnhof Mannheim-Ost.

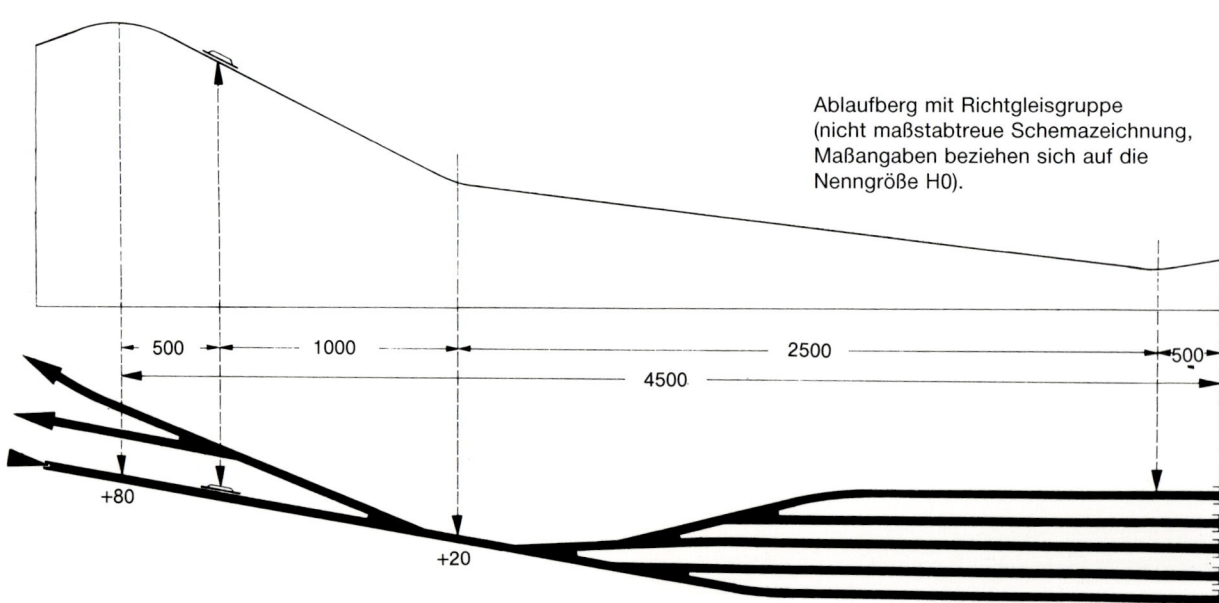

Ablaufberg mit Richtgleisgruppe
(nicht maßstabtreue Schemazeichnung,
Maßangaben beziehen sich auf die
Nenngröße H0).

Bahnbetriebswerke im Modell

Von den Triebfahrzeugen verursachen die Elektrolokomotiven den geringsten Versorgungs- und Wartungsaufwand. Beim Nachbau eines solchen sogenannten „E-Lok-Betriebswerkes" genügt in der Regel ein Lokomotivschuppen mit der erforderlichen Anzahl an Bereitstellungsgleisen. Da die anfallenden Wartungs- und Inspektionsarbeiten im Innern ausgeführt werden, bedarf es keiner speziellen Vorsorgungseinrichtungen außerhalb, an die man bei der Planung denken müßte. Ähnliches gilt auch für die Wartungsbasen der Diesellokomotiven. Dort kommt lediglich ein Versorgungsgleis mit der Tankstelle hinzu. Bei den größeren modernen Betriebswerken handelt es sich meist um Anlagen, die für die gemischte Wartung von Elektro- und Diesellokomotiven eingerichtet sind.

Aufwendiger, aber auch als Gestaltungsthema für die Modelleisenbahnanlage interessanter, sind die historischen Betriebswerke, wie sie während vergangener Epochen zur Wartung und Versorgung von Dampflokomotiven erforderlich waren und das Bild der Eisenbahnlandschaften prägten. Die richtige Planung eines solchen „Dampfbetriebswerks" setzt jedoch einige spezielle Kenntnisse voraus.

Im Vergleich mit den Diesel- und Elektrolokomotiven erforderten die Dampflokomotiven einen erheblich höheren Wartungs- und Versorgungsaufwand. Entsprechend umfangreich waren auch die Freilandeinrichtungen dieser ehemaligen Dampflokbasen. So mußten Einrichtungen zum Bekohlen, zum Löscheziehen (Reinigen der Rauchkammer), zum Wassernehmen, zum Ausschlakken und zum Besanden vorhanden sein, neben den zahlreichen Zubringer- und Abstellgleisen.
Da Dampflokomotiven mit Schlepptender in der Regel nur in Vorausfahrtrichtung Züge führen konnten, muß man beim Planen von größeren Dampfbetriebswerken, in denen Streckenlokomotiven verkehren sol-

Abbildung oben:
Luftaufnahme von der Ruine des Bahnbetriebswerks Mayen. Die Entschlackungsgruben der in zwei Richtungen auf die Drehscheibe zulaufenden, doppelt angelegten Versorgungsgleise sind noch deutlich zu erkennen, ebenso der Sockel des einstigen Wasserturms. Erhalten geblieben sind die Drehscheibe, der Ringlokschuppen sowie die Gebäude der Betriebs- und Materialverwaltung.

len, auch an die Wendemöglichkeit in Form einer Drehscheibe denken. Als Requisit der Dampflokomotivära findet man die Drehscheibe oft auch in den modernisierten Bahnbetriebswerken. Sie wird dort vielfach noch zum Verteilen der Lokomotiven auf die Lockstände im angrenzenden Ringlokschuppen genutzt.

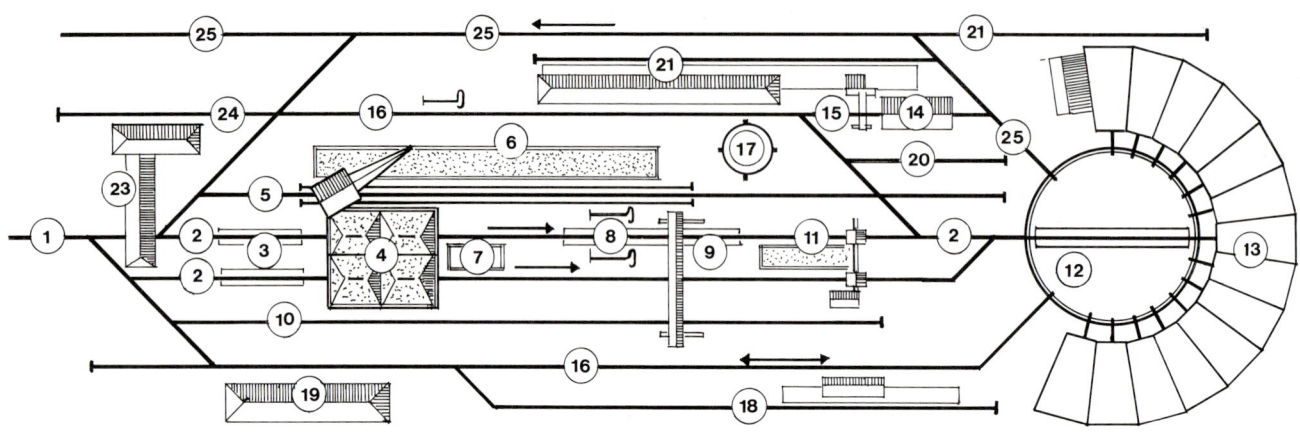

Schemaskizze aus einem Dampf-Betriebswerk

1 Einfahrgleis	13 Ringlokschuppen
2 Behandlungsgleise	14 Lokwerkstatt
3 Untersuchungsgruben	15 Bockkran
4 Bekohlungsanlage	16 Umfahrgleise
5 Kohlenwagengleis	17 Wasserturm
6 Kohlenbansen	18 Dieseltankgleis
7 Löschkasten	19 Betriebsverwaltung
8 Wasserkräne	20 Abstellgleis
9 Ausschlackgrube	21 Versorgungsgleis
10 Schlackenwagengleis	23 Stellwerk
11 Besandungsanlage	24 Hilfszug
12 Drehscheibe	25 Ausfahrgleis

Im Hinblick auf eine möglichst rationelle Abfertigung der vom Zugdienst zurückkehrenden Streckenlokomotiven hatte sich in größeren Dampflokbasen eine ganz bestimmte Behandlungsreihenfolge durchgesetzt: Untersuchung, Bekohlung, Löscheziehen, Wassernehmen, Ausschlakken, Besanden, Warten und ggf. Reparatur, Wenden und Bereitstellen. Um hierbei einen möglichst reibungslosen Betriebsablauf sicherzustellen, waren die Gleisanlagen so geplant, daß die erwähnte Behandlungsreihenfolge möglichst im Ein-Richtungsbetrieb durchgeführt werden konnte. Alle Behandlungsstellen mußten also in direktem Durchlauf erreichbar sein. Für die Kurzstreckenlokomotiven (Rangier- und Wendelokomotiven), die lediglich zum Bekohlen und Wassernehmen einfuhren, gab es spezielle Umfahrgleise.

Mit der oben aufgeführten Skizze ist ein klassisches, auf Ein-Richtungsbetrieb ausgelegtes Dampf-Betriebswerk schematisch dargestellt. Das Ein- und Ausfahrgleis, das gleichzeitig auch Hauptausfahrgleis für die zum Einsatz ausfahrenden, dienstbereiten Lokomotiven war, ermöglichte die direkte Zufahrt zum Lokomotivschuppen. In den beiden parallel geführten Behandlungsgleisen lagen zunächst die Untersuchungsgruben. Hier wurde das Fahrwerk der vom Streckendienst zurückkehrenden Lokomotiven überprüft. Danach erfolgte die Bekohlung unter den Bunkertaschen der Bekohlungsanlage. Zwischen Hochbunker und dem Kohlenbansen befand sich das Versorgungsgleis. Die dort eintref-

fende Kohle wurde mit Hilfe des Krans aus den offenen Güterwagen entweder direkt in die Bunkertaschen der Bekohlungsanlage oder aber zur Bevorratung in den Bansen verladen. Nach der Bekohlung wurden die Lokomotiven zum Löscheziehen etwas vorgezogen. Zur Aufnahme der Verbrennungsrückstände aus der Rauchkammer stand neben dem Gleis ein spezieller Löschebansen bereit.

Die Ausschlackgrube war dann die nächste Station. Da das Ausschlacken relativ viel Zeit in Anspruch nahm, wurde der Aufenthalt hier gleichzeitig zum Wassernehmen genutzt. Deshalb standen die Gelenkwasserkräne direkt neben der Ausschlackgrube. Für das Wassernehmen einer Dampflokomotive durfte jedoch kein gewöhnliches Leitungswasser verwendet werden. Um der gefürchteten Kesselsteinbildung vorzubeugen, war chemisch aufbereitetes Speisewasser vorgeschrieben, das im obligaten Wasserturm vorrätig gehalten wurde. Er war sozusagen das Markenzeichen der historischen Dampfbetriebswerke

und selbst in kleinen Anlagen immer vorhanden. Ein örtliches Leitungsnetz wäre nämlich nie in der Lage gewesen, so kurzfristig die gewaltigen Wassermassen zu liefern, wie sie zum Betanken einer Dampflokomotive benötigt wurden.

Im weiteren Durchlauf wurden dann unter der Besandungsanlage die Sandvorräte ergänzt. Die großen druckluftbetriebenen Besandungsanlagen von einst sind allerdings aus dem Bild der modernen Bahnbetriebswerke längst verschwunden. Die maschinelle Besandung lohnt sich nicht mehr, da Diesel- und Elektrolokomotiven nur noch in Ausnahmefällen Sand zum Anfahren und Bremsen benötigen.

Über die Drehscheibe erreichten die so versorgten Dampflokomotiven ihre Hallenstände, wo die Wartungsarbeiten und ggf. auch kleinere Reparaturen ausgeführt wurden. Für größere Reparaturen standen spezielle Gebäude zur Verfügung. Die einsatzbereiten Lokomotiven wur-

Abbildung oben:
Ausschnitt eines Modell-Dampf-Betriebswerks, gestaltet in der Nenngröße H0. Im Vordergrund der Szene sieht man die sich zur Drehscheibe hinziehenden Behandlungsgleise mit den Untersuchungsgruben, der Bekohlungsanlage, den Entschlackungsgruben, Wasserkränen und Besandungstürmen. Im Hintergrund erkennt man die Drehscheibe mit den Lokhallen. Rechts daneben befindet sich die Lokwerkstatt mit dem Kamin des dahinterliegenden Heizwerks. Bei dem äußeren Schienenstrang links im Bild handelt es sich um das Ausfahrgleis für die dienstbereiten Lokomotiven.

Abbildung Seite 44:
Detailaufnahme von einem H0-Modell; die Ausschlackgrube mit Bockkran, Gelenkwasserkränen und Schlackenwagen. Zur Imitation der Schlacke wurde gemahlene Koksofenschlacke in verdünnten Holzleim eingebettet. Koksofenschlacke findet man in den Aschekästen von Koks- oder Kohleöfen.

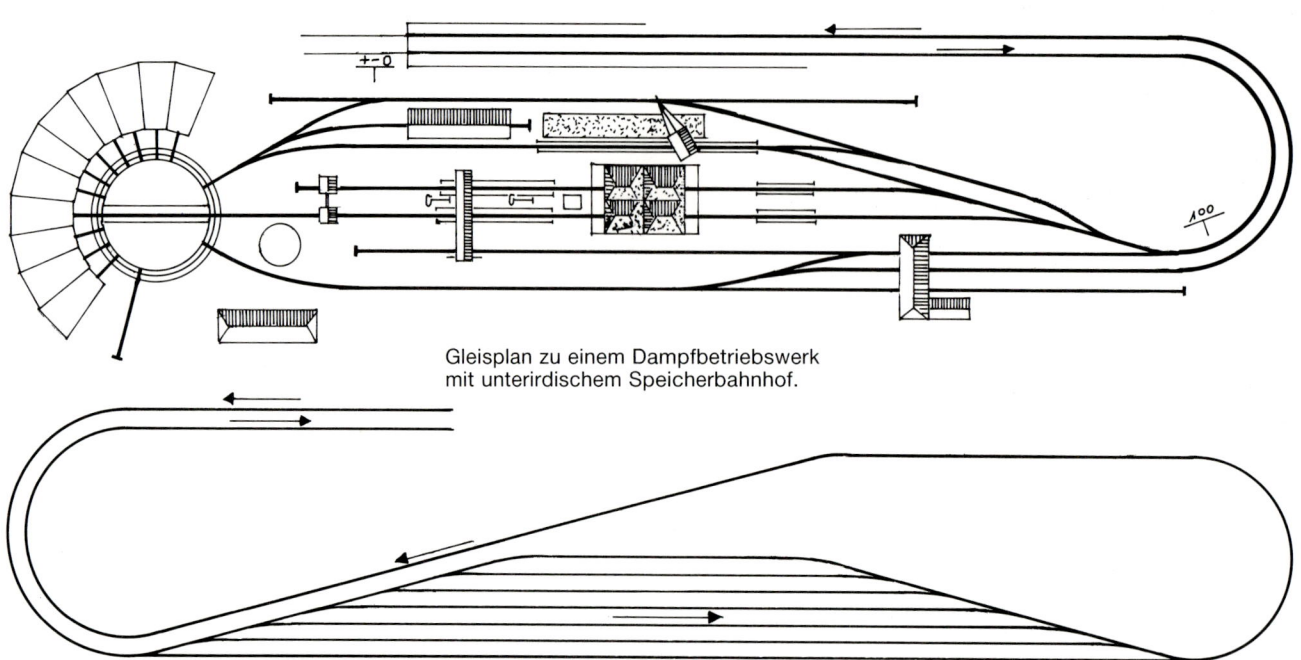

Gleisplan zu einem Dampfbetriebswerk
mit unterirdischem Speicherbahnhof.

den schließlich auf der Drehscheibe gewendet und in einer gesonderten Gleisgruppe für den nächsten Streckeneinsatz bereitgestellt.

Wenn auf der Anlage auch ölbefeuerte Dampflokomotiven eingesetzt werden, muß man zusätzlich auch noch ein Tankgleis mit Ölkran und den entsprechenden Vorratsbehältern für schweres Heizöl in das Konzept mit einbeziehen. Letztlich

muß man aber auch beim Planen eines Betriebswerkes in Abhängigkeit seiner Größe und Struktur an die Stellwerke und Verwaltungsgebäude denken. Und in den Bahnbetriebswerken, die Knotenpunktbahnhöfen zugeordnet sind, zählen ferner auch die Unterkünfte für das Zugpersonal ebenso zu den obligaten Einrichtungen wie die früher oft in Baracken untergebrachten Vorratslager, Kantinen und Aufenthaltsräume für das örtliche Dienstpersonal.

Abbildung oben:
Der Ausschnitt der auf Seite 47 gezeigten Anlage zeigt im Detail die Dieseltankstelle.

Abbildung links unten:
Der Ausschnitt des auf Seite 45 abgebildeten Modells zeigt den Ölkran mit Vorratsbehälter für Dampflokomotiven, die mit schwerem Heizöl befeuert werden.

Abbildung Seite 47:
Detailaufnahme von einem hervorragend gestalteten Modell nach dem Vorbild eines historischen DampfBetriebswerks. Der Ausschnitt zeigt die in die Drehscheibe mündenden Versorgungsgleise mit dem imposanten Ringlokschuppen im Hintergrund. Das Nebengleis rechts im Bild mündet in das Schmiermittellager der Lokwerkstatt ("Modellbahnland" Neustadt/Donau).

Der Gleisplanentwurf

Eine solide handwerkliche Arbeit kann nur dann gelingen, wenn ein millimetergenau gezeichneter Gleisplan vorliegt, in dem alle wichtigen konstruktiven Details dargestellt sind und aus dem alle bautechnisch relevanten Maße jederzeit entnommen werden können. Doch bevor man an das Reinzeichnen des Gleisplanes denkt, wird man die Gestaltungsidee zunächst einmal skizzieren, um feststellen zu können, ob sie überhaupt technisch realisierbar ist. Allerdings wird man nur in den seltensten Fällen gleich auf Anhieb eine befriedigende Lösung finden. Auch der erfahrene Praktiker wird sich mit mehreren Entwurfsskizzen an das endgültige Gestaltungskonzept erst herantasten müssen.

Bei diesen ersten Entwürfen kommt es nicht so sehr auf absolute Maßgenauigkeit an. Vielmehr gilt es in Abhängigkeit der vorgegebenen Anlagengrundform und des gewählten Themas ein möglichst ausgewogenes Gleisbild zu finden. Hierbei kann es sehr hilfreich sein, wenn man sich zunächst die Details, die als wichtigste in das Konzept übernommen werden sollen, einzeln auf Transparentpapier skizziert. Das sind in der Regel die Bahnhöfe. Indem man dann die Detailskizzen über die maßstäblich gezeichnete Grundrißskizze legt, gelingt es leichter, die günstigste Lage dieser dominanten Gestaltungselemente herauszufinden. Von diesen Bezugspunkten ausgehend erfolgt dann die weitere Ausarbeitung der Skizze.

Der nächste Entwurf, in den dann das auf die vorbeschriebene Weise erlangte Konzept übernommen wird, sollte maßstäblich genauer sein, denn jetzt geht es um die Frage, ob das grob skizzierte Gleisbild auch von der technischen Seite her im Originalmaßstab verwirklicht werden kann. Um hierbei die unumgängliche Rechenarbeit zu vereinfachen, empfiehlt sich für diesen Aufriß das Maßstabsverhältnis 1:10 zu wählen. Zwar kommt es auch hier auf Millimetergenauigkeit noch nicht an. Doch mit

Hilfe dieser Skizze muß man nun abschätzen können, ob beispielsweise mit dem gewählten Gleissystem die in der Skizze vorgesehenen Kurvenradien ausgeführt werden können oder die nutzbaren Gleislängen in den Bahnhöfen zur Aufnahme der Züge ausreichen.

Bei Anlagen, die in mehreren Etagen geplant sind, muß man ferner überprüfen, ob dort, wo sich die Trassen in verschiedenen Ebenen kreuzen, ausreichende Durchfahrtshöhen eingehalten werden können. Im Interesse eines sicheren und möglichst wirklichkeitsnahen Fahrbetriebs sollte man geneigte Strecken nie steiler planen als 3% — das sind also 30 mm Höhendifferenz auf 1000 mm Gleislänge. Steilere Strecken wären allenfalls für eine Zahnradbahn akzeptabel.

Wenn bei eingeschränkten Platzverhältnissen die zur Überwindung der Höhendifferenzen in die nächste Ebene erforderlichen Gleislängen nicht ausreichen, bietet sich ein Gleiswendel eher an als ein zu steil

Abbildung oben:
Anfertigen der zunächst frei gezeichneten Entwurfsskizze unter Verwendung von farbigen Markern.

Abbildung Seite 49:
Ausschnitt einer beispielhaft gestalteten Modelleisenbahnanlage im Nachbildungsmaßstab 1:87. Der Schmalspurbahnhof (H0m) entstand nach dem Vorbild der Rhätischen Bahn. Im Vordergrund der Szene sieht man ein Sägewerk mit Holzverladeplatz, im Hintergrund erkennt man einen Steinbruch mit Brechwerk.

gewählter Neigungswinkel. Letztlich ist auch noch die spätere Zugänglichkeit zu den im Untergrund verdeckt verlegten Strecken ein wichtiger Punkt, über den man schon jetzt nachdenken sollte.

Erst wenn die technische Seite abgeklärt ist, wird man das Konzept auch auf seine Optik hin überprüfen. Man wird diesmal mehr den Gesamteindruck im Auge haben und beispielsweise danach suchen, inwieweit die Streckenführungen noch optisch verbessert werden können. Für diesen mehr detailliert auszuarbeitenden Entwurf, in den auch die Landschaftsgestaltung miteinbezogen wird, empfiehlt es sich, weißen Zeichenkarton (Architektenkarton) zu verwenden und die Skizze farbig anzulegen. Wasservermalbare Markerfarben, wie

hier im Bild gezeigt, sind für diesen Zweck besonders gut geeignet, weil sie sowohl deckend als auch lasierend aufgetragen werden können und keine besondere Untergrundvorbereitung erfordern. Am farbig ausgearbeiteten Entwurf kann man sich den optischen Gesamteindruck der im Endergebnis fertig gestalteten Anlage recht gut vorstellen.

Diesen letzten Entwurf sollte man sehr kritisch prüfen und die Mühe nicht scheuen, solange zu korrigieren, bis das Ergebnis den Vorstellungen entspricht. Es ist einfacher, eine zweite oder notfalls sogar eine dritte Entwurfsskizze anzufertigen als eventuelle Korrekturen zu einem späteren Zeitpunkt vornehmen oder gar von den Planvorgaben abweichend improvisieren zu müssen.

Reinzeichnen des Gleisplanes

Zum Zeichnen des Gleisplanes benötigt man radierfestes Transparentpapier, Reißbrett, Reißschiene, Zirkel, Winkel, Winkelmesser und einen Bleistift mittlerer Härte. Außerdem könnte eine Gleisplanzeichenschablone von Nutzen sein, falls eine solche für das zu verwendende Gleissystem zur Verfügung steht.

Wie beim Gleisplanentwurf wird man auch für die Reinzeichnung des endgültigen Gleisplanes den Maßstab 1:10 wählen. In diesem Falle können die Planmaße lediglich durch Rechtsrücken einer Kommastelle als Baumaße übernommen werden.

Bei dem hier gezeigten Gleisplanbeispiel, mit dem die Zeichen- und Kon-

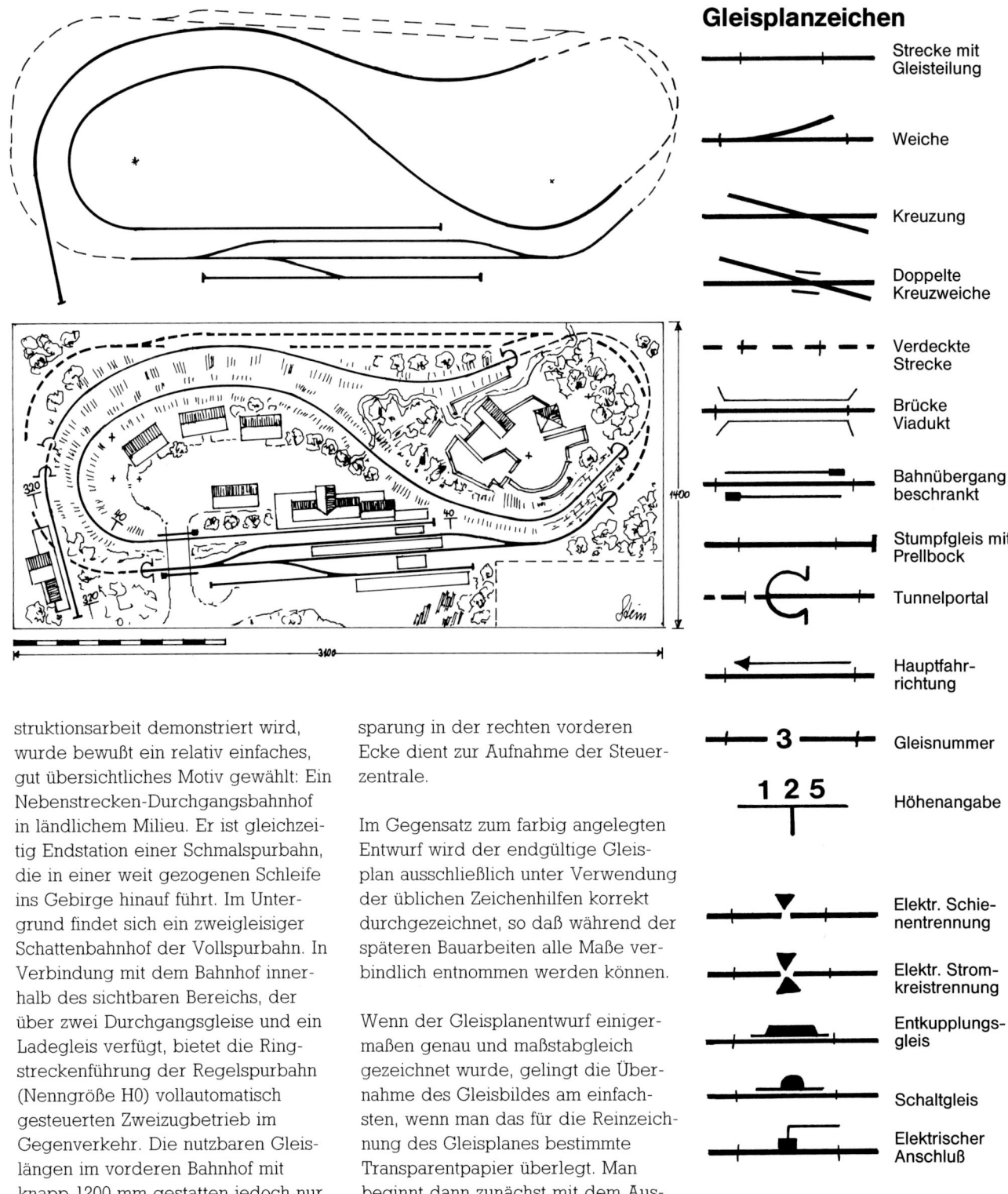

Gleisplanzeichen

- Strecke mit Gleisteilung
- Weiche
- Kreuzung
- Doppelte Kreuzweiche
- Verdeckte Strecke
- Brücke Viadukt
- Bahnübergang beschrankt
- Stumpfgleis mit Prellbock
- Tunnelportal
- Hauptfahrrichtung
- **3** Gleisnummer
- **1 2 5** Höhenangabe
- Elektr. Schienentrennung
- Elektr. Stromkreistrennung
- Entkupplungsgleis
- Schaltgleis
- Elektrischer Anschluß
- Böschung
- Gewässer
- Straße, Weg

struktionsarbeit demonstriert wird, wurde bewußt ein relativ einfaches, gut übersichtliches Motiv gewählt: Ein Nebenstrecken-Durchgangsbahnhof in ländlichem Milieu. Er ist gleichzeitig Endstation einer Schmalspurbahn, die in einer weit gezogenen Schleife ins Gebirge hinauf führt. Im Untergrund findet sich ein zweigleisiger Schattenbahnhof der Vollspurbahn. In Verbindung mit dem Bahnhof innerhalb des sichtbaren Bereichs, der über zwei Durchgangsgleise und ein Ladegleis verfügt, bietet die Ringstreckenführung der Regelspurbahn (Nenngröße H0) vollautomatisch gesteuerten Zweizugbetrieb im Gegenverkehr. Die nutzbaren Gleislängen im vorderen Bahnhof mit knapp 1200 mm gestatten jedoch nur den Einsatz von kurzen Zügen, wie sie früher im Nebenstreckenbetrieb üblich waren. Die Planung eines größeren Bahnhofs zur Aufnahme von Fernverkehrszügen wäre auf der zur Verfügung stehenden Grundfläche von 3100 × 1400 mm nicht realisierbar. Auf der offenen Schmalspurstrecke (Nenngröße H0m) ist hingegen nur Pendelbetrieb mit einem Schienenbus vorgesehen. Die Aus-

sparung in der rechten vorderen Ecke dient zur Aufnahme der Steuerzentrale.

Im Gegensatz zum farbig angelegten Entwurf wird der endgültige Gleisplan ausschließlich unter Verwendung der üblichen Zeichenhilfen korrekt durchgezeichnet, so daß während der späteren Bauarbeiten alle Maße verbindlich entnommen werden können.

Wenn der Gleisplanentwurf einigermaßen genau und maßstabgleich gezeichnet wurde, gelingt die Übernahme des Gleisbildes am einfachsten, wenn man das für die Reinzeichnung des Gleisplanes bestimmte Transparentpapier überlegt. Man beginnt dann zunächst mit dem Ausziehen einer Bezugslinie. Bei unserem Beispiel wählt man hierzu am besten eines der Durchgangsgleise im vorderen Bahnhof. Von dieser Bezugslinie ausgehend werden anschließend die parallelen Abstände der benachbarten Gleise festgelegt, eingezeichnet und die Weichenwinkel abgetragen. Wenn die Entwurfszeichnung nicht als Pausvorlage benutzt werden kann, muß die Lage dieser Bezugs-

50

linie genau eingemessen werden. Der systembezogene Parallelgleisabstand – hier 61 mm – kann im vorderen Bahnhof allerdings nicht eingehalten werden, da sowohl die eingefügte Bahnsteiginsel zwischen den Durchgangsgleisen als auch der Sicherheitsbereich des Ladegleises größere Abstände erfordern.

Die Weichenverbindungen und standardisierten Gleisbögen kann man auch mit Hilfe der Gleisplanzeichenschablone einzeichnen. Doch der Fachmann benutzt lieber Zirkel und Winkel, da die konstruierte Zeichnung meist genauer ist. Vorteilhaft markiert man sich unmittelbar nach dem Absetzen des Zirkels den Einstichpunkt durch ein Kreuz. Beim späteren Übertragen der Zeichnung vom Gleisplan in die Werkpause erspart man sich so das lästige Suchen nach diesen wichtigen Meßpunkten.

Abbildung oben:
Auf dem übergelegten Transparentpapier entsteht die Reinzeichnung des Gleisplans.

Abbildung links:
Zeichnen der weit gezogenen Kurve mit Hilfe des flexiblen Zeichenlineals.

Abbildung Seite 50 oben:
Der korrekt gezeichnete Gleisplan zu unserer Musteranlage mit und ohne Geländedetails. Die Zeichnungen sind hier nicht maßstäblich genau wiedergegeben.

Durch Verbindungen der Kreisbögen mit den Geraden gelingt es bei unserem Planbeispiel leicht, die Geometrie des asymmetrischen Gleisovals der Regelspurbahn zu vervollständigen. Anders verhält sich die Sache bei der ins Gebirge hinaufführenden Schmalspurstrecke, deren unregelmäßig weit geschwungene Kurven nicht mit Hilfe eines Zirkels

gezeichnet werden können. Diese Bögen zeichnet man am besten mit Hilfe eines flexiblen Zeichenlineals, wie es in gut sortierten Zeichenfachgeschäften erhältlich ist und jeder beliebigen Kurvenform angepaßt werden kann.

Für die Zeichenarbeit dient der bereits beschriebene, noch weitgehend

frei skizzierte Gleisplanentwurf als Vorlage. Beim Reinzeichnen des Gleisplanes geht es nun darum, die Streckenführungen in die Geometrie des gewählten Gleissystems umzusetzen, wobei die Abzweigwinkel der Weichen und Kreuzungen, die systembezogenen Parallelgleisabstände und die Bogenradien vorgegeben sind. Bezogen auf unser Beispiel basiert die Gleisgeometrie der H0-Bahn auf 15-Grad-Weichen und der gemischten Verwendung von starren Gleisteilen und Flexgleisen. Für die offene Schmalspurstrecke sind ausschließlich Flexgleise vorgesehen.

Flexgleise, wie sie heute fast in jedem Gleissortiment der bekannten Hersteller zu finden sind, sollte man allerdings nur für Gleisbögen nutzen, die größer sind als die Radien der starren Standardbogengleisteile des betreffenden Gleissystems. Unter dieser Voraussetzung kann man auch mit diesen verformbaren und an jeder beliebigen Stelle ablängbaren Modellbahngleisen elegante und betriebssichere Strecken gestalten.

Das Reinzeichnen der Gleisfigur erfolgt in Form von Linien, die konsequent die auf die Schwellenmitten bezogenen Längsachsen der Gleiskörper markieren. Wie bereits bemerkt, kommt es dabei auf hohe Genauigkeit an, denn das hier im verkleinerten Maßstab gezeichnete Gleisbild wird später im Original-Baumaßstab auf das Werkstück übertragen und dient dort als Bezugsbasis für die Gleisverlegearbeit.

Sofern das flexible Zeichenlinieal über eine seitliche Maßskala verfügt, kann man damit gleichzeitig auch die Längen solcher Kurvenstrecken exakt ermitteln. Sehr kleine Gleisbögen, wie beispielsweise die Wendeschleife im rechten hinteren Teil unseres Gleisplanes, lassen sich allerdings mit den doch begrenzt biegsamen Flexlinealen dieser Art nicht nachformen. In solchen Fällen muß man die Kreisabschnitte mathematisch berechnen. Die Formel hierzu lautet:

$$\frac{2r \cdot 3,14 \cdot x}{360}$$

Das „x" steht in dieser Formel stellvertretend für die Gradzahl des betreffenden Kreisabschnittes. Sie wird mit Hilfe des Winkelmessers ermittelt. Man multipliziert also zunächst den Radius des vorliegenden Kreisbogens mit 2 und erhält den Durchmesser. Das Ergebnis wird dann multipliziert mit der Zahl π (3,14). Der damit erhaltene Umfang des imaginären Vollkreises wird durch 360 geteilt und letztlich mit der Gradzahl des Kreisbogenabschnittes multipliziert.

Die schon im reingezeichneten Gleisplan exakt ermittelten Streckenlängen sind vor allem zur Berechnung ge-

neigter Trassen wichtig. Bei der ins Gebirge hinaufführenden Schmalspurstrecke wurde abweichend vom üblichen Limit eine Neigung von 4% gewählt, da hier lediglich Pendelverkehr mit einem Schienenbus ohne Anhänger vorgesehen ist. Die Bahnhofsbereiche fordern allerdings horizontal verlegte Gleise. Die Steigung kann also erst hinter dem beschrankten Übergang beginnen und muß vor dem Bahnsteig der Bergstation enden. Doch kann nicht die gesamte, zwischen den beiden genannten Punkten liegende Strecke für den Höhengewinn genutzt werden. Im Hinblick auf einen störungsfreien Fahrbetrieb sind auch die Ausrundungen an den Übergängen von der Neigung in die Ebenen mit einzukalkulieren. Nicht ausreichend ausgerundete Übergänge sind oft die Ursachen von Fahrstromunterbrechungen, Zugtrennungen und Entgleisungen. Bei H0-Bahnen sollten die Ausrundungen einen Radius von einem Meter aufweisen. In unserem Falle wird man je Ausrundung eine Streckenlänge von etwa 80 bis 100 mm in Ansatz bringen müssen.

Bezogen auf unser Gleisplanbeispiel steht für den Höhengewinn von der Tal- zur Bergstation nach Abzug der für die Ausrundungen erforderlichen Abschnitte eine Streckenlänge von 7,20 m zur Verfügung. Bei einer Trassenneigung von 4% ergibt sich somit eine maximal erzielbare Höhendifferenz von 288 mm. Dieses Maß bestimmt also die Höhenlage der Bergstation mit 360 mm, wenn das Niveau des unteren Bahnhofs mit 40 mm festgelegt ist und 8 mm sozusagen als verbleibende Reserve nicht genutzt werden.

Erst wenn die Streckenführungen korrekt berechnet und dargestellt sind, wird man unserem Gleisplanbeispiel entsprechend auch die wichtigsten Gebäude, Straßen, Wege und die für die Rohbauarbeit relevanten Geländedetails ggf. auch mit den erforderlichen Maßangaben einzeichnen. Vorher sollte man aber den zunächst mit Bleistift aufgerissenen Plan mit Tusche nachzeichnen. Der mit Tusche gezeichnete Gleisplan sieht nicht nur besser aus, er eignet sich auch hervorragend zum Fotokopieren. Aus Gründen der besseren Übersicht empfiehlt es sich nämlich, nicht grundsätzlich alle für den Anlagenbau erforderlichen Details in eine Planzeichnung aufzunehmen. Die für die Installationsarbeiten relevanten Details wie zum Beispiel die Signalstandorte, Schienentrennungen und elektrischen Gleisanschlüsse wird man vorteilhafter in eine Fotokopie des Basisplanes einzeichnen. Eine zweite Kopie könnte beispielsweise zum Kennzeichnen der Gleisteile und für handschriftliche Vermerke genutzt werden.

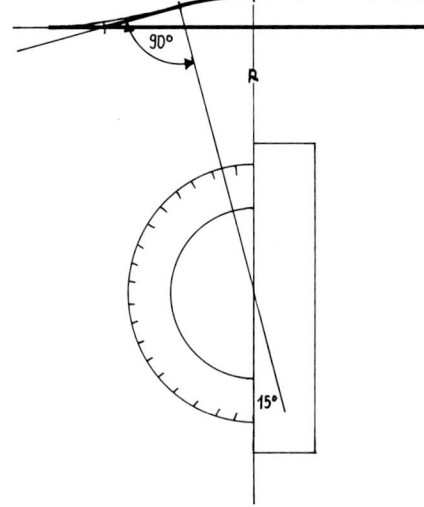

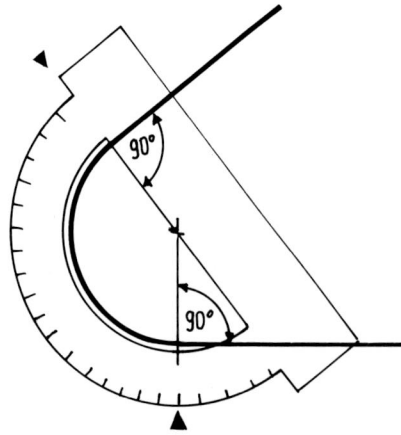

Skizze oben:
Konstruktion des Parallelgleisanschlusses mit Hilfe des Winkelmessers.

Skizze links:
Ausmessen des Kreisabschnittes mit Hilfe des Winkelmessers.

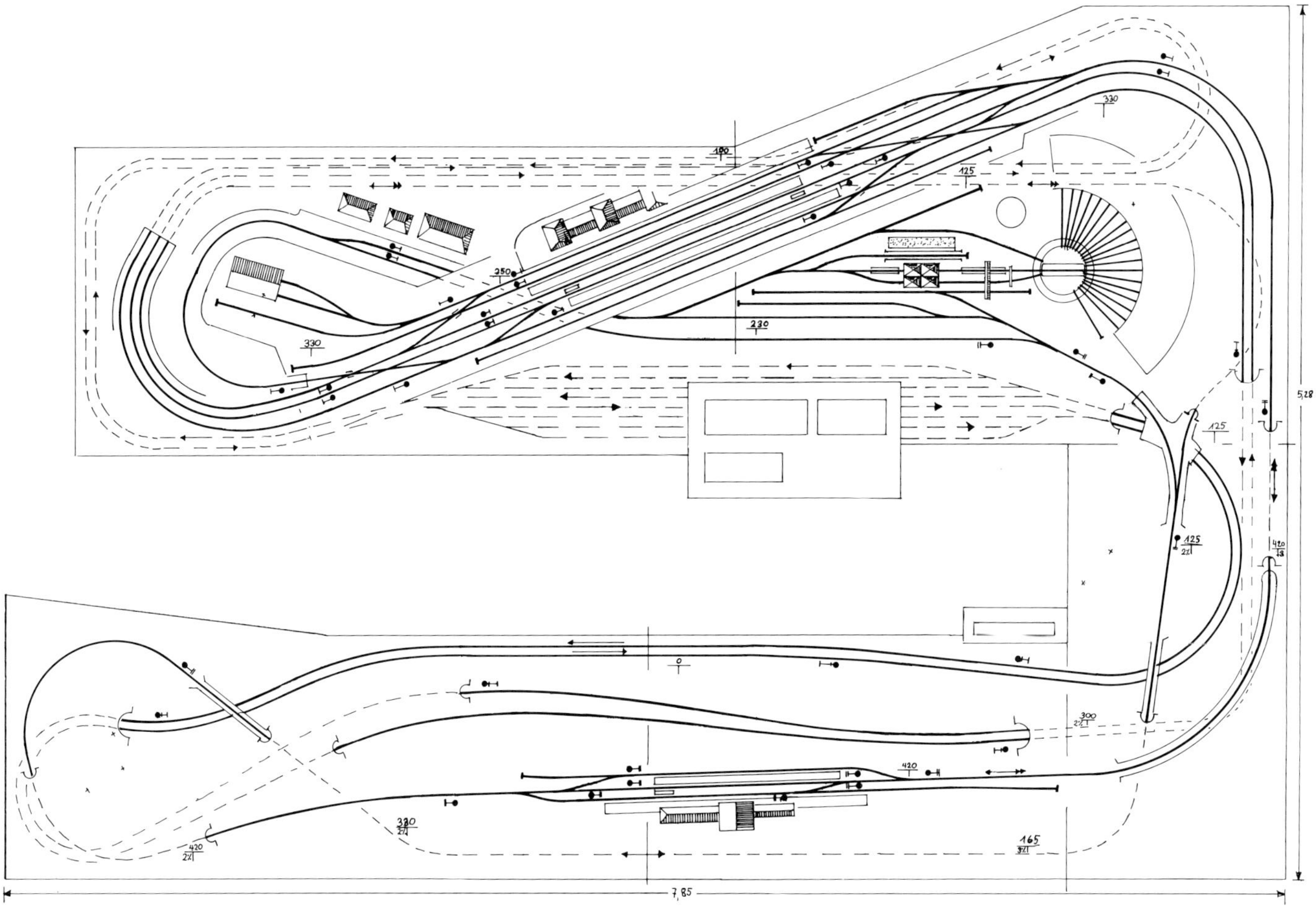

Gleisplan zu einer Großanlage
mit und ohne Geländedetails

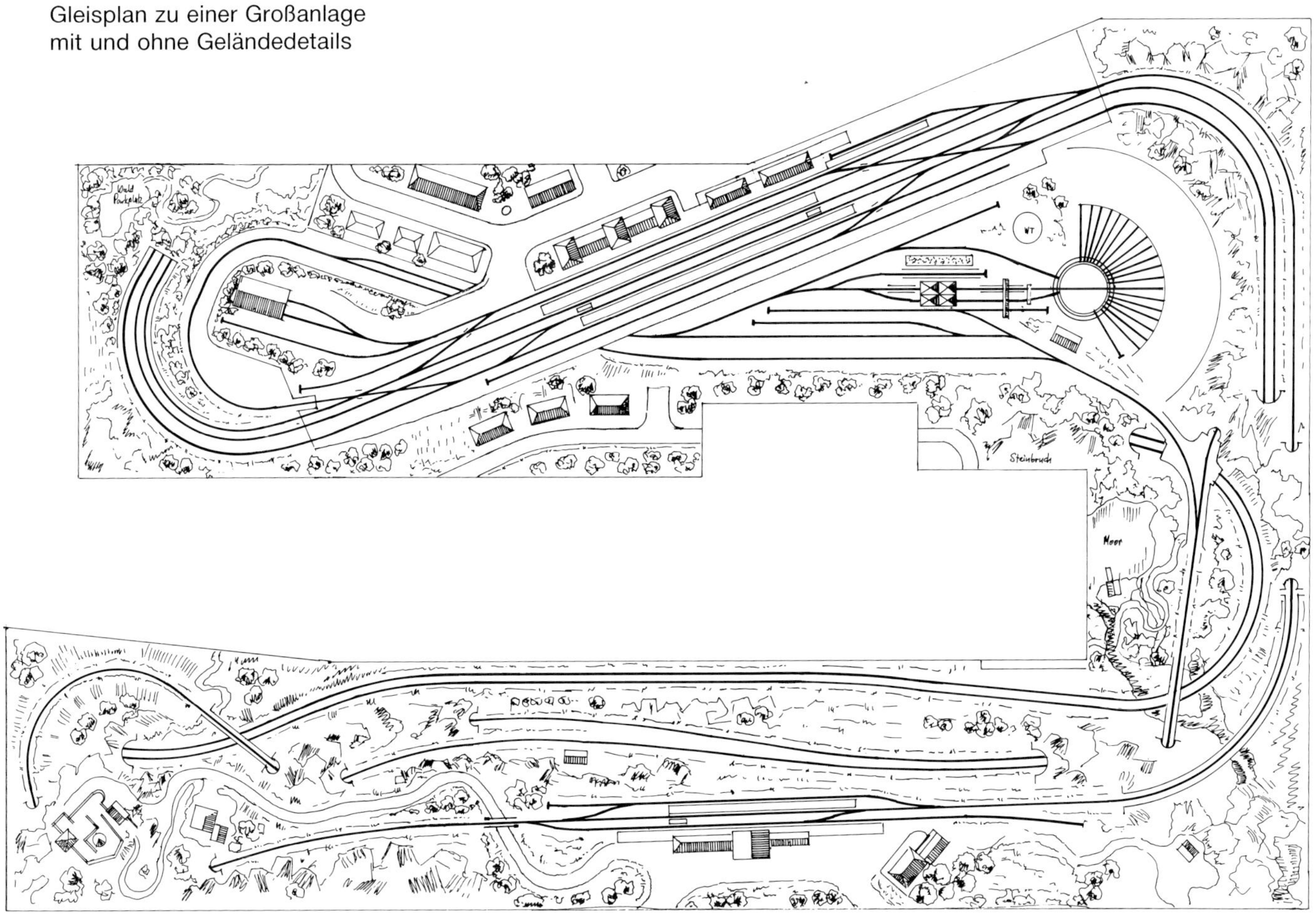

Der Anlagenrohbau

Der Anlagenrahmen

Wenn die Streckenführungen nur in einer Ebene geplant und längere untertunnelte Abschnitte nicht vorgesehen sind, genügt meist die durch einen Kreuzrahmen verstärkte Basisplatte. Von Nachteil ist hier allerdings das relativ hohe Eigengewicht und die fahrgeräuschverstärkende Resonanz des Bodens.

Wenn hingegen beabsichtigt ist, die Trassen in zwei oder mehreren Ebenen zu verlegen, ist eine aufwendigere Unterkonstruktion erforderlich, die neben der nötigen Verwindungsstabilität auch noch die Zugänglichkeit zu den verdeckt verlegten Streckenabschnitten von der Unterseite ermöglicht.

Die genannten Forderungen kann nur ein Holzrahmen erfüllen, der durch ein Leistengitter verstärkt ist. In Verbindung mit aufgeleimten Vertikalspanten, die die Trassenauflagen und gleichzeitig das formgebende Gerippe der Geländetopografie bilden, entsteht ein stabiles und weitgehend verzugssicheres Grundgerüst. Dieses vom Flugzeug- und Schiffsbau her bekannte Konstruktionsprinzip bietet auch beim Modelleisenbahn-Anlagenbau die besten Voraussetzungen für einen formstabilen Oberbau, der hier insbesondere im Hinblick auf dauerhaft optimale Fahrbetriebsbedingungen gefordert ist.

Auch bei unserer Demonstrationsanlage besteht das tragende Grundgerüst aus einem einteiligen Vollholzrahmen. Die Rastermaße des Leistengitters liegen zwischen 300 und 320 mm. Die Öffnungen sind also ausreichend, um einen bequemen Zugang zu den unterführten Streckenabschnitten zu gewährleisten. Da die trassentragenden Spanten auf die Quer- und Längsträger des Leistengitters aufgesetzt werden, sollten die Leistenabstände 350 mm nicht überschreiten. Bei größeren Abständen wäre eine hinlänglich verzugssichere Trassenauflage nicht mehr gegeben.

Abbildung oben:
Der Leistengitterrahmen zu der nebenstehend gezeigten Anlage.

Abbildung Seite 54:
Die nach unserem Gleisplanbeispiel gestaltete Anlage aus der Vogelperspektive.

Abbildungen dieser Seite von links nach rechts:
- *Anreißen der Schlitze mit Hilfe eines Winkels*
- *Ausschneiden mit dem Fuchsschwanz*
- *Ausstemmen der Schlitze mit dem Stechbeitel*
- *Überplatten der Kreuzverbindung*
- *Einleimen der Inneneckwinkel*
- *Rahmenverbindung bei mehrteiligen Basisrahmen, gesichert durch 9 mm-Maschinenschrauben.*

Abbildung Seite 57 oben:
Teilansicht eines im Aufbau befindlichen Anlagengerüstes.
Abbildung Seite 57 unten:
Der unter einer Überplattung montierte Stahlrohrfuß mit Lenkrolle.

werkergeräten. Beim Zusammenstellen der Zuschnitt-Holzliste sind die Maße zu berechnen; das Messen aus der Planzeichnung wäre zu ungenau.

Beim Zusammenbau des Rahmens ist ganz besonders darauf zu achten, daß alle Rahmenteile winkelgerecht zusammengefügt werden. Das Einleimen von 90-Grad-Winkelstücken in die Rahmeninnenecken bietet jedoch alleine keine Sicherheit und kann die stetige Kontrolle während des Zusammenbaus mit dem Stahlwinkel nicht ersetzen.

Die durchgehenden Quer- und Längsträger des Leistengitters werden an ihren Kreuzverbindungen „überplattet" – siehe Abbildungen links – und mit Holzleim verleimt. Die übrigen Rahmenverbindungen werden verleimt und zusätzlich mit je zwei Holzschrauben verschraubt. In diesem Zusammenhang sei erwähnt, daß beim Modelleisenbahn-Anlagenbau grundsätzlich jede geschraubte oder durch Stahlstifte gehaltene Holzverbindung zusätzlich sorgfältig verleimt werden muß, da sich vor allem Nägel, gelegentlich aber auch Schrauben, durch die beim Fahrbetrieb auftretenden Vibrationen mit der Zeit lösen. Ungeleimte Holzfugen wären also für die Statik der Anlage eine ernste Gefahr.

Als nächstes geht es darum, dem Anlagenrahmen einen möglichst

Für die Rahmenkonstruktion wählt man am besten Apachiholz, das zwar ein wenig teurer ist als andere Nadelhölzer, dafür aber astfrei, leichter und besser bearbeitbar. Man kann aber auch Tischlerplatten für die Rahmenkonstruktion verwenden. Weniger empfehlenswert sind Preßspanplatten. Ihrer großen Härte und ihres hohen Eigengewichtes aber auch ihrer geringen Bruchfestigkeit wegen sind sie für den Modelleisenbahn-Anlagenbau nicht geeignet.

Für den Rahmen unserer Demonstrationsanlage wurde Apachi-Vollholz in 20 mm Stärke verwendet. Die Rahmenhöhe beträgt 100 mm und die

Höhe des inneren Leistengitters 80 mm. Bei oberkantenbündiger Verleimung verbleibt zwischen der Unterseite des Leistengitters und der Außenrahmenunterkante ein Freiraum von 20 mm, der sinnvoll zur Aufnahme von Kabelkanälen für die Elektroinstallation genutzt werden kann.

Das Holz für die Rahmenkonstruktion läßt man sich vorteilhaft in einer örtlichen Schreinerei oder in einem Baumarkt zuschneiden, denn der maßgenaue und vor allem winkelgerechte Zuschnitt der Hölzer, wie er für die hier geforderte Maßarbeit unverzichtbar ist, gelingt dort leichter und schneller als mit den üblichen Heim-

sicheren Stand zu verleihen. Für kleinere Anlagen genügt ein stabiles
Tischgestell als Untersatz. Die vielfach zum Untersetzen benutzten
Malerböcke sind jedoch meist zu
hoch und außerdem zu wenig stand-
fest. Für größere Anlagen und insbesondere für solche mit geteilten
Rahmen sind Stahlrohrfüße, wie sie
die Industrie für ihre Ausstellungsanlagen benutzt, besser geeignet. Hierbei handelt es sich um 80 mm starke
Stahlrohre mit angeschweißtem
Flansch, wie unten abgebildet. Die
Befestigung am Anlagenrahmen erfolgt mit jeweils vier Schloßschrauben
an einer Trägerplatte aus 20 mm starkem Sperrholz, die unterseitig an
geeigneter Stelle auf eine Überplattung des Leistengitters geleimt und
verschraubt wird.

Solche Stahlrohranlagenfüße, die auch
Großanlagen einen absolut sicheren
Stand verleihen, kann man sich
in jeder Bauschlosserei anfertigen lassen. Sie sind in verschiedenen Längen und Ausführungen auch im Handel erhältlich wie zum Beispiel mit
Niveauausgleich und neuerdings auch
mit angeschweißten Lenkrollen. Die
Stahlrohrfüße mit vollgummibereiften
Lenkrollen bieten neben der Mobilität
auch einen sehr wirksamen Schall-
schutz, da sie eine direkte Über-
tragung der Fahrgeräusche von der
Anlage in den Baukörper an ihrem
Standort verhindern.

Bevor man die Stahlrohrfüße bestellt,
muß man sich über die richtige An-

lagenhöhe im klaren sein. Verbind-
liche Richtlinien gibt es hierfür nicht.
Viele Modellbahnfreunde lieben es,
den Anlagenbetrieb in Augenhöhe
vom bequemen Sessel aus zu genießen und wählen ein entsprechend
niederes Höhenniveau. Andere
wiederum bevorzugen einen etwas
höher gelegenen Betrachterstandort.
Bei Ausstellungsanlagen, die in der
Regel von Kindern wie Erwachsenen
in aufrechter Körperhaltung besichtigt
werden, hat sich eine Bezugsebenen-
höhe von 900 mm allgemein durchgesetzt. Unter dem Begriff „Bezugs-
ebene" versteht man in diesem Zusammenhang die Ebene, auf der bei
mehrstöckigen Anlagen das Zentrum

der Szenengestaltung angesiedelt ist.
Bei unserem Beispiel ist es die untere
Bahnhofsebene, die 40 mm über der
Rahmenoberkante liegt.

Das Übertragen des Gleisplanes in den Original-Baumaßstab

Bei einer Spielanlage, an die man
keine größeren Ansprüche stellt, genügt es, wenn man die Modellbahngleise auf einer ebenen Unterlage
dem vorgegebenen Plan entsprechend zusammenfügt und die Figur
nach Augenmaß ausrichtet. Die heu-
tige Serienware ist so beschaffen, daß
man schon einige Gleisverziehungen

und Knicke riskieren kann, bevor die Fahrzeuge aus den Schienen springen. Beim Anlagenbau der hier vertretenen Art liegen die Ansprüche jedoch deutlich höher; wie bereits mehrfach hervorgehoben, wird hier neben höchster Betriebssicherheit die gleiche elegante Laufruhe gefordert, wie bei den Zügen des großen Vorbildes.

Es versteht sich von selbst, daß nur eine solide, millimetergenau gearbeitete und weitgehend verzugssichere Unterkonstruktion – wie zuvor beschrieben – die Gewähr für eine geometrisch genaue Gleisverlegung nach Plan ermöglicht.

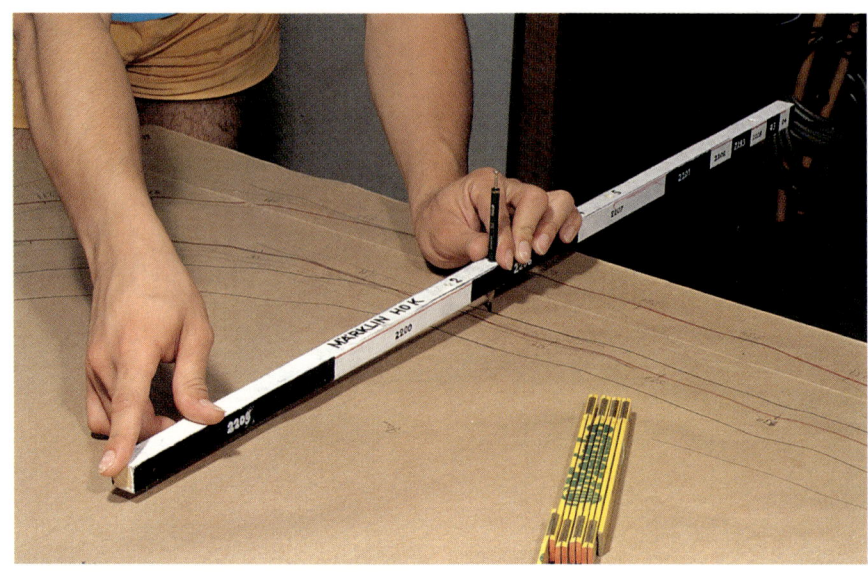

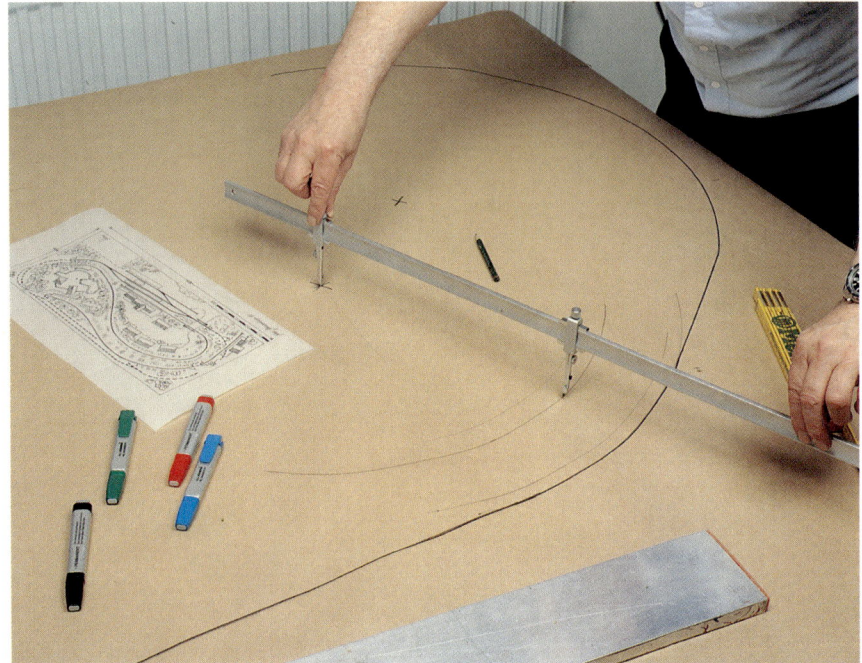

Trassen erforderlichen Bezugslinien. Somit dient diese Werkpause nicht nur als unverzichtbare Orientierungshilfe beim Anreißen der Vertikalspanten sondern unter Verwendung von Kohle- oder Graphitpapier auch als Pause zum Aufzeichnen der Trassen auf die zum Zuschnitt vorgesehenen Sperrholzplatten.

Für die Zeichenarbeit benötigt man einen weichen Bleistift, einen größeren Winkel, eine gehobelte Leiste oder noch besser eine Alu-Setzleiste als Lineal zum Zeichnen der Geraden und ein Flexlineal zum Einmessen der Höhenmarkierungen in den Bogenstrecken. Außerdem benötigt man zum Aufriß der Radien einen großen Zirkel. Für diesen Zweck gibt es im Fachhandel verstellbare Stangen-

Bei Modelleisenbahnanlagen, deren Streckenführungen ausschließlich in einer Ebene liegen, gelingt es relativ leicht, den im Maßstabsverhältnis 1:10 gezeichneten Gleisplan direkt auf die Grundplatte zu übertragen. Da man die Meßwerkzeuge allerorts an den Plattenkanten anlegen kann, bietet das Aufzeichnen der Bezugslinien mit den üblichen Hilfsmitteln keine Probleme.

Nicht ganz so einfach ist die Übernahme des Gleisplanes bei Anlagen, die in mehreren Ebenen geplant sind und in der Spantenbauweise errichtet werden, denn hier finden sich nicht immer geeignete Fixpunkte am Objekt zum Einmessen. In solchen

Fällen bietet einzig die im Originalbaumaßstab gezeichnete „Werkpause" die Möglichkeit, die im Gleisplan gegebenen Streckenführungen geometrisch exakt auf das Werkstück zu übertragen.

Die Werkpause ist also im Prinzip nichts anderes als der im Maßstabsverhältnis 1:1 auf Packpapier oder Transparentpapier übertragene Gleisplan. Wenn die Packpapiergröße nicht ausreicht, werden mehrere Bögen oder Bahnen auf Größe und Form der vorgesehenen Anlagengrundfläche zugeschnitten und zusammengeklebt. In die Werkpause eingezeichnet werden alle für die Gleisverlegung und den Zuschnitt der

zirkel, geeignet zum Zeichnen von Radien bis zu 1,50 m. Die Anschaffung lohnt sich aber nur dann, wenn im Anlagenkonzept viele unterschiedliche Radien vorgesehen sind.

Werden ausschließlich die wenigen Gleisbogenradien gezeichnet, die in der Geometrie eines betreffenden Gleissystems vorgegeben sind, kann man sich auch selbst eine geeignete Zeichenhilfe anfertigen. Man benötigt dazu eine möglichst astfreie, gerade Holzleiste, die etwas länger sein muß als der größte zu zeichnende Bogenradius. In Linie der zuvor angerissenen Längsachse bohrt man mehrere Löcher; eines unmittelbar am Ende der Leiste zum Durchstecken eines Nagels zum Fixieren des Kreismittelpunktes, die anderen Bohrungen sind zum Durchstecken eines Zeichenstiftes und, jeweils auf die Lochmitte bezogen, in den Abständen zur ersten Bohrung anzubringen, die den Gleisbogenradien des gewählten Gleissystems entsprechen. Die Bohrungen des im Bild gezeigten Leistenzirkels entsprechen den Radien der Märklin H0-K-Gleisgeometrie. Gleichzeitig sind an den Leistenkanten die Längen der Verbindungs- und Ausgleichsgleisstücke markiert, so daß der Leistenzirkel auch als Maßschablone zum Ermitteln der Ausgleichsstücke beim Herstellen gerader Gleisverbindungen rationell genutzt werden kann.

Das Übertragen der Zeichnung vom im Maßstab 1:10 gefertigten Gleisplan in die Werkpause gelingt nach folgend beschriebenem Verfahren: Auf der Pause sucht man sich zunächst einen geeigneten Fixpunkt. Bei dem hier gezeigten Beispiel ist es einer der Kreismittelpunkte im rechten Anlagenteil, dessen Lage durch Einmessen der aus dem Gleisplan entnommenen Koordinaten ermittelt wird.

Dieser Fixpunkt dient jetzt auch in der Werkpause als Zirkeleinstich beim Übertragen der ersten Gleisbögen und ist somit Ausgangsbasis für alle weiteren geometrischen Konstruktionen, wie sie sich durch die Übernahme der Gleisplanzeichnung ergeben. Es gilt lediglich deren

Maße um eine Kommastelle verschoben dem Originalmaßstab entsprechend zu übernehmen.

Beim Aufriß der Streckenverbindungen in den Bahnhöfen sollte man darauf achten, daß die Streckenabschnitte zwischen den Weichen auf die Teilungsmaße der vorgegebenen Gleisgeometrie abgestimmt sind, so daß möglichst wenig Ausgleichsstücke benötigt werden. Wer nach Vollendung der Zeichenarbeit ganz sicher gehen will, daß sich keine Berechnungsfehler aus dem Gleisplan eingeschlichen haben, kann die Originalgleisstücke auf der Werkpause auslegen. Wenn sich allerorts die aufgezeichneten Bezugslinien mit den Schwellenmitten der Gleisteile decken, stimmt die Geometrie genau, und es ist logisch, daß später auch auf der Anlage die Geometrie des Streckenbildes den Vorgaben im Gleisplan entspricht, wenn die Bezugslinien von der Werkpause auf die zum Zuschnitt vorgesehenen Sperrholzplatten exakt übertragen werden.

Abbildung oben:
Die fertige Werkpause mit den bereits rot eingezeichneten Schnittlinien für den Zuschnitt der Trassen.

Abbildung Seite 58 oben:
Zeichnen eines Kreisbogens mit Hilfe des selbstgefertigten Radienzirkels.

Abbildung Seite 58 Mitte:
Anreißen des Kreisbogens mit Hilfe eines Stangenzirkels.

Abbildung Seite 58 unten:
Anreißen einer weit gezogenen Kurve mit Hilfe einer Holzleiste.

Zum Anreißen der weiten Gleisbögen, für die die genannten Zeichenhilfen nicht ausreichen, verwendet man eine dünne Holzleiste, die man mit Stahlstiften an einem unterlegten Brett fixiert. Auf diese Weise gelingt auch der Aufriß von so kühn geschwungenen Bögen wie im Bild gezeigt.

Nachdem die für die Gleisverlegung wichtigen Bezugslinien der Streckenführungen übertragen worden sind, wird man dann noch die für den Zuschnitt der Trassen erforderlichen Konturen einzeichnen. Um Verwechslungen mit den Bezugslinien des Streckennetzes auszuschließen, benutzt man zum Zeichnen dieser Linien und Fixpunkte eine andere Farbe.

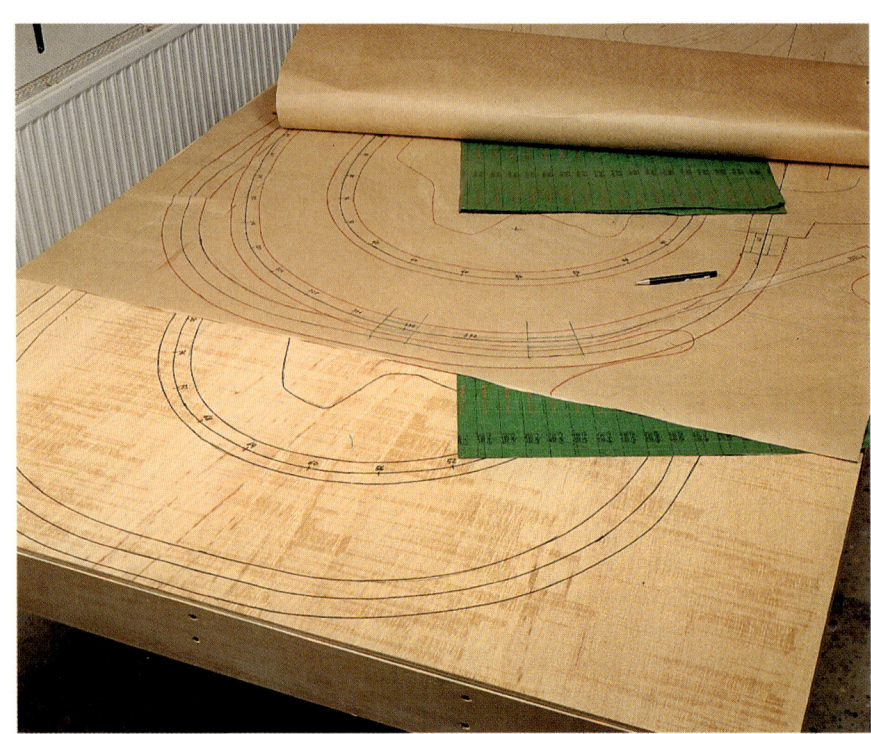

Da, wie bereits vermerkt, die Spanten auf die Querträger der Rahmenkonstruktion aufgeleimt werden, muß man auch dessen Leistengitter maßgenau in die Werkpause übertragen. An den Trassenauflagen, die sich dann an den Schnittpunkten von Spanten und Trassen darstellen, sind nun auch noch die exakt ermittelten Unterstützungshöhen einzutragen. Um diese genau ermitteln zu können, gilt

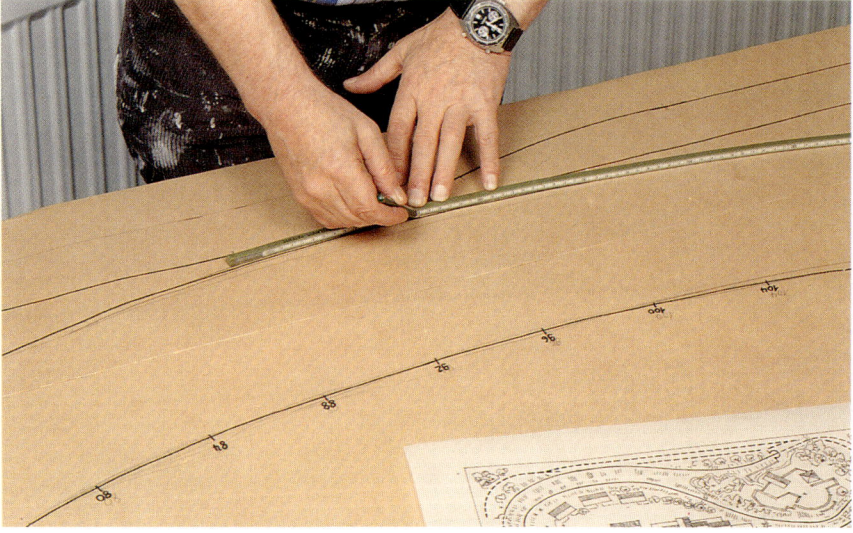

Abbildung oben:
Die zum Zuschnitt auf die Sperrholzdeckplatte aufgepausten Trassen.

Abbildung links:
Das Abtragen der Zehnermarkierungen mit Hilfe des Flexlineals.

es zunächst, die Bezugslinien der betreffenden Strecken alle 10 cm durch einen Teilstrich zu markieren. An den Bogenstrecken ermittelt man die Zehnermarkierungen durch Anlegen des Flexlineals (siehe Abbildung oben). Bei mehrgleisigen Bögen erfolgt die Maßteilung stets am inneren Gleisbogen.

Das Ermitteln der Unterstützungshöhen an den einzelnen Markierungen gelingt dann leicht, indem man von Teilstrich zu Teilstrich den Prozentsatz der Neigung in Millimeter hinzurechnet. Bei einer angenommenen Steigung von 3% wird die Trasse also von Markierung zu Markierung

genau um 3 mm ansteigen. Hierbei ist es wichtig, am Anfang und Ende jeder geneigten Strecke die für die Ausrundungen erforderlichen Maßzugaben mit zu berücksichtigen.

Natürlich decken sich nur selten die beschriebenen Zehnermarkierungen mit den Schnittpunkten der Trassenunterstützungen. In diesen Fällen läßt sich das genau über der Schnittstelle liegende Maß aus dem Abstandsverhältnis zwischen den beiden Markierungen auf den Millimeter genau ermitteln.

Zum Schluß werden noch die Konturen der Straßen, Wege und Flußläufe

eingezeichnet. Dann ist die Werkpause fertig.

Wir richten nun die Werkpause auf einer der zum Zuschnitt vorgesehenen Sperrholzplatten aus, fixieren sie mit Reißbrettstiften oder Klebeband, legen Kohlepapier unter und drücken mit einem Bleistift oder Kugelschreiber die Konturen durch. Auch kleinere, zum Zuschnitt vorgesehene Trassenteile können einzeln aufgepaust werden. Wenn die betreffenden Abschnitte in der Werkpause genau eingezeichnet werden, passen die Zuschnitte exakt zusammen. Auf diese Weise lassen sich auch kleinere Sperrholzreste noch verwerten.

Hierzu noch ein Tip aus Erfahrung: Um Verwechslungen zwischen den Bezugslinien für die Gleisverlegung und den Linien, die die Schnittkanten markieren, auszuschließen, kennzeichnet man die letztgenannten im Abstand von etwa 30 cm durch zwei überkreuzende Bleistiftstriche.

Das formgebende Spantengerüst

Das Spantengerüst als tragende Unterkonstruktion bietet für den Anlagenbau gehobenen Niveaus die günstigsten Voraussetzungen. Neben der hohen Verwindungsstabilität ist es vor allem auch die weitgehend freizügige Bauweise, die der erfahrene Modellbauer besonders schätzt.

Bei allen in diesem Buch gezeigten Anlagen bilden Spantengerippe die formgebenden Unterkonstruktionen, wobei für die Vertikalspanten Sperrholz in einer Stärke von 10 mm und für die Trassen- und Außenverkleidungen solches in einer Stärke von 8 mm verwendet wurden.

Vorteilhaft besorgt man sich die Sperrholzplatten in einer örtlichen Schreinerei oder einem Baumarkt, wo man über geeignete Maschinen verfügt um die Großhandelsware in handgerechte Einzelplatten zu schneiden, so wie sie benötigt werden. Beim Einkauf sollte vor allem auf den winkelgerechten Zuschnitt nach den vorgegebenen Maßen geachtet werden, denn nur unter dieser Voraussetzung kann man im Zuge der weiteren Bearbeitung die Schnittkanten zum Anlegen von Winkel und Reißschiene benutzen. Die Zeichenarbeit beim Anreißen der Spanten wird dadurch wesentlich erleichtert.
Zum Zuschnitt der Trassen ist es in den meisten Fällen sinnvoll, die 8 mm-starken Sperrholzplatten in den Grundmaßen des Anlagenrahmens zu wählen. Bei größeren Anlagen können es auch mehrere, zusammengesetzte Platten sein. Legt man die Platten über den bereits fertiggestellten Basisrahmen, erhält man einen geradezu idealen Werktisch zum Anreißen der Vertikalspanten. Um ihn möglichst lange nutzen zu können, sollte man die Trassen erst dann zuschneiden, wenn alle Spanten aufgezeichnet sind und der Tisch nicht mehr benötigt wird.

Das Anreißen der Vertikalspanten erfolgt auf der ausgebreiteten Werkpause. Begonnen wird mit dem ersten Spant, indem wie in der Abbildung gezeigt, die zum Zuschnitt für dieses Teil vorgesehene Sperrholz

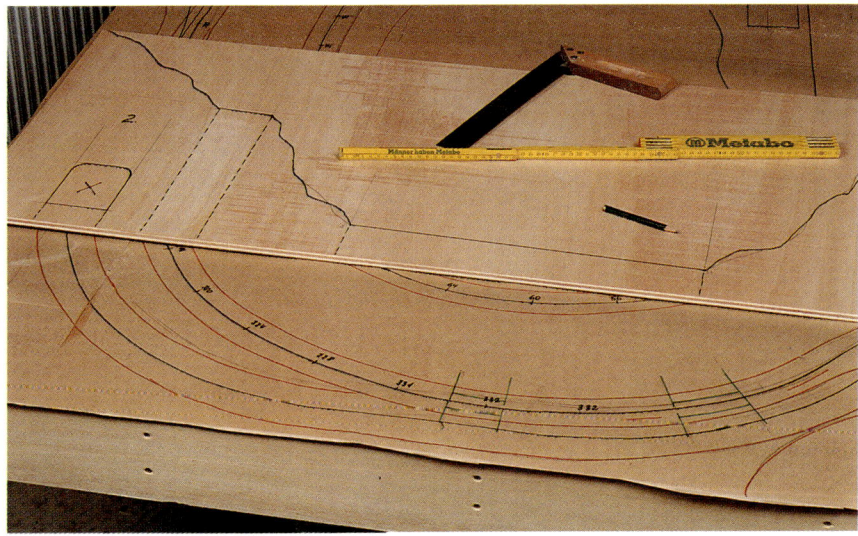

platte mit der Unterkante bündig an die Linie des ersten Querträgers gelegt wird, in der gleichen Position also, wie der Spant später aufgeleimt wird. Zuerst markieren wir durch einen Bleistiftstrich sämtliche Schnittpunkte der Streckenbezugslinien an der unteren Plattenkante, ziehen von dort im Winkel von 90 Grad Hilfslinien, auf denen dann die Höhen der betreffenden Trassenunterstützungen als Fixpunkte markiert werden. Wiederum im Winkel von 90 Grad werden dazu an diesen Fixpunkten die Trassenauflagenhöhen abgetragen, wobei stets die Schnittstellen der beiden Linien die Mittelachse der Trassenauflage bildet.

Die Breite der Trassenauflage richtet sich nach den Maßen der Gleisbettungen unter Berücksichtigung ihrer Winkeltangente. Bei einer Winkeltangente von 90 Grad entspricht die Auflage dem Maß der Gleisbettung, bei

Abbildung oben:
Der über der Werkpause liegende Spantenaufriß.

Abbildung unten:
Der Querspant, über der Werkpause aufgestellt, so wie er später auf das Leistengitter des Basisrahmens geleimt wird.

niedrigerem Winkel muß man eine entsprechend größere Auflagefläche mit einkalkulieren.

Bei dem hier abgebildeten Anlagenbeispiel – es handelt sich um die auf Seite 63 im Rohbau gezeigte Anlage – trägt der erste Spant drei Gleisbögen. Die H0-Trasse in der unteren Ebene verläuft noch im Untergrund und der im Talkessel kehrende Gleisbogen der Schmalspurstrecke liegt im Neigungswinkel der ansteigenden Gebirgsstrecke in extrem flacher Winkeltangente fast völlig auf.

Auch die Trassenunterstützung links oben trägt einen Gleisbogen. Da dieser später innerhalb des sichtbaren Anlagenbereichs liegen wird, planen wir eine leichte Schräglage mit einem Gefälle von etwa zwei Grad gegen den Kreismittelpunkt zu mit ein. Auf diese Weise wird die „Kurvenüberhöhung" merklich angedeutet.

Zwar treten beim Modellbahnbetrieb nie solche Fliehkräfte auf, die in den Kurven Überhöhungen aus Gründen der Betriebssicherheit erforderten, doch die vorbildnahe Schräglage der Züge nach der Kurveninnenseite gehört nun einmal zum selbstverständlichen Bild einer realistisch gestalteten Eisenbahnszene. Bei einem vorbildwidrig horizontal verlegten Gleisbogen unterläge das Betrachterauge außerdem auch einer optischen Täuschung, die ein Kippen des Zuges nach der Kurvenaußenseite hin suggeriert; ein unerwünschter Effekt also, den es unter allen Umständen zu vermeiden gilt. Die Kurvenüberhöhung sollte man deshalb schon bei Gleisbögen einplanen, deren Längen mehr als ein Viertel eines Vollkreises ausmachen.

Bei zwei- und mehrgleisigen Bögen ist jedoch zu beachten, daß die Schwellenmitten stets in der Horizontale liegen und lediglich die Bettungen geneigt sind – siehe Schemaskizze S. 63. Zwar sieht man es beim großen Vorbild gelegentlich auch anders, aber in der räumlich gedrängten Enge einer Modelleisenbahnlandschaft ergäbe die in ihrer gesamten Breite geneigte Trasse ein denkbar schlechtes Bild.

Nachdem die Trassenauflagen in der beschriebenen Weise fixiert sind, gilt es nun, die Konturen für die Geländeform aufzuzeichnen. Wenn wir die betreffende Anlage selbst entworfen haben, wird es sicherlich nicht schwerfallen, sich anhand der bereits aufgezeichneten Trassenunterstützungen auch die Geländetopografie räumlich vorzustellen. Da die vertikalen Querspanten gleichzeitig auch das formgebende Gerüst zur Befestigung der Trägergewebes für die Geländeplastik bilden, sollte man hier

mit viel Sorgfalt und Überlegung vorgehen. Dennoch, wenn sich nicht auf Anhieb die richtige Form findet, sind spätere Veränderungen immer noch möglich.

Wo die Querspanten für die Trassenunterstützungen nicht ausreichen, wie zum Beispiel bei Gleisbögen, sind zusätzliche Längsspanten erforderlich, die man auch als „Hilfsspanten" bezeichnet. Die Hilfsspanten müssen aber nicht grundsätzlich von Anfang an mit eingeplant werden; sie lassen sich auch noch nachträglich in die Rohbaukonstruktion dort einpassen, wo die Trassen der ausreichenden Verwindungsstabilität wegen noch zusätzlicher Unterstützungen bedürfen. Da und dort kann aber auch die besondere Form der Landschaftstopografie die Notwendigkeit eines Hilfsspants erfordern.

Ein Teil der Haupt- und Hilfsspanten dient auch zur seitlichen Befestigung der Außenverkleidungen, die bei den hier gezeigten Anlagenbeispielen ebenfalls aus Sperrholz hergestellt wurden. Beim Aufzeichnen der Spanten sind also auch die Holzstärken der Verkleidungen im Längenmaß zu berücksichtigen.

Erst wenn alle Spanten in beschriebener Weise aufgerissen und dann auch die Schnittlinien auf den für die Trassen vorgesehenen Platten von der Werkpause übertragen wurden, kann der Zuschnitt der Teile erfolgen. Vorteilhaft benutzt man hierzu eine leistungsfähige Stichsäge mit feingezahntem Sägeblatt, damit die Schnittflächen nicht aussplittern.

Vor dem Zusammenbau der Konstruktion müssen Rahmen und sämtliche zugeschnittenen Sperrholzteile allseitig satt tränkend grundiert werden, am besten mit Nitrozellulose-Schleifgrund, um Verzugserscheinungen durch eindringende Feuchtigkeit während der nachfolgenden Bauphasen zu vermeiden. Die Anwendung von speziellen Holzschutzmitteln mit fungiziden oder insektiziden Werkstoffen ist allerdings nicht angezeigt und ebensowenig empfehlenswert wie solche auf der Basis trocknender Öle (z. B. Leinöl), da sie

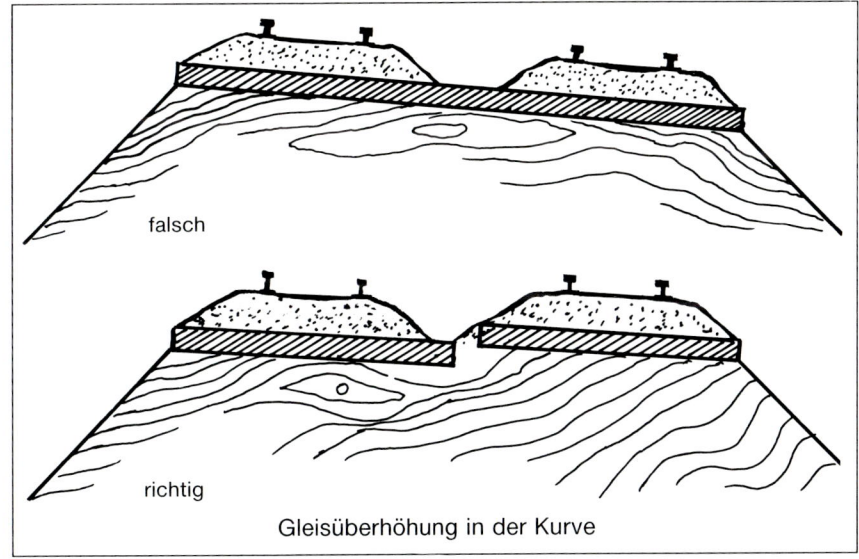

die spätere Haftung von Leim, Klebern und Farben beeinträchtigen können. Insbesondere bei der späteren Verwendung von Neoprenklebern beim Verlegen der Gleisbettungen könnte es Probleme geben, wenn ein ungeeignetes Grundiermittel verwendet wurde.

Der konstruktive Aufbau auf dem Basisrahmen geht danach zügig von statten. Die numerierten Spanten werden sinngemäß auf die ihnen zugeordneten Längsträger des Leistengitters unter Verwendung von Holzleim (z. B. UHU-coll) geleimt und an zuvor vertikal angeschlagenen Leisten zusätzlich befestigt (siehe Abbildung oben). Wenn alle Spanten sitzen, werden auch die Trassenteile eingepaßt und aufgeleimt.

Bei größeren Anlagen mit mehreren Ebenen empfiehlt sich des bequemeren Zugangs wegen, zuerst die Gleise in den unteren Ebenen zu verlegen, bevor man die Trassen der oberen Ebenen aufleimt. Schließlich werden auch noch die Längs- und Seitenverkleidungen an der Rohbau-

konstruktion aufgerissen, zugeschnitten, grundiert und montiert.

So konzipiert und zusammengebaut, präsentiert sich der Anlagenrohbau als saubere, solide Handwerksarbeit. Ein solches Fundament bietet über Jahrzehnte hinweg die Gewähr für verzugssichere Trassen und damit für einen störungsfreien Fahrbetrieb auch in den oberen Ebenen.

Abbildung oben:
Der auf der Grundlage unseres Gleisplanes hergestellte Anlagenrohbau.

Abbildung Seite 62
Zuschnitt der aufgepausten Trasse.

Die Bahnkörpergestaltung

Der Bahnkörperaufbau beim Vorbild

Den Schienenstrang einer Eisenbahnlinie mit allen seinen komplexen baulichen Einrichtungen bezeichnet der Fachmann als „Bahnkörper". Den Bahnkörper unterteilt man wiederum in den „Oberbau" und den „Unterbau".

Man unterscheidet drei Bahnkörperformen: den Damm, den Einschnitt und den Anschnitt (siehe Schemazeichnungen rechts). Sonderformen sind Tunnel und Brücken.

Damit die Eisenbahnschienen das hohe Gewicht der darüberrollenden Züge möglichst gleichmäßig auf den Untergrund verteilt aufnehmen können, sind Unterstützungen in Form von Schwellen aus Holz, Beton oder Stahl erforderlich. Um die Lastverteilung dauerhaft zu gewährleisten, liegen die Schwellen in einer Schotterbettung, die gleichzeitig ein Wandern des Gleiskörpers durch die beim Fahrbetrieb auftretenden Anfahr-, Brems- und Fliehkräfte wirksam verhindert. Die Schotterbettung, die aus wetterfestem Gestein wie beispielsweise aus Basalt oder Porphyr besteht und deren Höhe etwa 30 cm beträgt, sorgt außerdem auch dafür, daß die Schwellen trocken liegen. Unter dem Schotterbett befindet sich noch eine Sandschicht, die das Aufsteigen von Feuchtigkeit aus dem Erdreich verhindert.
Schienen, Schwellen und die dazugehörenden Befestigungsmittel bilden den „Gleiskörper". Gleiskörper, Schotterbettung und die darunterliegende Sandschutzschicht bilden den Oberbau.

Der Unterbau, der die Gleisbettung trägt, besteht aus dem planierten

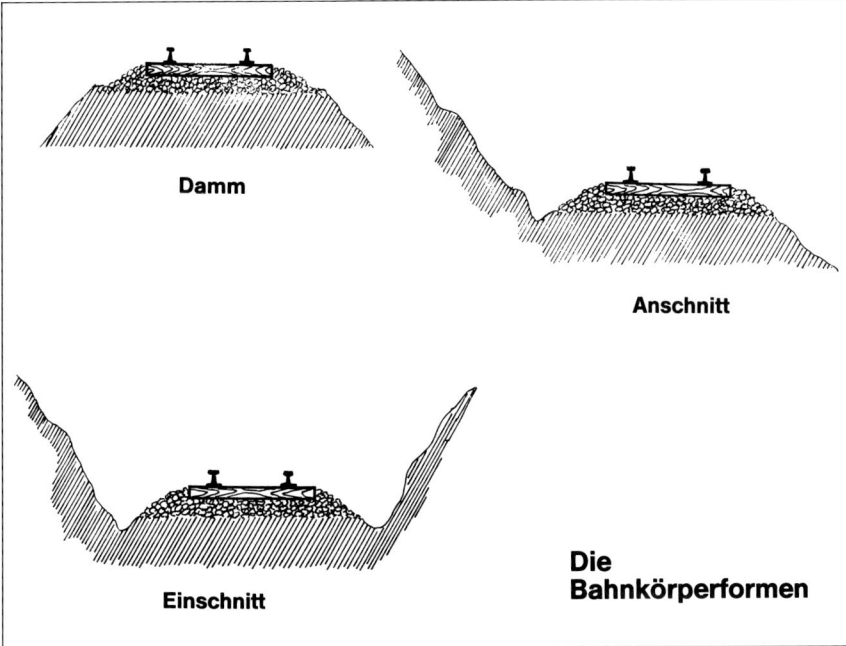

Damm

Anschnitt

Einschnitt

Die Bahnkörperformen

Erdkörper und den sogenannten „Kunstbauten". Zu den Kunstbauten zählen alle mit dem Erdkörper des Unterbaus verbundenen oder aber den Unterbau selbst bildenden Bauwerke wie Tunnels, Brücken und Stützmauern. Auch die technischen Einrichtungen wie Signale, Seilspannwerke und Masten der elektrischen Fahrleitung (Oberleitung) sind Bestandteile des Bahnkörpers.

Damit das Schmelz- und Regenwasser ablaufen kann, sind die Dämme und talseitigen Anschüttungen der Anschnitte im Winkel von 45 Grad dachförmig geneigt. Steilere Böschungen sind stets, sofern sie nicht aus Fels bestehen, durch massives Mauerwerk, Beton oder brückenähnliche Konstruktionen gesichert. Bei den Einschnitten und bergseitigen Böschungen der Anschnitte sorgen Wassergräben in Verbindung mit verdolten Kanälen für die Trockenhaltung der Unterbaukronen.

Mit zum Bahnkörperbereich zählen letztlich auch die umfangreichen Sicherungseinrichtungen wie Bahnschranken und Unterführungen ebenso wie die Steinschlagwehren und Lawinenschutzüberbauungen.

Überlegungen zum Nachvollzug im Modell

Neben den Bahnhöfen sind die Bahnkörper die wichtigsten Stilelemente einer Modelleisenbahn-Anlage. Somit hängt der Gesamteindruck des fertigen Modells auch in hohem Maße davon ab, inwieweit es gelingt, die natürlichen Wesensmerkmale der einzelnen Bahnkörper in die Modellperspektive zu übertragen.

Der Anfänger begeht häufig den Fehler, daß er die Unterbauten, insbesondere bei mehrgleisigen Strecken, zu breit konzipiert. Ganz im Gegenteil sollte man danach streben, die Bahn-

körper möglichst schlank zu gestalten, da sie unter den stets räumlich beengten Gegebenheiten der Modellbahnanlage im Vergleich mit dem Vorbild ohnehin viel zu massig wirken. So empfiehlt es sich bei eingleisiger Streckenführung die Unterbaukronen nie breiter als die Schotterbettungen auszuführen. Oft wird die Unterbaukrone, das sog. Planum, verbreitert eingeplant, damit Signale und Fahrleitungsmasten daran befestigt werden können. Dies ist aber falsch. Auch beim Vorbild stehen die Masten nie auf dem Planum. Vielmehr finden sich deren Fundamente in den Böschungen eingelassen. Beim Nachvollzug im Modell ist zwar das Anbringen sämtlicher Mastfundamente an den Böschungen der Bahnkörper mit hohem Aufwand verbunden, der sich aber letztlich durch die erheblich verbesserte Optik auszahlt.

Die Forderung nach möglichst schlank geführten Trassen ist bei doppelgleisigen Hauptstrecken besonders schwierig zu erfüllen, da

die beim Vorbild üblichen engen Parallelgleisabstände der kleineren Radien wegen beim Modell nicht maßstäblich genau übernommen werden können. Wenn man jedoch, wie bereits an anderer Stelle beschrieben, innerhalb des sichtbaren Bereichs größere Radien wählt, kann man dort auch die Parallelgleisabstände von der systembezogenen Gleisgeometrie abweichend etwas enger planen. Auf diese Weise läßt sich die Gesamtoptik der Streckenführungen erheblich verbessern.

Eine oft beobachtete Stilwidrigkeit sind zu steile Anschüttungen an den Bahnkörperböschungen. Sie dürfen nie steiler sein als 45 Grad. Wenn der Platz hierfür nicht ausreicht, wird man die Böschung als Beton- oder Mauerwerkimitation gestalten müssen.

Das Verlegen der Modellgleise

Bei den folgenden Betrachtungen wird davon ausgegangen, daß für das Verlegen der Gleise ein entspre-

Abbildung oben:
Doppelgleisiger Bahnkörper des Vorbildes.

chend vorbereiteter Untergrund vorliegt und das Gleisbild wie auf Seite 58 beschrieben von der Werkpause auf die Rohbaukonstruktion übertragen wurde. Die auf die Trasse aufgepauste Linie stellt also die Gleislängsachse dar; werden alle Gleisteile so verlegt, daß sich deren Schwellenmitten allerorts mit dieser Bezugslinie decken, erfolgt die Gleisverlegung exakt nach der im Gleisplan festgelegten Geometrie.

Was die eigentliche Verlegetechnik anbetrifft, muß man zunächst einmal unterscheiden zwischen Modellgleisen, die es als komplette Oberbauteile mit angeformten Schotterbettungen gibt und solche, die lediglich aus den Gleiskörpern bestehen.

Ohne Zweifel erleichtern die Gleise mit angeformten Schotterbettungen die Verlegearbeit, da man sich um die mitunter doch recht zeitaufwendige Schotterbettgestaltung hier nicht zu kümmern braucht. Die Verlegearbeit beschränkt sich auf das Aufschrauben der Gleisteile auf die vorbereitete Trasse. Allerdings muß hier die aufgezeichnete Geometrie genau stimmen, denn insbesondere bei den ausschließlich aus starren Oberbauteilen bestehenden Gleisen sind Korrekturen durch Abhängen einzelner Gleisteile sehr schwierig oder sogar unmöglich. Im allgemeinen wirken die seriengefertigten Oberbauteile recht realistisch, inwieweit aber diese uniformen Schotterbettungen im Vergleich mit den individuell eingeschotterten Gleiskörpern den eigenen persönlichen Ansprüchen genügen, muß dem Urteil des einzelnen vorbehalten bleiben.

In diesem Zusammenhang ist auch die Frage berechtigt, ob man die Gleise an der Trasse mit Schrauben oder aber mit den ebenfalls im Handel erhältlichen Gleisnägeln befestigt? Auf alle Fälle sollte man bevorzugt Schrauben verwenden. Bedingt durch die beim späteren Fahrbetrieb hervorgerufenen Vibrationen lockern sich die Nägel mit der Zeit und sind daher weniger zuverlässiger als Schrauben.

Auch für die Modellbahngleise ohne angeformte Schotterbettungen gibt es vorgefertigte Schotterbettimitationen aus geschäumtem Kunststoff in verschiedenen Ausführungen, auf die aber hier nicht näher eingegangen wird. Grundsätzlich sollte man als Unterlagen nur hinreichend druckfeste Materialien verwenden, in die sich der Gleiskörper nicht eindrücken kann. Nur die absolut ebene und in sich feste Bettung bietet die Gewähr für ausreichende Verwindungsstabilität, so wie sie im Hinblick auf einen eleganten Fahrzeuglauf gefordert wird. Die flexiblen Schaumstoffbettungen, wie sie früher üblich waren, erfüllen diese Forderung nicht.

Die weiteren Ausführungen befassen sich mit der klassischen Verlegetechnik unter Verwendung von entspre-

chend zugeschnittenen Korkstreifen, so wie ich sie seit vielen Jahren erfolgreich praktiziere. Kork verfügt über eine ausreichende Festigkeit und außerdem auch unter bestimmten Voraussetzungen über sehr gute schalldämmende Eigenschaften.

Bei den im Fachhandel erhältlichen „Korkgleisbettungen", die es für jede Spurweite gibt, handelt es sich um 2 bis 4 mm hohe, flexible Korkstreifen. Sie bilden je eine Gleisbetthälfte mit Böschungskanten, die im Winkel von 45 Grad abgeschrägt sind. Zwei dieser Korkstreifen also, mit ihren 90-Grad-Schnittkanten aneinandergepreßt, ergeben die Rohform einer kompletten Gleisbettung.

Zum Kleben der Korkstreifen auf die vorbereiteten Trassen verwendet man am besten wasserfreien Kontaktkleber (z. B. UHU-Greenit), der auf beide Klebeflächen, also Holz und Kork, mit einer feinen Zahnspachtel gleichmäßig dünn aufgetragen wird. Nach ausreichendem Ablüften, das etwa 5 bis 10 Minuten in Anspruch

Abbildung oben:
Verlegen der Korkschotterstreifen unter Verwendung von Neoprene-Kontaktkleber. Der Halbstreifen wird dabei der aufgepausten Bezugslinie entlang auf die Trasse geklebt und anschließend mit dem Nahtroller angepreßt.

nimmt, wird zuerst der eine Korkstreifen mit der 90-Grad-Kante exakt an der aufgezeichneten Bezugslinie entlangführend auf die Trasse geklebt. Nach nochmaligem Aufpressen, das auch mit einer Gummiwalze erfolgen kann, erreicht die Verklebung ihre Endfestigkeit und der Korkstreifen stellt sich auch in sehr engen Kurven nicht mehr zurück. Anschließend wird der zweite Korkstreifen spiegelbildlich in gleicher Weise dagegengepreßt.

Bei Gleisverzweigungen klebt man zuerst die Korkstreifen, die die äußeren Böschungen bilden. Danach werden die inneren Streifen mit einem scharfen Bastelmesser entsprechend keilförmig zugeschnitten und in die Spreizungen der Verzweigungen eingepaßt. Wenn alle Schotterbettungen aufgeklebt sind, wird man letztlich auch noch die produktionstechnisch bedingt scharfen Böschungskanten mit Flintpapier der Körnung 80 überschleifen, da auf den etwas „gebrochenen" (abgerundeten) Kanten die Schottereinbettmasse besser „stehen" bleibt. Dadurch gelingt auch das Einbetten des Modellschotters an dieser kritischen Kante leichter.

Nachdem die Korkgleisbettungen fertiggestellt sind, empfiehlt sich zunächst eine tränkende Grundierung mit lösungsmittelfreiem Grundiermittel (z. B. Capagrund LF), um das hohe Saugvermögen der Korkoberflächen zu eliminieren. Danach muß man sich entscheiden, ob man schon jetzt die Schotterstruktur aufbringen und nach der Trocknung die Gleise darauf montieren will oder ob man die Gleise direkt auf das rohgeformte Korkgleisbett verlegt und sie erst nach erfolgter Probefahrt schwellenoberkantenbündig einschottert.

Das ersterwähnte Verfahren bietet den Vorteil, daß die auf das bereits fertiggestellte Schotterbett aufgeschraubten Gleiskörper jederzeit wieder entfernt werden können. Die Anwendung dieser Technik ist dann sinnvoll, wenn man sich noch nicht völlig sicher ist, ob spätere Änderungen nötig werden. Man muß allerdings dabei den Schönheitsfehler in Kauf nehmen, daß die Gleiskörper nicht vorbildtreu im, sondern in voller Schwellenhöhe über dem Gleisbett liegen.

Eine solche Optik wäre bei Bahnen der kleineren Nenngrößen N und Z eventuell noch vertretbar. Bei den maßstäblich größeren Bahnen hingegen genügen die lediglich aufgelegten Gleiskörper höheren Ansprüchen nicht. Es ist aber nichts dagegen einzuwenden, wenn man zu-

nächst die Gleise auf das fertiggestellte Schotterbett auflegt, die Anlage fix und fertig gestaltet und erst danach, wenn die Anlage längst läuft, Streckenabschnitt für Streckenabschnitt schwimmend nachschottert. Das hat den Vorteil, daß man immer noch bis zum Schluß Korrekturen vornehmen kann. Hinzu kommt noch, daß die Endschotterung auf dem bereits vorgeschotterten Untergrund leichter gelingt, da die Einbettmasse besser über den Kanten stehenbleibt und eine ausreichende Materialaufnahme gewährleistet.

Beim zweiten Verfahren, dem schwimmenden Einschottern der Gleise direkt auf das rohgeformte Korkbett, hat man den Vorteil, daß man die exakt über der aufgezeichneten Gleisfigur verlaufenden und noch gut sichtbaren Mittelfugen der Korkgleisbettungen als Bezugslinien nutzen kann, was bei der geforderten millimetergenauen Gleisverlegetechnik mehr Sicherheit bietet. Darüberhinaus wird ein Arbeitsgang eingespart. Das perfekte Bild eines vor-

bildtreu wiedergegebenen Gleiskörpers gelingt also hier auf Anhieb. Die Gleise sind aber endgültig eingebettet und können von der Trasse nicht mehr gelöst werden. In der erstarrten Einbettmasse liegen die Gleiskörper so fest, daß die zur Befestigung während der Verlegearbeit benutzten Nägel oder Schrauben nicht mehr benötigt und entfernt werden können. Dadurch wird der direkte Kontakt zwischen Gleis und Unterbau unterbrochen. In Verbindung mit den Korkbettungen sind damit alle Voraussetzungen für eine wirksame Fahrgeräuschdämmung erfüllt.

Befassen wir uns aber zunächst mit dem Verlegen der Modellgleiskörper. In der Praxis wird man stets mehrere Gleisstücke zu einem längeren Streckenabschnitt zusammenfügen und auf der Korkgleisbettung zunächst einmal ausrichten. Dann wird anhand des Gleisplans überprüft, wo in den Schienen elektrische Trennungen anzubringen, wo Entkuppler oder Gleisschaltkontakte zu installieren

sind und letztlich wird man an den Anschlußstellen zu den bereits verlegten Gleisen zu überprüfen haben, ob die Gleisverbindungen millimetergenau passen.

Trotz sorgfältiger Verlegetechnik kann es immer wieder einmal vorkommen, daß die Schienenverbindungen nicht exakt zusammenpassen. Die Ursachen hierfür können in der Addition herstellungsbedingter Fertigungstoleranzen an den Gleisteilen selbst liegen oder aber in Längenveränderungen, die sich durch die Höhendifferenzen beim Verlegen geneigter Streckenführungen ergeben. Und nicht immer lassen sich diese Differenzen elegant mit im System vorhandenen Gleisstücken ausgleichen.

Modellgleise ohne angeformte Schotterbettungen kann man mit einer Mini-Korundscheibe, wie sie als Zubehör für die Kleinstbohrmaschinen angeboten werden, millimetergenau zuschneiden und in jede Lücke einpassen. Dies ist auf alle Fälle besser

als ein weniger passendes Normgleisstück einzuzwängen, denn auch Modellbahngleise unterliegen thermisch bedingten Längenveränderungen, die unter hoher Druckspannung, wie beim Vorbild auch, zu lästigen Schienenverwerfungen führen können. Es ist allerdings auch nicht nötig, an den Schienenstößen etwas „Luft" miteinzukalkulieren, im Gegenteil sollten die Schienenstöße nahtlos zusammenpassen und die Schienenver-

Abbildung oben:
Rohbau einer Großanlage mit auf Korkbettungen verlegten Modellgleisen.

Abbildung unten:
Trennen eines Modellgleises mit Hilfe einer Mini-Korundscheibe.

Abbildung Seite 68 oben:
Einpassen des Korkböschungsstreifens in die Gleisverzweigung.

bindungslaschen sollten nicht zuletzt auch in Gedanken an eine möglichst verlustfreie Fahrstromübertragung, fest sitzen.

Neben den starren Gleisteilen führen die meisten Hersteller auch Flexgleise im Lieferprogramm. Sie sind besonders geeignet zur Gestaltung von größeren Kurven und sollten möglichst nur für Gleisbögen verwendet werden, deren Radien größer sind als die standardisierten Gleisbogenradien des betreffenden Gleissystems. Denn, werden die Flexgleise in engere Radien gebogen, können unerwünschte Spurveränderungen auftreten.

Beim Biegen von Flexgleisen verschieben sich die Schienen in ihren Schwellenbettungen in der Weise, daß beim Einpassen in eine betreffende Bogengleisfigur die innere Schiene zu lang wird und mit der Trennscheibe abgelängt werden muß. Vom Ablängen mit dem Seitenschneider ist abzuraten, da hierbei die Schienenprofile an der Schnittstelle gequetscht werden und nicht mehr in die Schienenverbindungslaschen passen.

Um die Trennstelle an der Außenschiene zu ermitteln, verlegt man das betreffende Flexgleis exakt über der Bezugslinie, fixiert den Gleiskörper mit Stecknadeln und markiert die Schnittstelle durch einen Feilenstrich.

Alle Flexgleise haben ein mehr oder weniger stark ausgeprägtes Rückstellvermögen. Man sollte die Gleisbögen deshalb so planen, daß die Schienenverbindungen möglichst außerhalb der Kurven liegen, da, insbesondere bei engeren Radien, eine perfekte Ausrundung über die Schienenverbindungslaschen hinweg mitunter recht schwierig ist und nur durch behutsames Nachbiegen mit der Zange einigermaßen befriedigend gelingt.

Wenn alle Gleise verlegt sind, wird man zunächst die elektrische Anschlußarbeit ausführen und anschließend ausgiebige Probefahrten unternehmen. Dabei sollte man sehr kritisch sein. Bei einwandfrei verleg-

ten Gleisen müssen die Züge sanft über die Schienen gleiten und die Wagen dürfen sich während der Fahrt nicht um ihre Längsachsen bewegen. Sollten die Probefahrten nicht in allen Punkten befriedigen, ist nach den Ursachen zu suchen. Unsachgemäß ausgeführte Kurvenüberhöhungen oder Ausrundungen an den Übergängen von den Ebenen in die Neigungen sind oft verantwortlich für kleine Unschönheiten im Laufverhalten der Züge. Oft genügen an den Schienenverbindungen, die auf Grund von Fertigungstoleranzen nicht ganz auf den Zehntelmillimeter zusammenpassen, ein paar Feilenstriche, um die nötige Stabilität beim Überrollen der Fahrzeuge herbeizuführen.

Die Schotterbettung

Zur Herstellung der Schotterbettungen finden Korksplitt, Nußschalengranulat (FALLER-Schotter) und feingekörnter Naturstein-Modellschotter Verwendung. Als Einbettmassen dienen Farben und Kleber auf Dispersionsbasis. Nachstehend sind drei praxisübliche Einbettungsverfahren beschrieben.

Bei Anwendung der einfachen Beschotterungstechnik, wobei die Oberflächenbearbeitung der aus Kork vorgeformten Bettungen vor dem Verlegen erfolgt, können alle genannten Arten von Modellschotter verwendet werden. Zunächst wird die Korkoberfläche, wie bereits erwähnt, mit wasserverdünnbarem Grundiermittel (z. B. Capagrund LF) grundiert, um

Abbildung Seite 70:
Einbringen des verdünnten Holzleims mit der Leimspritze bei schwimmendem Einschottern.

Abbildung links:
Einstreuen des Naturstein-Modellschotters hier mit Hilfe einer Plastik-Spülmittelflasche, deren Schraubverschlußdüse auf 9 mm aufgebohrt wurde.

der spezifisch schwere Naturstein-schotter geeignet, wie er beispielsweise von HEKI angeboten wird, da die spezifisch leichteren Materialien auf der Einbettmasse schwimmen und in getrocknetem Zustand unschöne Kuhlen bilden.

Allgemein haben sich zwei Einbettungsverfahren durchgesetzt. Bei dem einen wird mit Hilfe einer Leimspritzflasche wasserverdünnter Holzleim (z. B. UHU-coll) in die Hohlräume zwischen den Schwellen in den Gleiskörper eingebracht und das Naturstein-granulat bis zur schwellenoberkantenbündigen Sättigung eingestreut. Bei diesem Verfahren darf der Holzleim nur mit etwa einem Drittel Wasser soweit verdünnt werden, daß die Einbettmasse gerade noch verläuft. Beim Einbringen der Einbettmasse dürfen die Zwischenräume nur bis höchstens zur Hälfte aufgefüllt werden, damit beim Einschottern noch genügend Raumvolumen zur Aufnahme des Schotters verbleibt und möglichst kein Leim an die Schwellenoberseiten gedrückt wird.

Nach erfolgter Durchtrocknung wird auch hier das überschüssige Material abgesaugt. Danach wird es sich zeigen, ob die schwellenoberkantenbündige Einschotterung ausreichend ist. Bei H0-Gleisen und besonders ho-

das Saugvermögen des Untergrundes zu unterbinden. Nach der Trocknung erfolgt der Auftrag der Einbettmasse.

Eine ideale Einbettmasse, die recht lange offen (feucht) bleibt, erhält man durch Zusammenmischen von 1 Volumenanteil verarbeitungsfertigem Tapetenkleister und 1 Volumenanteil Dispersions-Volltonfarbe, die die Masse gleichzeitig einfärbt. Vorteilhaft wird man hierzu einen hellbraunen, rostbraunen oder schwarzbraunen Farbton wählen, je nach dem, ob die Schotterbettung wie neu, rostig oder verrußt (bei Dampflokbetrieb) wirken soll.

Die mit Wasser auf sämige, aber noch verlaufende Konsistenz eingestellte Einbettmasse wird mit weichem Flachpinsel schwimmend satt und

gleichmäßig aufgetragen, und der Schotter sofort bis zur Sättigung eingestreut. Da nur das nasse Kleberbett in der Lage ist, den Schotter zu binden, muß man schnell und zügig arbeiten. Um ein vorzeitiges Antrocknen zu verhindern, sollte man nie längere Streckenabschnitte als 30 cm anlegen. Der Einbettungseffekt wird durch gelegentliches Klopfen an die Trassenunterseite intensiviert. Bevor man nach Durchtrocknung mit dem Verlegen der Gleise beginnt, wird das überschüssige Schottermaterial mit dem Staubsauger abgesaugt. Benutzt man hierbei einen neuen Staubbeutel, kann das abgesaugte Granulat aufgefangen und wieder verwendet werden.

Für die realistische, schwellenoberkantenbündige Schotterbettung ist nur

hen Schwellen kann es trotz sorgfältigster Arbeit schon einmal vorkommen, daß sich an einzelnen Stellen als Folge zu wenig eingebrachter Leimmenge häßliche Kuhlen bilden. In einem solchen Falle wird man nochmals nachschottern, was relativ leicht gelingt, indem man mit einer Injektionsspritze (erhältlich in der Apotheke) stärker verdünnten Holzleim in diese Kuhlen einbringt und Schotter bis zur Sättigung nachstreut.

Wichtiger Hinweis: Von der hier beschriebenen Beschotterung sind die Aktionsbereiche der Zungen und Stellgestänge bei Weichen, mechanisch arbeitenden Schaltkontakten und Entkupplungsgleisen auszunehmen. Wenn man sich dabei auf die wenigen Stellen beschränkt, wo sich wirklich etwas bewegt und Verklebungen zu befürchten sind, fallen die Unterbrechungen der Schotterstruktur kaum auf, wenn dort vorher farbtongleich vorgeschottert wurde. Auch beim Vorbild sind die Weichenstühle im Bereich der Zungenführungen nur in halber Höhe mit Schotter bedeckt.

In beschriebener Weise werden auch die maßstäblich kleineren Modellgleise der Nenngrößen N und Z schwellenoberkantenbündig eingeschottert. Nur wird man hier stärker verdünnten Holzleim verwenden, und man wird zum Einbringen der Einbettmasse anstelle der Leimflasche die bereits erwähnte Injektionsspritze benutzen.

Alternativ zur vorbeschriebenen Methode der schwellenoberkantenbündigen Schotterbettgestaltung wird in der Praxis auch noch ein anderes Verfahren angewendet, wobei das Natursteingranulat zunächst zur Schotterbettung lose angehäuft und anschließend durch Übergießen mit stark verdünntem Holzleim (MV 1:1) verfestigt wird. Um das Kriechvermögen zu verbessern und damit eine Verfestigung bis in die untersten Schichten und außerdem auch noch eine gute Untergrundhaftung sicherzustellen, wird dem zum Verdünnen benutzten Wasser etwas Enthärter (Rei oder Pril) zugesetzt. Da bei Anwendung dieses Verfahrens die Schotterbettform individuell und bei-

spielsweise auch mit überhöhten Böschungskanten hergestellt werden kann, wird eine sehr hohe Vorbildtreue erzielt. Bedingt durch das ausgeprägte Kriechvermögen des verfestigenden Bindemittels ist es aber manchmal nicht ganz einfach, die mechanisch beweglichen Teile der Weichen und Entkuppler vor Verklebungen zu schützen.

Der relativ hohe Arbeitsaufwand wird zwar manchen Modellbahnfreund davon abhalten, sich für eine der schwellenoberkantenbündigen Schotterbettgestaltungen zu entscheiden. Die Erfahrung lehrt jedoch, daß man auch hier, wie bei allen anderen handwerklichen Techniken, bald ausreichend Routine entwickelt, um einen einigermaßen rationellen Arbeitsfortschritt zu erzielen. Die große Mühe wird aber durch ein Ergebnis belohnt, das mit keiner anderen Methode auch nur annähernd erreichbar ist.

Das Anrosten der Schienen

Inmitten der realistisch gestalteten Schotterbettungen springen nun die doch recht unnatürlich wirkenden blitzblanken Schienen ins Auge. Sie sind meist aus Neusilber gefertigt und bilden im Vergleich mit denen des großen Vorbildes keine Rostpatina.

Mit rostbrauner Mattlackfarbe (z. B. Humbrol) gelingt auch hier eine vorbildnahe Farbkorrektur. Man benötigt dazu lediglich noch einen Rindshaar-Flachpinsel mit 5 mm Besatzbreite. Man taucht also diesen Pinsel in die zuvor gut aufgerührte Farbe, streift überschüssiges Material sorgfältig am Dosenrand ab, so daß er nicht mehr tropft und setzt dann die Pinselspitze in voller Breite schräg am Schienenprofil an, wobei ein Teil des Besatzes auf dem Schienenkopf aufliegen muß.

Auf diese Weise erhält der Pinsel eine sichere Führung, wenn wir ihn anschließend mit ruhiger Hand und mäßigem Druck am Schienenprofil entlangziehen. So gelingt es, die Schwellen farbfrei zu halten, lediglich die Köpfe der Schienennägel werden noch erfaßt, was ja auch ganz der Vorbildsituation entspricht.

Nach beiderseitigem Farbauftrag in dieser Manier sind auch die Schienenköpfe überdeckt und man wird die Farbe an den Gleisen nicht mehr entfernen, wo kein Verkehr stattfindet, wie beispielsweise an stillgelegten Gleisen, Gleisstümpfen hinter Schutzweichen und innerhalb der unbefahrenen Bereiche vor den Prellböcken. Bei den anderen Gleisen werden nach guter Durchtrocknung der Rostfarbe, die etwa 4 bis 6 Stunden in Anspruch nimmt, die Schienenköpfe unter Verwendung von Wasserschleifpapier der Körnung 360 blankgeschliffen.

Selbstverständlich werden auch die Weichenzungen, Herzstücke, Radlenker u. ä. in gleicher Weise behandelt. Nur ist hier darauf zu achten, daß keine Farbe in die beweglichen Teile, wie z. B. in die Gelenke oder Stellgestänge gerät und desweiteren, daß diese Teile beim Blankschleifen der Schienenköpfe nicht beschädigt

werden. Verklebungen zwischen den Weichenzungenspitzen und Schieneninnenbacken verhindert man, indem man die Zungenpaare während der farblichen Bearbeitung in Mittelstellung fixiert. Sollte es dennoch einmal vorkommen, daß etwas verklebt, läßt sich die Farbe mit Terpentinersatz (Testbenzin) anlösen und durch Wischen mit einem Leinenläppchen leicht entfernen.

Lichtraumprofile zur Bahnkörpersicherung

Unter einem „Lichtraumprofil" versteht man in der Fachsprache des Eisenbahners den Umriß des Raumes innerhalb des Bahnkörpers, der für die

Abbildung oben:
Anrosten der Schienen mit der matten Rostfarbe aus dem Humbrol-Patina-Set.

Abbildung unten:
Blankschleifen der Schienenköpfe unter Verwendung eines Schleifklotzes und Wasserschleifpapier der Körnung 360.

Abbildung Seite 72:
Hervorragend gestalteter Bahnkörper in der Nenngröße H0 nach dem Vorbild der Schweizerischen Bundesbahnen, Epoche 1. Die Modellbahngleise wurden hier mit HEKI-Natursteinschotter „Basalt" schwimmend eingeschottert.

73

gefahrlose Benutzung durch die Schienenfahrzeuge freigehalten werden muß. Dieser Raum darf also weder verbaut werden noch dürfen irgendwelche Gegenstände hineinragen.

Selbstverständlich spielt das Lichtraumprofil auch bei der Bahnkörpergestaltung im Modellbahnwesen eine große Rolle. Wird allerorts der Raum innerhalb der vorgegebenen Umgrenzungsmaße freigehalten, kann es keinen Ärger geben, beispielsweise mit Wagen, deren Trittbretter an den Bahnsteigkanten streifen oder mit Dachstromabnehmern der Elektrolokomotiven, die sich an den Gewölbebogen der Tunnelportale verhaken. Da sich auch die Modellbahnhersteller an die vorgegebenen Normen halten, kann man also sicher sein, daß alle Fahrzeuge auf einer Anlage unbehindert verkehren können, wenn der durch das Lichtraumprofil umgrenzte Raum des Bahnkörpers freigehalten wird.

In den Normen Europäischer Modellbahnen (NEM) sind die Umgrenzungsmaße der Lichtraumprofile in

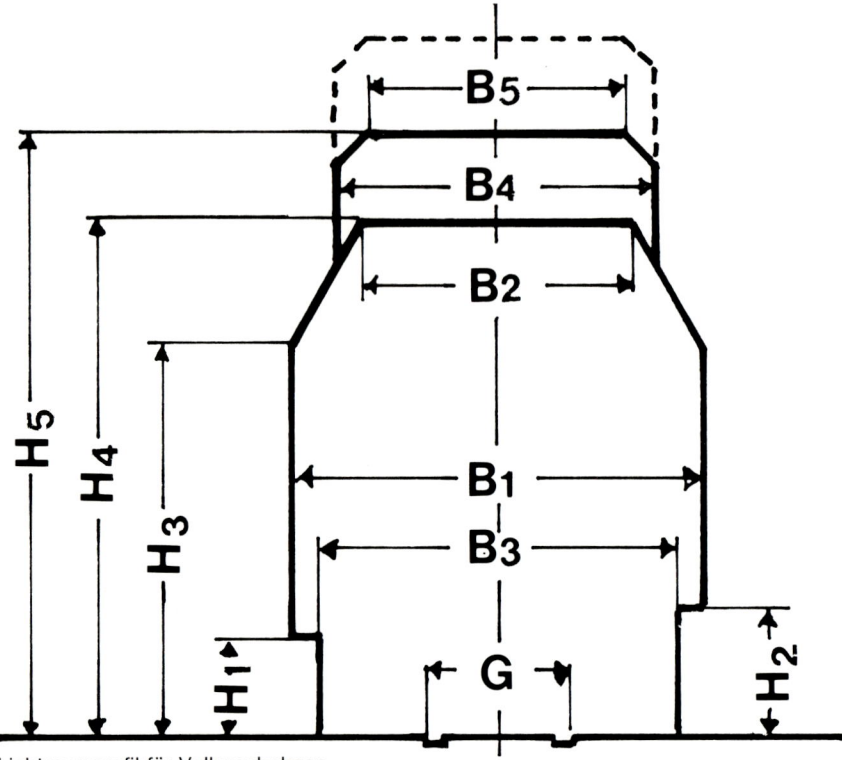

Lichtraumprofil für Vollspurbahnen

Maßtabelle zur Skizze Lichtraumprofil für Vollspurbahnen

Nenn-größe	G	B_1	B_2	B_3	H_1	H_2	H_3	H_4	bei Fahrleitungsbetrieb		
									B_4	B_5	H_5
Z	6,5	20	14	18	4	6	18	24	16	13	27
N	9,0	27	18	25	6	8	25	33	22	18	37
TT	12,0	36	24	32	8	10	33	43	28	22	48
H0	16,5	48	32	42	11	14	45	59	38	30	65
S	22,5	66	44	57	15	19	60	78	50	38	87
0	32,0	94	63	82	21	27	85	109	68	52	120
I	45,0	130	87	114	30	38	118	150	93	71	165

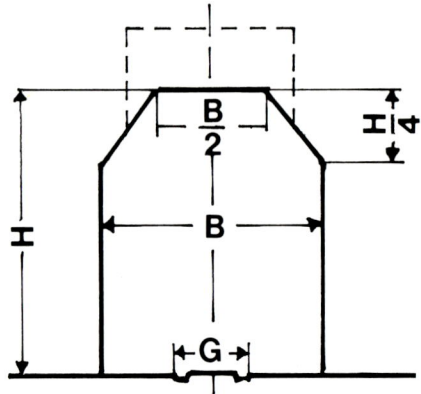

Lichtraumprofil bei Schmalspurbahnen

Maßtabelle zur Skizze Lichtraumprofil für Schmalspurbahnen

Nenn-größe	Maß-stab	Spur	Höhe	Breite
Nm	1:160	6,5	26	22
TTe	1:120	6,5	32	26
TTm	1:120	9,0	34	28
H0e	1: 87	9,0	36	36
H0m	1: 87	12,0	48	38
0m	1: 45	22,5	90	74
IIm	1: 22,5	45,0	178	146

Abhängigkeit der verschiedenen Nenngrößen festgelegt. Als Auszug aus den Normblättern 102, 103 und 104 finden sich nachstehend die grafischen Darstellungen der Modellbahn-Lichtraumprofile einschließlich der dazugehörenden Maßtabellen. Anhand dieser Aufzeichnungen gelingt es leicht, eine Schablone aus Karton oder Kunststoff anzufertigen, die während der weiteren Ausbauarbeiten an den Bahnkörpern wie zum Beispiel beim Aufstellen der Signale als Lehre dienen kann. Mehr Sicherheit bietet jedoch die Benutzung der im Fachhandel erhältlichen, verstellbaren Profillehren, die in Verbindung mit einer Tabelle auch zum Ausgrenzen von Gleisbögen verwendet werden können – siehe Abbildung. Die hier gezeigten Skizzen sind allerdings nur

auf die gerade Gleisführung bezogen. Bedingt durch die Ausladung der Fahrzeuge beim Durchfahren von Gleisbögen sind in den Kurven entsprechend erweiterte Werte anzusetzen, die man ggf. auch durch Probeläufe im Praxistest oder aber mit Hilfe der bereits erwähnten, verstellbaren Profillehre ermitteln kann.

Erläuterungen zu den Abkürzungen in den Maßtabellen und Skizzen:

B = Breite
B 1 = Äußerste Breite des Licht-
  raumprofils
B 2 = Obere Breite in Dachhöhe
B 3 = Reduzierte Breite für Rampen
  und Bahnsteige
B 4 = Erweiterte Breite für Fahr-
  zeuge mit Dachstromabnehmer
B 5 = Obere Breite für Dachstromab-
  nehmer
H = Höhe
H 1 = Lichte Höhe für Bahnsteige
H 2 = Lichte Höhe für Güterrampen-
  gleise
H 3 = Lichte Höhe für B 1
H 4 = Lichte Höhe für Fahrzeuge
  ohne Dachstromabnehmer
H 5 = Begrenzung des lichten Rau-
  mes bei tiefster Fahrdrahtlage
  für Fahrzeuge mit Dachstrom-
  abnehmer
G = Spurweite

Alle Maßangaben in Millimeter!

Der Tunnelbau

Neben den Brücken zählen die Tunnels mit zu den aufwendigsten Bahnkörperkonstruktionen einer Eisenbahntrasse, und dies gilt nicht nur für den Bau, sondern auch im Hinblick auf die Unterhaltung. Deshalb plant man in der Regel nur dort einen Tunnel, wo die Weiterführung einer Strecke in einer der offenen Bahnkörperformen nicht mehr möglich oder aber wo das Sicherheitsrisiko zu groß ist, wie beispielsweise an Steilhängen, wenn der betreffende Streckenabschnitt nicht durch andere bauliche Maßnahmen gegen Steinschlag oder Schneelawinen hinreichend geschützt werden kann. Nur in seltenen Fällen wird man auch einmal eine besonders markante Felsnase aus rein landschaftspflegerischen Gründen untertunneln.

So wird auch der Modelleisenbahner die Tunnels nach diesen Gesichtspunkten gestalten, wenn sie glaubhaft

und echt wirken sollen. Vor allem aber muß man den Zwang zur Untertunnelung eines betreffenden Hindernisses deutlich erkennen können. Tunnels, die nur um ihrer selbst willen willkürlich in die Landschaft hineingesetzt werden, wirken unglaubwürdig und somit in hohem Maße kitschig.

Baulich besteht ein Tunnel aus den beiden Portalen und der Tunnelröhre. Für die Röhre bevorzugt man im allgemeinen die Gewölbeform, die den innerhalb der Gebirge auftretenden Gesteinsdrücken am besten standhält. Nur bei Tunnels und Unterführungen, die in der Schüttbauweise erstellt wurden, findet man zunehmend auch die Rechteckform.

Selbstverständlich wird man beim Modellbau die Tunnelröhre nur bei extrem kurzen Tunnels in der ganzen Länge von Portal zu Portal durchführen und sie nur soweit in den Berg hineinbauen, als die Sicht von außen

Abbildung oben:
Interessant gestaltetes Tunnelportal mit Steinbogenbrücke in einer Hochgebirgslandschaft. Tunnel, Stützmauern und Bogenbrücke entstanden aus HEKI-dur Mauerplatten nach eigenen Entwürfen.

Abbildung Seite 74:
Die verstellbare Lichtraumprofillehre (Hersteller: Sommerfeldt, D-7321 Hattenhofen).

hineinreicht, nicht zuletzt auch, damit die Zugänglichkeit zu den im Berg verlegten Gleisen erhalten bleibt. Im allgemeinen ist es ausreichend, wenn man den Röhrenansatz etwa 5 bis 10 cm tief plant.

Wenn es irgend möglich ist, sollte man die Tunneleingänge stets im Bereich gerader Streckenabschnitte einplanen. Andernfalls müßte man nicht nur die Portalöffnungen der ausladenden Fahrzeuge wegen entsprechend vergrößert gestalten, son-

dern auch den Ansatz der Tunnelröhre in Segmente unterteilt dem
Gleisbogen folgend konstruieren, damit die Fahrzeuge an keiner Stelle
die Wände berühren.

Zur Gestaltung der Tunnelröhren bietet die Zubehörindustrie ein reiches
Programm an Bausätzen für Tunnelportale. Doch ungeachtet des großen
Angebots findet sich nicht immer das
richtige. Oft sind die Öffnungen der
seriengefertigten Tunnelportale etwas
zu groß geraten, da sie auch für
Gleisbögen konzipiert sind, und nicht
immer passen die uniformen Modelle
stilistisch in das gewählte Landschaftskonzept. Viele Modellbauer
bevorzugen deshalb Tunnelportale
eigener Planung, die individuell auf
die gegebene Landschaftscharakteri-
stik abgestimmt und deren Tunnel-

röhren dem Lichtraumprofil der verkehrenden Fahrzeuge angepaßt sind.

Zur individuellen Gestaltung von Tunnelportalen samt der Röhrenansätze
sind die oberflächenstrukturierten
HEKI-dur-Modellbauplatten besonders gut geeignet. Wie die Bildbeispiele zeigen, gelingen mit diesem elastischen und leicht zu
bearbeitenden Material Bahnarchitek-
turen aller Art. Allerdings sind die
HEKI-dur-Platten aus dichtgeschäumtem Polystyrol in sich nicht fest genug
für tragende Konstruktionen. Deshalb
empfiehlt sich speziell für Tunnelportale eine solide Unterkonstruktion aus
Sperrholz, die nicht nur den HEKI-
dur-Platten als tragendes Gerüst

dient. Auch die Fahrleitungsverspan-
nung findet an der Holzunterkonstruktion eine sehr gute Verankerungsmöglichkeit und darüberhinaus dient
sie auch zur Befestigung des formgebenden Aluminiumgewebes beim
Gebirgsaufbau.

Wichtig beim Eigenbau von Tunnelportalen ist, daß man die Gewölbeform fachgerecht gestaltet und überdies deren Öffnungen nicht größer
plant als es der unbehinderte Verkehr mit den zum Einsatz kommenden
Fahrzeugen erfordert, denn ein zu
groß geratenes Tunnelportal wirkt
unnatürlich und in Relation zu den
verkehrenden Fahrzeugen mehr oder
weniger als Fremdkörper. So ist es

Abbildung oben:
Tunnelportal über einer zwei-
gleisigen Hauptstrecke mit vorgesetz-
tem Streckenwärterhäuschen. Im
Hintergrund sieht man eine Straßen-
tunnelröhre gleicher Bauart.

Abbildung links:
Nachbildung des Distelrasen-Südpor-
tals in der Nenngröße H0. (Hergestellt
mit HEKI-dur-Modellbauplatten von
Markus Fischer, Egg/Schweiz).

Abbildung Seite 77:
Ausschnitt aus der Musteranlage, die
nach dem Gleisplan von S. 50 gebaut
wurde. Im unteren Teil sieht man
zwei gemauerte Tunnelportale. Der
rechte kurze Tunnel ist gleichzeitig
Stützmauer der überhängenden Fels-
wand. Im oberen Anlageteil ist die
Felsnase lediglich zweimal durch-
brochen und ausgemauert. Vor-
gemauerte Blenden sind nicht vor-
handen. Der Bahnkörper unterhalb
der Felsnase ist durch eine Beton-
wand gesichert.

beispielsweise nicht erforderlich, daß
man bei einem Tunnel, das innerhalb
eines engen Gleisbogens einer
Nebenstrecke liegt, die lichten Raum-
maße realistisch langer Schnellzugwagen zugrundelegt oder bei einem
an einer dampfbetriebenen Strecke
gelegenen Tunnel den lichten Raum
freihält, wie er für Strecken mit installierter Fahrleitung benötigt wird.

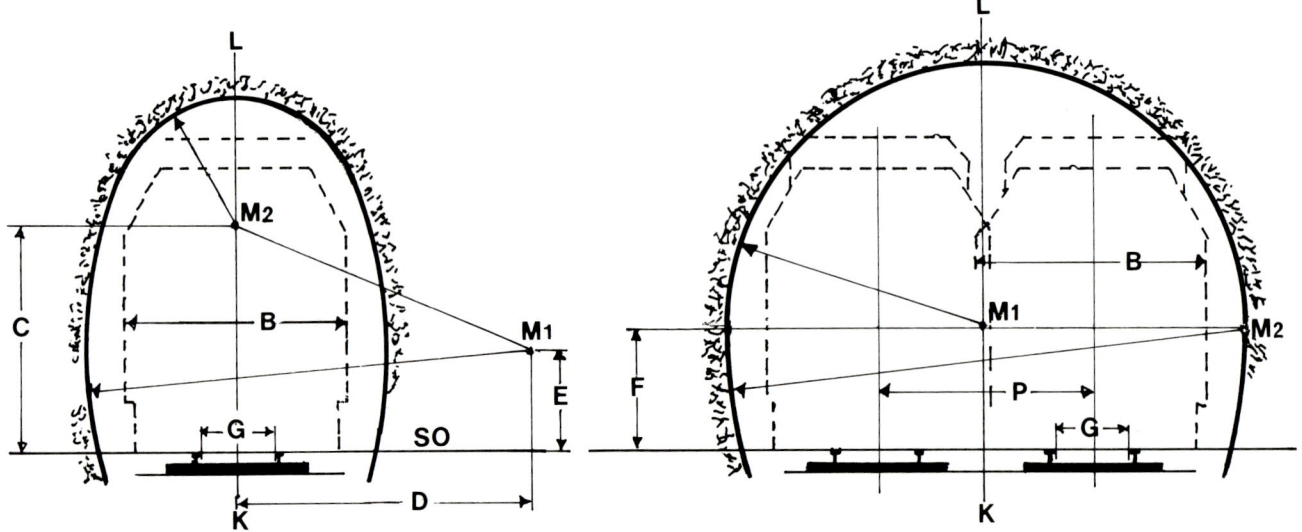

Unter Berücksichtigung des auf Seite 74 beschriebenen Lichtraumprofils erfolgt der geometrisch exakte Aufriß der Tunnelröhre wie mit den hier gezeigten Skizzen demonstriert.

Die Konstruktion des eingleisigen Gewölbetunnels gelingt indem man zunächst die Tunnelhochachse (K-L) über der Schienenoberkante (SO) zeichnet und dann die Zirkeleinstichpunkte M1 und M2 bestimmt. Die Strecke C errechnet man bei Tunnels ohne Oberleitung indem man die Spurweite (G) mit 2,2 und bei Tunnels mit Oberleitung mit 2,8 multipliziert; das Maß der Strecke E erhält man, indem man die Spurweite (G) mit dem Faktor 1,3 multipliziert. Den Wert D erhält man, indem man die lichte Breite (B) mit dem Faktor 1,4 multipliziert.
Die Darstellung des gegenüberliegenden Tunnelbogens erfolgt spiegelbildlich.

Auch bei der Konstruktion der zweigleisigen Gewölbetunnelröhre zeichnet man zuerst die Tunnelhochachse K-L. Dann werden als Position „P" der Parallelgleisabstand abgetragen und die beiden Gleiskörper entsprechend eingezeichnet. Wert F zur Bestimmung der Zirkeleinstiche M1 und M2 wird ermittelt, indem man bei Tunnels ohne Oberleitung die Spurweite (G) mit dem Faktor 1,5 und bei Tunnels mit Oberleitung mit dem Faktor 1,8 multipliziert. Beim Zeichnen der anderen Bogenhälfte wird spiegelbildlich verfahren.

Bei im Bogen geführten Tunnels muß man die seitlichen Erweiterungen miteinkalkulieren, die man entweder durch Probefahrten oder aber mit Hilfe der bereits erwähnten verstellbaren Profillehre ermitteln. Beim eingleisigen Gewölbetunnel mit Oberleitung errechnet sich der Wert C in diesem Falle aus der Spurweite (G), multipliziert mit dem Faktor 2,3 beim zweigleisigen Tunnel ohne Oberleitung multipliziert mit dem Faktor 1,7 und beim zweigleisigen Tunnel mit Oberleitung multipliziert mit dem Faktor 1,7.

Das Tunnelportal besteht in der Regel aus der Gewölbeblende und der oft kunstvoll gestalteten Ummauerung, die dem Modellbauer besonders viele Möglichkeiten kreativer

Entfaltung bietet, wenn er es nicht vorzieht, ein existentes Objekt nachzubilden, wie im Bildbeispiel auf Seite 76 gezeigt. Dessen ungeachtet können aber die kunstvollen Ummauerungen auch fehlen.

Bei Tunnelröhren, die einfach aus dem Urgestein gesprengt wurden sieht man oft nur die zum Erhalt der Tunnelform erforderliche Ausgleichsmauerung, die eine Blende nur andeutet. Während bei der erstgenannten Art mit den Polystyrol-Modellbauplatten angefangen vom schlicht gemauerten Tor bis zum wehrhaft getürmten Prunkportal im wilhelminischen Stil nahezu jede Architektur gelingt, wird man die ausgesprochenen „Felsentunnel" der zweiten Kategorie besser mit Modellgips in der

auf Seite 113 beschriebenen Technik
ausformen.

Grundsätzlich sollte man aber bei
größeren Anlagen mit vielen Tunnels
darauf achten, daß nicht einer dem
anderen gleicht. Kunstvoll gemauerte
Tunnelportale an der einen Hauptstrecke und eher schlicht gestaltete
an der Nebenstrecke beispielsweise
sind nicht nur Zeugnisse der historisch gewachsenen Infrastruktur einer
Eisenbahnlandschaft, sie bringen
auch Spannung ins Bild. Auch sollte
man eine Vielzahl doppelgleisiger
Tunnels auf der Anlage vermeiden,
indem man die Strecken auseinander-
zieht und in zwei getrennte Röhren
führt. Beim Vorbild findet man solche
Situationen oft dort, wo beim zweigleisigen Ausbau einer ursprünglich

eingleisigen Strecke der Bau einer
zweiten Röhre kostengünstiger zu
verwirklichen war als die Ausweitung
der vorhandenen.

Die moderne Betontechnologie ermöglicht neuerdings auch die Herstellung von Tunnelröhren aus einem
Guß, wobei der Beton unter hohem
Druck in die mit dem Vortrieb mit-
wandernde Schalung hineingepreßt
wird. Typisch für diese Art Tunnel ist,
daß der meist tonnenförmig in den
Berg hineinführenden Röhre kein Portal vorgesetzt ist. Sichtbar ist lediglich
das gleichmäßig geformte Röhren-
ende. Auch solche Röhrentunnelein-
gänge gelingen leicht unter Verwendung unstrukturierter HEKi-dur-Modellbauplatten, die sich sehr gut
biegen und in die vorbereiteten

Abbildung oben:
Zwei versetzt angeordnete
Tunnelportale, die durch eine Stütz-
mauer miteinander zu einer Bauein-
heit verbunden sind, hergestellt aus
Sperrholz und mit Modellbauplatten
verkleidet. Im Hintergrund sieht man
den Eingang eines modernen
Straßentunnels.

Abbildung Seite 78:
Rohbau eines im Bogen geführten
Tunneleinganges. Der Tunnel-
röhrenansatz ist bereits mit Modell-
bauplatten ausgeformt.

Sperrholzunterkonstruktionen einpassen lassen. Die Böschung wird anschließend mit Modellgips oder
plastischer Geländebaumasse ange-
formt.

79

Stützmauern und Sicherungszäune

Böschungen innerhalb der Bahnkörperbereiche, die steiler als 45 Grad geneigt sind, sind beim Vorbild, sofern es sich nicht um festen Felsuntergrund handelt, stets durch Stützmauern gesichert. In früherer Zeit wurden diese Stützmauern in Bruchstein-, Klinker- oder Ziegelmauerwerk ausgeführt. Seit der Jahrhundertwende findet jedoch der Beton seiner größeren Festigkeit und rationelleren Verarbeitungsmöglichkeiten wegen zunehmend Verwendung.

Unter den beengten Raumverhältnissen auf der Modellbahnanlage können nur selten angeschüttete Böschungen im Winkel unter 45 Grad geplant werden. So kommt es vor allem innerhalb der Bahnhofsbereiche relativ häufig vor, daß Stützmauern auszuführen sind. Damit sie nicht allzu langweilig wirken, sollte man möglichst viele Varianten wählen. Interessante Vorbilder als Studienobjekte finden sich allerorts im Überfluß.

Die Zubehörindustrie bietet eine reiche Auswahl an Kunststoff-Mauerplatten auch in Form von Arkadenbögen. Selbstverständlich können auch die Polystyrol-Modellbauplatten zur Gestaltung von Mauerwerk aller Art verwendet werden. Doch nicht immer findet man innerhalb der Bahnkörperbereiche geeignete Befestigungspunkte für die erforderliche Unterkonstruktion. So bietet sich auch hier die beim Geländebau Seite 113 näher beschriebene Verwendung von Modellgips an, der auf das vorgeformte Aluminiumgewebe dick aufgetragen und mit einer Japanspachtel (Flächenglättspachtel) glattgezogen wird. Nach der Verfestigung gelingt es dann leicht, die Mauerwerksfugen mit einem Schnitzmesser einzuritzen. Man kann die Flächen aber auch unbearbeitet belassen und lediglich mit Dispersionslasurfarbe behandeln als Sichtbeton gestalten.

Stützmauern sind von der Bergseite her stets durch hohe Wasserdrücke gefährdet. Deshalb springen beim Vorbild die zur Wasserableitung ein-

gebrachten Dränrohre ins Auge, die man auch im Modell durch Einleimen von Trinkhalmen in entsprechend vorgebohrte Löcher treffend nachbilden kann. Da Bergwasser meist stark mit Kalk angereichert ist, der beim Austritt auskristallisiert, sind weiße Kalkfahnen unterhalb dieser Abflußrohre typisch. Die Imitation dieser Kalkfahnen gelingt sehr realistisch mit weißer Plakatfarbe, die mit spitzem Pinsel unterhalb des Röhrenaustritts aufgetragen und anschließend mit der Fingerkuppe vorsichtig nach unten ziehend ausgewischt wird.

Ziegel- und Klinkerwände zeigen oft Frostschäden, die sich in ihren reinen Materialfarben mitunter recht deutlich aus der Rußpatina der übrigen Flächen hervorheben. Solche Farbschattierungen, beim Vorbild eher Zeichen ungepflegter Bausubstanz, sind bei der Modellbahngestaltung willkommene Effekte, die das Gesamtbild ungemein beleben. Auch Moos- und Flechtenbewuchs machen Mauerwerk interessanter (Anwendungstechnik siehe Seite 108) und wirken insbesondere bei größeren Flächen der Monotonie entgegen.

Letztlich müssen die Bahnkörper auch gegen Steinschlag, Erdrutsche und Felsstürze ausreichend gesichert sein.

Abbildung oben:
Vorbildlich durch Stützmauern und Geröllfangwehren gesicherter Bahnkörper.

Abbildung Seite 81:
Beispielhaft gestaltetes Schiefergebirge mit Burg und Betonstützmauer, die aus Modellgips entstand und mit Dispersionslasur patiniert wurde.

Beim Vorbild verwendet man zum Bau solcher Fangwehren meist Materialien, wie sie auch zum Gleisbau benutzt werden: Schienen und Schwellenhölzer. Für schwerere Konstruktionen finden auch Baumstämme Verwendung. Beim Nachvollzug im Modell wird man deshalb ähnlich verfahren. Mit Rostfarbe bemalte Modellbahnschienen wie sie oft als Reste beim Zuschnitt der Flexgleise anfallen, bilden in Verbindung mit Streichhölzern die idealen Grundmaterialien. Und Ahornzweige entsprechenden Durchmessers liefern die Baumstämme für die schwereren Geröllfangwehren.

Auch die meist aus Beton vorgebauten Lawinenüberdachungen, wie sie für Hochgebirgsstrecken typisch sind, können dankbare Objekte sein, die zum Nachbau reizen. Man fertigt sie vorteilhaft aus 6 mm-Sperrholz.

Brücken und Viadukte

Brücken und Viadukte zählen zu den markantesten Details einer Modelleisenbahnanlage. Gleichzeitig stellen sie die höchsten Anforderungen an das Einfühlungsvermögen des Gestalters, denn wie kaum ein anderes Detail kann eine Brücke oder ein Viadukt das Landschaftsbild in positivem, aber auch in negativem Sinne beeinflussen.

Bei allen Überlegungen muß man den Zweck einer Brücke in den Vordergrund stellen, nämlich die Überführung von Verkehrswegen über Hindernisse hinweg. Das Hindernis, beispielsweise ein Tal, ein Fluß oder aber andere, kreuzende Verkehrswege, bestimmt im wesentlichen Höhe und Stützweite einer Brücke. Ihren Konstruktionen entsprechend unterscheidet man zwischen Balken-, Bogen-, Rahmen- und Hängebrücken. Als Sonderformen gibt es noch Dreh-, Klapp- und Schiebebrücken. Die Wahl des Brückensystems wird in erster Linie durch das gegebene Geländeprofil, die Baugrundverhältnisse und durch die Art des tragenden Verkehrssystems bestimmt. Auch

landschaftspflegerische Gesichtspunkte spielen eine nicht unerhebliche Rolle bei der Wahl der Architektur.

Beim Planen einer Brücke wird als erstes die „Stützweite" festgelegt, gemeint ist damit die Weite zwischen den Auflagern. Auch die „lichte Höhe", die Durchfahrtshöhe also und auch die Durchfahrtsbreite sind wichtige Maße, die vor allem für den unterführenden Verkehr von Bedeutung sind. Die „Spannweite" letztlich gibt Auskunft über die Gesamtlänge einer Brücke.

Die stählerne Vollwandblechträgerbrücke, bei der die Fahrbahn auf dem Baukörper liegt, erlaubt keine große Bauhöhen und ist nur geeignet zur Überwindung von Hindernissen bis zu 30 Metern. Entsprechend beschränken sich auch die Einsatzgebiete auf der Modellbahnanlage.

Bei der Fachwerkträgerbrücke liegt die Fahrbahn im unteren Teil der Konstruktion. Somit ergibt sich ein größerer lichter Raum unter der Brücke. Wie bei allen Stahlbrücken liegt auch die Fachwerkbrücke auf

Abbildung oben:
Das Foto zeigt drei größere Flußbrükken, die nach eigenen Plänen entstanden. Die hintere moderne Pilonbrücke wurde aus Sperrholz hergestellt. Bei der mittleren Stahlträger-Fachwerkbrücke handelt es sich um eine Kombination aus vorgefertigten Bausatzbrückenteilen und selbstgefertigten Pfeilern und Auflagern aus HEKI-dur. Die Konstruktion der vorderen, lediglich im Anschnitt zu sehenden Straßenbrücke gelang aus Zeichenkarton und unstrukturierten HEKI-dur-Platten.

den Widerlagern punktförmig auf. In der Regel werden Stahlfachwerkbrücken mit Stützhöhen bis zu 80 Metern gebaut. Zur Überwindung größerer Hindernisse ist es üblich, mehrere solcher Konstruktionseinheiten aneinanderzureihen. Die einzelnen Elemente ruhen dann auf Brückenpfeilern, die mit den entsprechenden Zwischenauflagern ausgestattet sind.

Gemauerte Viadukte mit Gewölbebögen überwinden tiefe Täler oder Schluchten. Da die Anzahl der Segmente praktisch unbegrenzt ist, können auch sehr weite Hindernisse überspannt werden. Aus Kostengründen werden Steinviadukte heute nicht mehr gebaut. Dessen ungeachtet findet man sie als Zeugen vergangener Epochen vielfach noch in unserer Landschaft und sie erfreuen sich auch auf der Modellbahnanlage großer Beliebtheit. Größere Viaduktneubauten werden heute vorzugsweise als Spannbetonbrücken oder Hängebrücken ausgeführt.

Bei der Verwendung von Brückenbausätzen, wie sie die namhaften Zubehörhersteller anbieten, muß man sich im Hinblick auf die vorbildtreue Wiedergabe der einzelnen Details nur wenig Gedanken machen, denn, sofern man die Bausatzmodelle genau nach Werksanweisung zusammenbaut, werden Stilfehler vermieden.

Wie die Bilder zeigen, werden aber die seriengefertigten Modellbrücken oft abweichend von den Herstellerempfehlungen mit Elementen eigener Planung kombiniert. Gegen diese Praxis ist absolut nichts einzuwenden, ganz im Gegenteil entstehen auf diesem Wege oft bemerkenswerte Neuschöpfungen eigener Kreativität. In diesen Fällen muß man aber sehr darauf achten, daß die Details der eigenen Schöpfung funktionsgerecht und die Anschlüsse fachlich richtig ausgeführt sind. Wer nicht gerade beruflich mit dem Brückenbau zu tun hat, sollte sich an geeigneten Vorbildfotos orientieren, damit er nichts falsch macht.

In diesem Zusammenhang sei auch erwähnt, daß die meisten im Handel erhältlichen Brückenmodelle ausschließlich für die Horizontallage konzipiert sind und niemals geneigt eingebaut werden dürfen. Dies gilt insbesondere für Gitterfachwerkkonstruktionen, aber auch für gemauerte Viadukte.
Bei einer ernst zu nehmenden Modellbahnanlage wäre selbst eine geringe Schräglage von 1 bis 2 Grad ein unverzeihlicher Stilbruch.

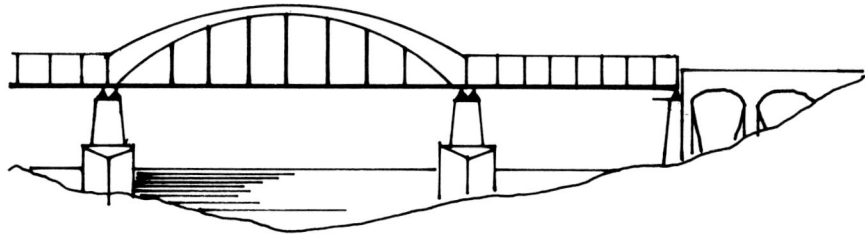
Strombrücke

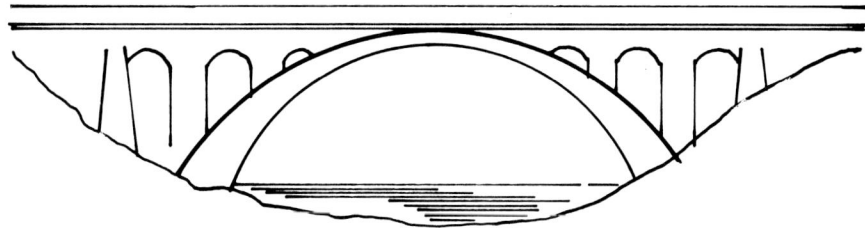
Gemauertes Bogenviadukt

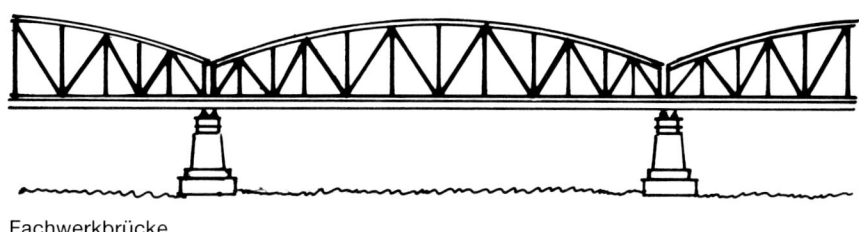
Fachwerkbrücke

Bogenbrücke

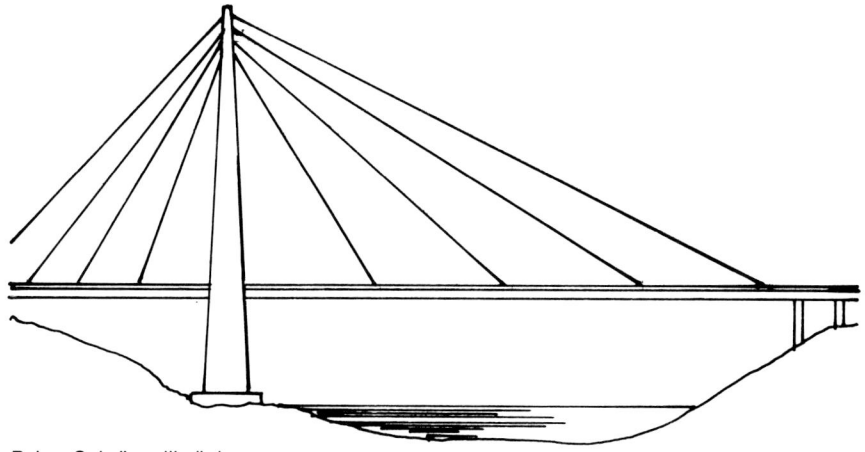
Pylon-Schrägseilbrücke

Wenn das zu überspannende Hindernis innerhalb einer geneigten Strecke liegt und die Horizontallage nicht möglich ist, wird man die Brücke aus Rampenteilen konstruieren, die für den geneigten Einbau konzipiert sind. Auch ein gemauertes Viadukt mit geneigter Trasse ist möglich, wenn die Gewölbebögen und Mauerwerk vertikal bzw. horizontal ausgerichtet sind (siehe Skizze). Solche Bauwerke sind allerdings nicht als Bausätze lieferbar und müßten nach eigenen Plänen gebaut werden.

Die Unterkonstruktion einer gemauerten Brückenarchitektur könnte, wie mit der Bildfolge gezeigt, aus Sperrholz (6 bis 8 mm) und stabilem Zeichenkarton entstehen. Als Verkleidung dienen Polystyrol-Modellbauplatten.

Grundsätzlich sollten die 3 mm-starken Strukturplatten aus dicht-geschäumtem Polystyrol im Brückenbau nie ohne entsprechende Versteifung verarbeitet werden. Punktweises Befestigen an einer Spantenkonstruktion beispielsweise genügt nicht. Vielmehr muß eine planebene, durchgehende Auflagefläche vorhanden sein. Für eine ausreichende Versteifung genügt allerdings auch der erwähnte Zeichenkarton, wenn es sich um nichttragende Teile handelt.

Der erfahrene Modellbauer wird die Planung zu einem solchen Brückenmodell stets am Reißbrett vornehmen und die Details im Original-Baumaßstab auf Transparentpapier übertragen. Mit unterlegtem Kohlepapier lassen sich anschließend die Schnittlinien auf die glatten Rückseiten der Polystyrol-Platten übertragen. Bei Formen, die sich mehrfach wiederholen, wie zum Beispiel bei diesen Gewölbesegmenten, empfiehlt sich die Anfertigung einer Zeichenschablone aus dickem Karton.

Abbildung oben:
Die gelungene Konstruktion einer Schmalspureisenbahnbrücke nach eigenen Plänen. Sie entstand aus Brückenteilen eines H0-Bausatzes von FALLER und den aus HEKI-dur gemauerten Brückenköpfen.

Bei dem hier im Bild gezeigten Eisenbahnviadukt setzt sich die Konstruktion aus mehreren Gewölbesegmenten zusammen, deren trapezförmige Grundrisse sinngemäß aneinandergefügt und getreu der Vorbildarchitektur die Bogenführung ergeben. Die Konstruktion besteht aus den durch Stege und der aufgeleimten Trasse verbundenen Seitenteile aus 8 mm starkem Sperrholz. Die Verkleidung der inneren Gewölbebögen und Seitenwände erfolgte mit Verpackungskarton, der zusätzlich mit Nitrolack (Clou Schnellschleifgrund) verfestigt wurde. Zur Befestigung der Oberleitungsmasten wurden vorgebohrte Holzklötzchen an die Seitenteile geleimt.

Versierten Bastlern gelingt auch der Eigenbau von Stahlbrücken. Geeignete Profile aus Metall und Kunststoff werden im Fachhandel angeboten (z. B. FALLER, VOLLMER und BRAWA). Doch setzen solche Konstruktionen mehr Erfahrung und eingehende Studien an entsprechenden Objekten des großtechnischen Vorbildes voraus.

Schließlich bedürfen auch die „Dammunterführungen" als die kleinsten Brückenbauwerke der Erwähnung. Sie sind allerorts dort anzutreffen, wo die Bahnkörper als höhere Dämme ausgebildet sind und dienen entweder dem landwirtschaftlichen Verkehr oder kleinen Gewässern als Durchgang. Die Dammunterführungen können entweder in Gewölbeform gemauert oder aus Beton in Rechteckform beschaffen sein. Auch hier gelingt der Nachvollzug leicht unter Verwendung der Polystyrol-Modellbauplatten auf einer Unterkonstruktion aus Sperrholz – siehe Seite 110.

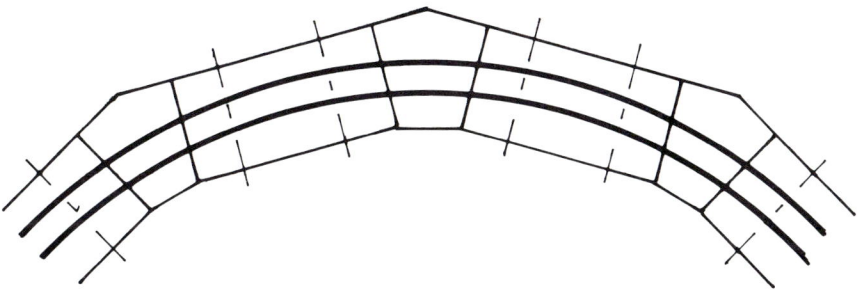

Grundrißschema eines im Bogen geführten gemauerten Viaduktes

Tips zur Installation der Oberleitung

Wo Elektrolokomotiven verkehren, muß auch eine elektrische Fahrleitung (Oberleitung) vorhanden sein. Und dies gilt selbstverständlich auch für die Modelleisenbahnanlage, denn es gibt wohl kaum einen eklatanteren Stilbruch als das Bild einer Elektrolokomotive auf einem fahrleitungslosen Gleis.

In diesem Zusammenhang stellt sich natürlich die Frage, ob die Modellbahnfahrleitung auch stromführend sein muß oder aber lediglich als Attrappe installiert wird. Zumal die meisten Modell-Elektrolokomotiven auf „Oberleitungsfahrbetrieb" umschaltbar sind und weder die Fahrstromeinspeisung noch die Fahrstrom-

Abbildung oben:
Das fertig gestaltete und eingebaute Viadukt in der Nenngröße H0m, gestaltet mit den HEKI-dur-Modellbauplatten „Festungsmauerwerk" (dieses Modell wurde im Jahre 1989 für den Fernsehfilm „Liebe, Tod und Eisenbahn" vom Verfasser gebaut).

Abbildungen links von oben nach unten:

— *die auf Transparentpapier gezeichnete Werkpause zu dem rechts im Bild gezeigten Steinbogenviadukt,*
— *die aus 4-mm-Sperrholz gefertigten Segmente sind bereits zum tragenden Gerippe verleimt,*
— *die teilweise mit HEKI-dur-Modellbauplatten verkleidete Steinbogenbrücke.*

regelung ein technisches Problem darstellt, sollte man meinen, daß die meisten Modellbahner die Möglichkeit der Steuerung von zwei Zügen auf einem Gleisabschnitt nutzen. Dem ist aber nicht so; nur wenige Modellbahnanlagen sind mit einer funktionsfähigen Oberleitung ausgestattet.

Tatsächlich gibt es eine Reihe von stichhaltigen Gründen, die gegen eine funktionsfähige Oberleitung sprechen. An erster Stelle dürfte es der erheblich höhere Kostenaufwand sein, wobei einmal zu Buche schlägt, daß auch die unterführten Streckenbereiche mit dem stromführenden Fahrdraht überspannt werden müssen. Der weit größere Kostenfaktor ist aber im zusätzlichen Schaltungsaufwand zu suchen, da beim echten Zweizugbetrieb jede signalabhängige Fahrstromeinspeisung doppelt ausgelegt sein muß. Und damit auch alles richtig funktioniert, ist es außerdem erforderlich, die Fahrleitungsdrähte über den Gleisverbindungen mit Hilfe spezieller Isolierstücke elektrisch zu trennen. Und außerdem, vom höheren Installationsaufwand einmal ganz abgesehen, wirken die Fahrdrahtisolierungen optisch sehr störend vor allem bei Fahrdrahtver-

spannungen, die mit sehr dünnen Drähten ausgeführt sind.

Ein weiteres wichtiges Argument gegen die konsequent auch im nichteinsehbaren Anlagenbereich installierte Oberleitung ist ferner der insbesondere bei den maßstäblich kleineren Bahnen mitunter stark eingeschränkte Zugang zu den Gleisen. Da bei einer Modellbahnanlage, von der man einen absolut störungsfreien Betrieb erwartet, von Zeit zu Zeit auch die Schienen von Hand gereinigt werden müssen, kann die „unterirdische Oberleitung" ein lästiges Hindernis sein, insbesondere, wenn kreuzende Strecken, Gleiswendel oder größere Schattenbahnhöfe vorhanden sind.

Wird die Oberleitung nicht funktionsfähig installiert, kann man auf die Gleisüberspannungen innerhalb der nicht einsehbar untertunnelten Streckenbereiche verzichten. In diesem Falle werden die Dachstromabnehmer der ausfahrenden Elektrolokomotiven durch spezielle, an den Tunnelrückseiten angebrachte Fangbügel – siehe Abbildung Seite 88 – sanft auf das Fahrdrahtniveau heruntergedrückt. Solche Fangbügel lassen sich leicht herstellen, indem man den

Abbildung oben:
Bahnkörperaufbau mit fachgerecht installierter Oberleitung. Wie beim Vorbild liegen die Mastfundamente in der Böschung. Beachtenswert ist ferner, daß auch an der hinteren, ansteigenden Trasse die Masten korrekt senkrecht ausgerichtet sind.

Abbildung Seite 87:
Beispielhaft gestaltetes Landschaftsmotiv mit Steinbogenviadukt und installierter Oberleitung mit Holzmasten nach dem Vorbild der Furka-Oberalp-Schmalspurbahn.

Fahrdraht über eine an der Portalrückseite befestigte Holzkufe führt und an einem Ausleger oder am nächstliegenden Vertikalspant mit Hilfe einer Feder und einer Schrauböse oberhalb des Fahrdrahtniveaus verspannt. Da die Elektrolokomotiven auf den nichtüberspannten Gleisen im Untergrund mit ausgefahrenen Dachstromabnehmern verkehren, muß man schon bei der Anlagenplanung die Durchfahrtshöhen entsprechend kalkulieren.

Es gibt Modellbahn-Oberleitungen mit starr über den Gleislängsachsen angeordneten Fahrdrähten und solche, die auf vorbildtreue Zickzack-Verspannung ausgelegt sind (z. B. System Sommerfeldt). Dem Vorzug der einfacheren Installationsarbeit steht den erstgenannten Oberleitungen als Nachteil die Tatsache gegenüber, daß die Fahrdrähte in den Kurven vorbildwidrig den betreffenden Radien folgend gebogen werden müssen. Sehr viel natürlicher wirkt die unter Verwendung realistisch dünner Fahrdrähte vorbildtreu im Zickzack verspannte Oberleitung, die allerdings eine erheblich aufwendigere, millimetergetreue Montagearbeit bedingt und außerdem auch eine solide Anlageunterkonstruktion erfordert, da die Fahrdrahtverspannung eine relativ hohe Zugbelastung auf die Masten ausübt. Aus dem gleichen Grund sind bei verspannten Oberleitungen Metallmasten solchen aus Kunststoff vorzuziehen.

Auf die Besonderheiten der Montagetechnik soll hier nicht näher eingegangen werden. Die betreffenden Hersteller verfügen über ausführliche Montageanleitungen. Vielmehr beschränken sich die folgenden Hinweise auf allgemeine Regeln, die die optische Wirkung betreffen.

Wie beim Vorbild müssen auch im Modell die Fahrleitungsmasten in ausreichendem Sicherheitsabstand zu den Gleisen aufgestellt werden, so daß die in den Kurven ausscherenden Fahrzeuge nicht anstoßen – siehe „Lichtraumprofile" Seite 74. Aus optischen Gründen kann man jedoch das Planum (Unterbaukrone) nicht so weit verbreitern, daß auch die Masten darauf Platz finden. Vielmehr müssen die Fahrleitungsmasten vorbildtreu an den Böschungen aufgestellt werden. Für den nötigen Halt sorgt ein entsprechend zugeschnittener Holzsteg – siehe Abbildung Seite 86 – der vorteilhaft mit schnellhärtendem

Schmelzkleber (z. B. UHU-Schmelz-kleber) an der Trassenunterseite verklebt wird. Bei geneigten Trassen wird der Steg im jeweils gegenläufigen Winkel der Neigung angepaßt, so daß der ausladende Teil dem Mastfuß eine von der Neigung unabhängige waagrechte Montagefläche bietet. Grundsätzlich nämlich stehen die Fahrleitungsmasten auch an geneigten Strecken senkrecht; ein Umstand, der vom Anfänger oft nicht berücksichtigt wird. Im Neigungswinkel der Trasse aufgestellte Fahrleitungsmasten bieten jedoch ein äußerst negatives Bild und können nicht toleriert werden.

Für die günstige Optik ist es ferner wichtig, daß die Maststandorte in Abhängigkeit der fachgerechten Fahrdrahtverspannung überlegt ausgewählt werden und man außerdem die Anzahl auf das notwendige Mindestmaß beschränkt. Innerhalb von Bahnhöfen und beim Überspannen von Strecken mit mehr als zwei Gleisen empfiehlt sich die Verwendung von Tragwerken. Und beim Überspannen von zweigleisigen

Abbildung oben:
Die Rückseite eines vorbildlich gestalteten Tunnelportals mit dem Fangbügel und dem mit Heißkleber befestigten Ausleger zum Abspannen des Oberleitungsfahrdrahtes.

Strecken sollte man darauf achten, daß die Streckenmasten im Winkel von 90 Grad zur Gleismittelachse paarweise einander gegenüberstehend aufgestellt werden.

Letztlich sei noch darauf hingewiesen, daß dem Vorbild entsprechend aus Sicherheitsgründen bestimmte Gleise nicht mit einer elektrischen Fahrleitung überspannt werden dürfen wie beispielsweise Ladegleise mit Kran- und Schüttverladung und Gleise innerhalb der Bereiche von Tankanlagen. Solche Gleise, auf denen der Rangierbetrieb ausschließlich mit Diesellokomotiven durchgeführt wird, finden sich vornehmlich in Hafen- und Industrieanlagen, in Schotterwerken und Container-Terminals.

Die Anlagensteuerung

Nachdem der Anlagenrohbau fertiggestellt ist und die Gleise verlegt
sind, sollte man die elektrische Installationsarbeit vornehmen und anschließend durch Probefahrten feststellen,
ob alles richtig funktioniert. Erst dann
wird man mit dem Geländebau
beginnen. Sind Streckenabschnitte
nach erfolgter Geländegestaltung teilweise verdeckt oder nicht mehr
unbehindert zugänglich, wäre es im
anderen Falle ungleich schwieriger,
die elektrischen Anschlüsse herzustellen und die für die Zuleitungen
erforderlichen Kabelstränge zwischen
dem Spantenaufbau hindurch zu verlegen. Und nicht zuletzt wären eventuelle Korrekturen an den Gleiskörpern selbst, falls die Probeläufe nicht
allerorts zufriedenstellend ausfallen
sollten, kaum oder nur mit hohem
Aufwand möglich.

Der logischen Reihenfolge der
Arbeitsabläufe entsprechend befaßt
sich dieser Abschnitt mit der An-
lagensteuerung allerdings nur
insoweit, als dieses Thema im Hinblick auf das angestrebte Gestal-
tungsniveau von Interesse ist. Dazu
zählen neben der Fahrbetriebssicher-
heit auch eine optisch ansprechende
Steuerzentrale und sinnvolle automatische Steuerhilfen. Dieser Beitrag
soll also in erster Linie eine Übersicht
der technischen Möglichkeiten bieten
und anwendungstechnische Tips vermitteln, er kann aber innerhalb des
vorgegebenen Rahmens keine umfas-
sende anschlußtechnische Anleitung
sein.

Abbildung oben:
Lötarbeit am Schaltkasten eines
Modellbahn-Gleisbildstellwerkes.

Steuern von Modellbahnzügen

Wie bereits im ersten Kapitel erwähnt, unterscheidet man hinsichtlich
der Betriebsstromart zwischen elektrischen Modelleisenbahnen, die mit
Gleichstrom und solchen, die mit
Wechselstrom betrieben werden. Die
kleinste Gleichstrombahn in der
Nenngröße Z fährt mit einer Maximalspannung von 9 Volt. Alle anderen
Gleichstrombahnen sind auf eine

maximale Betriebsspannung von
14 Volt ausgelegt. Wechselstrombahnen, die es, mit Ausnahme von einigen Großbahnen, nur in der Nenngröße HO gibt, werden mit einer
Maximalspannung von 16 Volt betrieben. Nur bei digital gesteuerten
Wechselstrombahnen liegt eine kon-
stante Betriebsspannung von 22 Volt
am Gleis.
Der augenfälligste Unterschied zwischen einer Gleichstrombahn und

89

einer Wechselstrombahn liegt im Steuern der Fahrtrichtung. Bei einer Gleichstromlokomotive erfolgt der Fahrtrichtungswechsel durch Fahrstromumpolung am Reglerknopf des zugeordneten Fahrgerätes oder über einen Polwendeschalter. Bei einer Wechselstromlokomotive hingegen ist dies, bedingt durch die ständig wechselnde Polarität des Wechselstroms nicht möglich. Vielmehr wird hier die Fahrtrichtung durch ein eingebautes elektromagnetisch oder elektronisch arbeitendes Relais gewechselt, das auf im Fahrgerät ausgelöste Überspannungsimpulse (ca. 28 Volt) reagiert.

Das zweite Unterscheidungsmerkmal zwischen einer Gleich- und einer Wechselstrombahn bezieht sich, allerdings nicht immer korrekt dargestellt, auf die unterschiedliche Stromaufnahme aus den unterschiedlich gestalteten Modellbahngleisen. Wie bereits an anderer Stelle erwähnt, ist also die Unterschiedlichkeit bei den Gleissystemen nicht durch die Betriebsstromart bedingt und resultiert alleine aus der Tatsache, daß der Marktführer MÄRKLIN, der als Alleinhersteller das Mittelleiter-Punktkontakt-Gleissystem anbietet, auch die H0-Modelle seiner Marke ausschließlich für den Betrieb auf diesen Gleisen vorsieht, während die Gleichstrombahnen mit nur wenigen Ausnahmen auf Zweileitergleisen verkehren. Somit ist es auch nicht unbedingt falsch, wenn man von „Wechselstrombahnen" spricht und schlechthin damit das Mittelleiter-Punktkontakt-System meint und im Gegensatz dazu mit „Gleichstrombahn" alle Zweileiterbahnen bezeichnet, wobei es wirklich unerheblich ist, daß MÄRKLIN auch Lokomotiven in der Nenngröße I für Wechselstrombetrieb anbietet, die auf Zweileitergleisen verkehren.

Den Betriebsstrom liefert der Modellbahntransformator. Er verwandelt den Hausnetzstrom in die ungefährliche Niederspannung. Die eigentliche Fahrstromregelung erfolgt jedoch in der konventionellen Steuerungstechnik entweder durch externe Regelgeräte, die an einen Modellbahntransformator angeschlossen werden

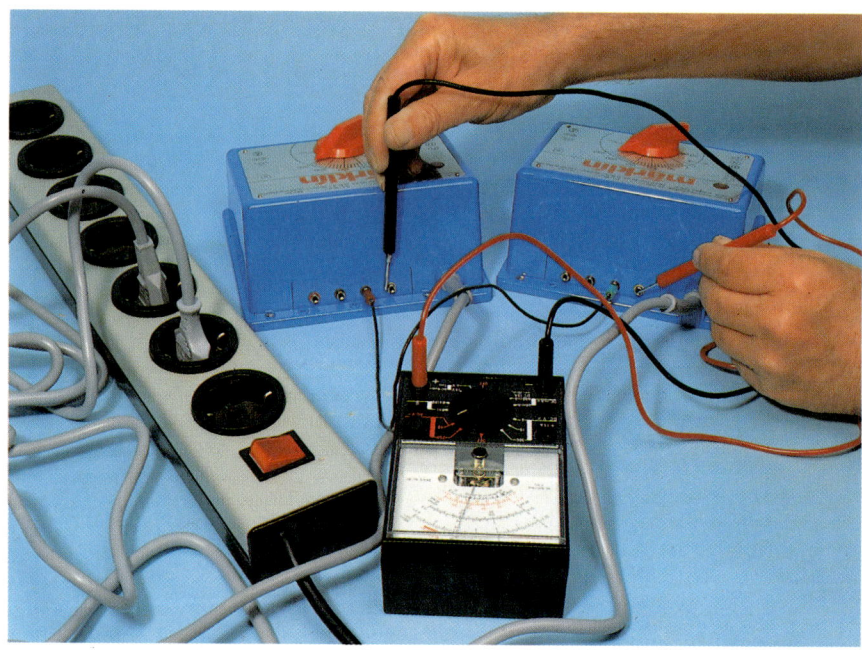

oder aber über einen im gleichen Transformatorengehäuse eingebauten Regler. Man bezeichnete diese kombinierten Ausführungen auch als „Modellbahnfahrgeräte", die es ebenso wie die externen Regelgeräte für Gleich- und Wechselstromfahrbetrieb gibt.

Die meisten Modellbahnfahrgeräte haben zwei getrennte Ausgänge: den Lichtausgang und den Fahrstromausgang. Fast ausnahmslos wird das übliche elektrische Modellbahnzubehör wie Beleuchtungs- und Magnetartikel mit 16 Volt Wechselstrom betrieben, der meist am Lichtausgang entnommen wird. Am Fahrstromausgang hingegen steht der regelbare Fahrstrom zur Verfügung; bei Wechselstrombahnen die Wechselspannung und bei Gleichstromfahrgeräten die Gleichspannung.

Bei größeren Anlagen, die mit mehreren Fahrgeräten betrieben werden, ist es üblich, und bei elektronisch gesteuertem Fahrbetrieb außerdem unverzichtbar, daß die Lichtausgänge an eine gemeinsame Masse angeschlossen werden. Nicht zuletzt aus Sicherheitsgründen ist es dann erforderlich, alle auf diese Weise miteinander verbundenen Fahrgeräte und Lichttransformatoren elektrisch gleichzupolen, um ein Gegeneinanderarbeiten der Geräte zu vermeiden. Ungleich gepolte Trafos sind oft

auch die Ursache lästiger Störungen bei elektronisch gesteuertem Automatikfahrbetrieb.

Die Polarität der Transformatoren wird folgendermaßen geprüft: Die ersten beiden Fahrgeräte werden an das Netz angeschlossen, dann werden beide Geräte durch eine Drahtbrücke über die Massebuchsen ihrer Wechselstromausgänge miteinander verbunden und letztlich wird an die beiden anderen, noch freien Buchsen der Wechselstromausgänge ein Meßgerät angeschlossen. Wird bei voll aufgedrehtem Regler keine oder nur geringe Spannung angezeigt, ist die Polung richtig. Wird hingegen die doppelte Sollspannung angezeigt, ist die Polung falsch. In diesem letzteren Falle muß der Netzstecker eines der beiden Trafos gezogen und um 180 Grad gedreht wieder in die Steckdose eingeführt werden. Bei jedem weiteren anzuschließenden Gerät ist genauso zu verfahren. Damit die Prozedur nicht jedesmal bei Inbetriebnahme der Bahn wiederholt werden muß, empfiehlt es sich, die Hausnetzstromversorgung der Anlage über eine handelsübliche Mehrfachsteckerleiste mit Ein- und Ausschalter vorzunehmen — siehe Abbildung oben. Übrigens: Bei Wechselstrombahnen sind starke Funkenbildungen beim Überfahren der Stromkreistrennstellen ein Hinweis auf falsch gepolte Fahrgeräte.

Wichtiges Merkmal der Modellbahn-
transformatoren und -Fahrgeräte ist
die an den Anschlußbuchsen zur Verfügung stehende Leistung, die bei
Gleichstrom in Watt (W) und bei
Wechselstrom in Voltampere (VA)
angegeben wird. Meist wird aber
auch bei Gleichstromfahrgeräten die
an der Ausgangsseite des Transfor-
mators, also vor dem eingebauten
Gleichrichter zur Verfügung stehende
Leistung in VA angegeben. Im allgemeinen verfügen die am Markt erhältlichen Modellbahnfahrgeräte über
eine Leistung von 15 bis 30 VA. Bei
einer durchschnittlichen Leistungs-
aufnahme eines Triebfahrzeuges von
15 VA wäre also ein solches Gerät mit
einer Ausgangsleistung von 30 VA
ausgelegt auf das Steuern von zwei
Modellbahnzügen, wenn kein Zubehör zusätzlich angeschlossen wird.
Es gibt aber auch spezielle Modell-
bahntransformatoren mit einer Ausgangsleistung bis zu 100 VA. Geräte
mit höheren Ausgangsleistungen sind
der Brandgefahr bei Kurzschlüssen
wegen für den Modellbahnbetrieb
nicht empfehlenswert.

Neben den einfachen regelbaren
Modellbahntrafos gibt es auch noch
solche mit elektronisch modifiziertem
Regelteil wie zum Beispiel mit Halb-
wellenanfahrt oder Impulsbreiten-
steuerung. Im Vergleich mit den einfachen herkömmlichen Regelgeräten
gelingen hier bei handgeregeltem
Betrieb sanfteres Anfahren und fein-
abgestimmte Langsamfahrten. Außerdem gibt es noch vollelektronische
Fahrgeräte mit eingebauter Anfahr-
und Bremsverzögerung und last-
abhängig geregelter Fahrspannungs-
abgabe.

Beim konventionell gesteuerten
Modellbahnfahrbetrieb unter Verwendung der genannten Regelgeräte,
kann man mit einem Fahrregler
jeweils nur einen Stromkreis steuern,
das heißt, daß alle innerhalb des
gleichen Stromkreises befindlichen
Züge gleich reagieren: Dreht man
den Regler auf, fahren sie schneller,
dreht man den Regler zurück, fahren
sie langsamer und dreht man ihn auf
Nullstellung, bleiben alle Züge
stehen. Unabhängiger Mehrzugbetrieb, der über mehrere Regel-

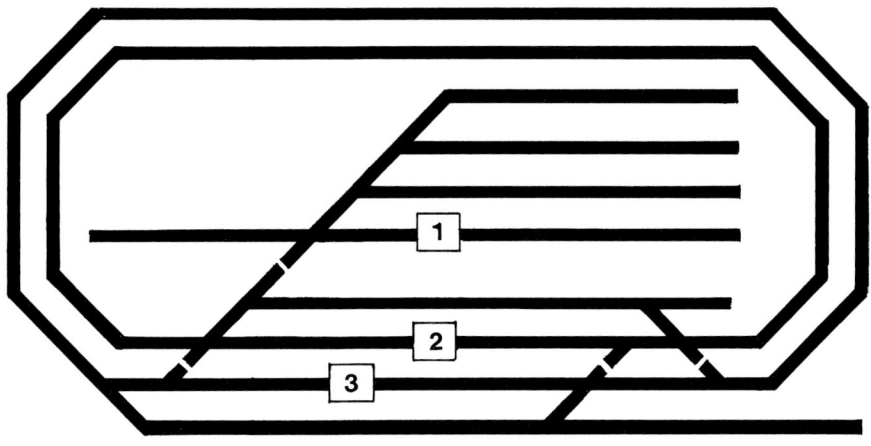

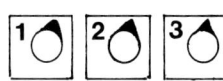

**Fahrstromkreiseinteilung
bei der A-Schaltung**

geräte gesteuert werden kann,
gelingt also nur, wenn man die
Anlage in mehrere Stromkreise unterteilt. Durch Abschalten einzelner
Streckenabschnitte, die elektrisch von
den anderen getrennt sind, ist es ferner möglich, einzelne Züge von der
allgemeinen Fahrstromversorgung
auszunehmen. Nutzt man beide Möglichkeiten geschickt, beispielsweise
durch überlegte Stromkreisteilung
der Anlage und durch signal-
gesteuerte Fahrstromzuschaltung der
elektrisch abgetrennten Gleisabschnitte, bietet auch die konven-
tionelle Steuerung viele interessante
Fahrbetriebsmöglichkeiten, die
außerdem durch zuggesteuerte Auto-
matikschaltungen beträchtlich erwei-
tert werden können.

Im Gegensatz zu der beschriebenen
konventionellen Steuerung gibt es
neuerdings auch die digitale Modellbahnsteuerung. Hierbei werden die
Züge nicht über den Fahrstrom
gesteuert, sondern auf dem Weg der
Informationsübertragung. Die Steuer-
befehle werden in ein Eingabegerät
eingegeben und dort in elektrische
Signale umgewandelt, die auf den in
voller Maximalspannung am Gleis
anliegenden Fahrstrom aufmoduliert
und nur von dem Triebfahrzeug
empfangen werden können, das über
einen entsprechend codierten
Empfängerbaustein verfügt. Ein solcher Steuerbefehl kann beispielsweise bewirken, daß das betreffende
Fahrzeug nur so viel Betriebsenergie
aus den Schienen aufnimmt, wie

benötigt wird, um mit der am Steuer-
gerät eingegebenen Geschwindigkeit
zu fahren. Die Lokomotive behält
dann diese Geschwindigkeit bei, bis
sie einen anderen Befehl erhält.
Zwischenzeitlich können andere Fahrzeuge über andere Codierungen auf-
gerufen und mit anderen Steuer-
befehlen bedacht werden. Auf diese
Weise ist es je nach System möglich,
bis zu 80 Züge individuell zu steuern.

Der Vorteil einer solchen Mehrzug-
steuerung liegt in dem Umstand, daß
auf der Anlage viele Züge unabhängig von zugeordneten Stromkreisen
gesteuert werden können. Entsprechend geringer ist außerdem der
Verkabelungsaufwand, zumal auch
die Weichen- und Signalsteuerung in
das digitale System einbezogen werden können. Von Nachteil ist allerdings, daß auf der digitalisierten Anlage nur Triebfahrzeuge verkehren
und Relais geschaltet werden können,
die mit Empfängerbausteinen ausge-
rüstet und die ihren Codierungen entsprechend äußerlich gekennzeichnet
sind.

*Abbildung Seite 90:
Überprüfung der elektrischen Polung
von zwei Modellbahn-Fahrgeräten.
Da das Meßgerät die doppelte Sollspannung anzeigt, ist die Polung
falsch. Demnach muß ein Stecker in
der Steckerleiste gewendet werden.*

Die Modellbahnsignale

Wie bei ihren Vorbildern unterscheidet man auch bei den Modellbahnsignalen zunächst zwischen den alten, mechanisch bewegten Formsignalen (Flügelsignalen) und den in Deutschland erst nach dem Zweiten Weltkrieg eingeführten Lichtsignalen.

Bezogen auf die Befehlsübermittlung unterscheidet man zwischen zweibegriffigen (Rot/Grün oder Rot/Gelb) und zwischen dreibegriffigen (Rot/Grün/Gelb) Modellbahnsignalen. Die international einheitlich eingeführten Farben Rot, Grün und Gelb stehen für folgende Signalbegriffe:

Grün = Fahrt freigegeben
Gelb = Geschwindigkeitsbegrenzte Fahrt freigegeben
Rot = Halt

Die meisten Bahngesellschaften verfügen über mehr als diese drei befehlsbezogenen Begriffe. Dies ist aber für die Belange der Modellbahn kaum von Bedeutung, da in der Regel schaltungstechnisch nur die genannten drei Signalbegriffe genutzt werden können. Im allgemeinen beziehen sich die darüberhinausgehenden Signalbegriffe nur auf verschiedene Geschwindigkeitsbegrenzungen oder Kontrollfunktionen. Bei entsprechend nachgebildeten Modellbahnsignalen wird man ggf. mehrere Signallichter zusammenschalten.

Letztlich unterteilt man bei fast allen europäischen Eisenbahngesellschaften die Signale in folgende Gruppen:

— Vorsignale
— Hauptsignale
— Rangiersignale.

Die Hauptsignale findet man in den Bahnhöfen als Ausfahrsignale oder Einfahrsignale, an den Strecken als Blocksignale und in seltenen Fällen auch als Deckungssignale an Gefahrenstellen. Da Züge sehr lange Bremswege benötigen und am auf „Halt" gestellten Hauptsignal grundsätzlich nie vorbeigefahren werden darf, ist in der Regel den an den Strecken aufgestellten Hauptsignalen ein Vorsignal zugeordnet, das einige

hundert Meter vor dem Hauptsignal steht und dem Lokomotivführer die aktuelle Hauptsignalstellung übermittelt, so daß er die Bremsung rechtzeitig einleiten kann. Rangiersignale hingegen dienen in den Bahnhöfen ausschließlich der Regelung des Rangierbetriebs.

Sinngemäß wird man also auch die Signale auf der Modellbahnanlage einsetzen. In Verbindung mit parallel geschalteten Relais, die den Fahrstrom synchron zur Signalstellung in den jeweils zugeordneten, elektrisch getrennten Streckenabschnitt, den sogenannten „Signalhaltebereich", einspeisen, kann die Zugfahrt ferngesteuert vom Stellpult aus beeinflußt werden. Wenn man hierzu bistabile Relais mit zwei Umschaltern verwendet, wie sie als Zubehör erhältlich sind, kann bei Lichtsignalen gleichzeitig auch der Lichtwechsel synchron gesteuert werden. Es gibt aber auch Modellbahnsignale mit eingebautem Fahrstromschalter.

In der Regel werden diese Relais, die entweder über einen Doppel-Magnetspulenantrieb verfügen oder aber elektronisch arbeiten, vom Stellpult aus durch Impulskontakttaster gesteuert. Impulsgeber kann man aber auch in die Gleise einbauen. Mit diesen sogenannten „Gleisschaltkontakten", die es in unterschiedlichen Ausführungen gibt, werden die Schaltimpulse durch die fahrenden Züge ausgelöst. Auf diesem Prinzip beruht die klassische automatische Modellbahnschaltung, die in vielfacher Weise genutzt werden kann.

Automatische Zugsteuerungen

Eine ausschließlich manuelle Modellbahnsteuerung, die für jede Bewegung auf den Gleisen die Bedienung des Fahrreglerknopfes erfordert, wird auf die Dauer kaum befriedigen, denn ohne die Hilfe einer zumindest teilweise automatisierten Steuerung wären die fahrbetriebstechnischen Möglichkeiten vor allem bei kleineren, räumlich beengten Anlagen stark eingeschränkt. Und bei größeren Anlagen wäre eine wirksame

Kontrolle ohne die Hilfe einer gut funktionierenden Teilautomatik, die den „Fahrdienstleiter" am Stellpult entlastet, überhaupt nicht möglich.

Bei einer halbautomatischen Steuerung ist es beispielsweise selbstverständlich, daß sich der Zug beim Durchfahren einer Kehrschleife seinen Fahrstrom in der Stammstrecke selbsttätig umpolt oder daß der aus dem Bahnhof ausfahrende Zug das Ausfahrsignal automatisch wieder auf „Halt" stellt, wenn er die letzte Weiche passiert hat. Auch die automatische Schattenbahnhofsteuerung, die die Züge in die freien Gleise leitet oder aber das automatisch gesteuerte sanfte Anfahren und Bremsen und nicht zuletzt die Fahrstraßenschaltung über Start- und Zieltaster zählen mit zu den halbautomatischen Steuerungen.

Beim vollautomatischen Fahrbetrieb hingegen läuft alles ohne Handeingriff, wobei sich die Züge entweder über die erwähnten Gleisschaltkontakte und Relais oder aber durch elektronische Informationsübertragungen und die auswertenden Steuergeräte die vorgegebenen Fahrwege selbst einstellen und den Verkehr in gegenseitiger Abhängigkeit regeln. So perfekte automatische Steuerungen, die nicht auf manuellen oder teilmanuellen Betrieb umgeschaltet werden können, sind allerdings nur bei Ausstellungsanlagen sinnvoll. Der Hobby-Modellbahner strebt eher den halbautomatischen Fahrbetrieb an, der ihm noch hinreichende Möglichkeiten zur individuellen Fahrbetriebsgestaltung ermöglicht.

Automatisch gesteuerter Blockstreckenbetrieb

Unter einer „Blockstrecke" versteht man in der Fachsprache des Eisenbahners eine Eisenbahnstrecke, die in bestimmte, durch Signale gedeckte Abschnitte unterteilt ist. Einen solchen Abschnitt bezeichnet man als „Block" oder „Streckenblock". Ist ein Streckenblock durch einen Zug oder aber nur durch ein einzelnes Fahr-

zeug besetzt, kann das dem davor-
liegenden Streckenblock zugeordnete
Signal nicht auf „Fahrt" gestellt werden. Die Freimeldung erfolgt erst
dann, wenn sich keine Wagenachse
mehr auf dem Gleis befindet und der
Überwachungsstromkreis zwischen
den beiden Schienen unterbrochen
ist. Auf diese Weise wird ein verläß-
licher Auffahrschutz gewährleistet,
der die Kapazität der Zugfolgehäufig-
keit einer Strecke beträchtlich erwei-
tert. Und dies gilt auch für die Block-
strecken auf der Modelleisenbahnanlage.

Beim großen Vorbild sind die Block-
streckenabschnitte je nach den
sicherheitstechnischen Gegebenheiten zwischen 800 und 1500 Meter
lang. Bei der Modelleisenbahn wird
man dieses Verhältnis nicht einhalten
können, aber der Streckenblock sollte
auch hier nicht kürzer sein als zwei
Maximalzuglängen, wenn der Betrieb
einigermaßen realistisch wirken soll.

Beim Blockbetrieb ist es ein wesent-
liches Merkmal der Strecken, daß
Weichen nicht zu ihren Bestandteilen
zählen. So muß man auch bei der
Planung der Modelleisenbahn berücksichtigen, daß nur „reine Strek-
ken" durch Streckenblöcke sicherbar
sind.

Beim großen Vorbild wird Blockbetrieb in der Regel nur auf mehrgleisigen Strecken durchgeführt, der
außerdem seinem Wesen nach immer
nur in einer Richtung erfolgen kann.
Eingleisige Strecken, die für Blockbetrieb eingerichtet sind, zählen zu
den seltenen Ausnahmefällen, denn
um hier den Blockbetrieb in einer
Richtung durchführen zu können,
müßte gleichzeitig das Über-
wachungssystem der Gegenrichtung
abgeschaltet werden, was zumindest
bei der Modelleisenbahn schaltungstechnisch nur mit hohem Aufwand zu
verwirklichen wäre.

Für die vollautomatische Blockstrek-
kensicherung von Modelleisenbahnen
gibt es spezielle elektronisch arbei-
tende Bausteine. Das Universalmodul
von HEKI (9155), das gleichzeitig
über eine Anfahr- und Bremseinrich-
tung verfügt, kann auch in Verbin-

dung mit digital gesteuertem Wechselstromfahrbetrieb zur Blockstrek-
kensicherung eingesetzt werden. Da
bei digital gesteuerten Gleichstrombahnen die fahrstromabhängig arbei-
tende Gleisbesetztmeldung nicht
installiert werden kann, ist dort eine
Blocksicherung nur unter Einsatz von
Fotozellen oder mechanisch arbeitenden Gleisschaltkontakten möglich.

Abbildung oben:
Historische Formsignale an der
Neckartalstrecke bei Eberbach.

Automatisches Anfahren und Bremsen

Automatisch gesteuert sanftes Anfahren und vorbildtreu verzögertes Abbremsen vor dem Haltesignal gehört heutzutage zum Standard einer ernst zu nehmenden Modelleisenbahnanlage. Elektronische Module mit justierbarer Anfahr- und Bremskonstante, wie sie im Fachhandel erhältlich sind, machen es möglich.

Das Funktionsprinzip dieser Geräte ist denkbar einfach. Wichtigstes Teil ist der Kondensator, der sich, wenn der Signalhaltebereich stromlos geschaltet ist, langsam entlädt, sobald eine Lokomotive in den angeschlossenen Gleisabschnitt einfährt. Die langsame Abgabe des gespeicherten Fahrstromes bis zur völligen Entleerung des Kondensators verzögert auch das Anhalten der Lokomotive entsprechend und führt zu dem gewünschten Bremseffekt. Beim Anfahren ist es gerade umgekehrt. Indem der Kondensator mit der Zuschaltung des Fahrstromes den größten Teil des Energiepotentials zu seiner Aufladung benötigt, erhält die Lokomotive erst allmählich die volle Spannung und fährt daher stark verzögert an.

Beim Einsatz von Anfahr- und Bremsmodulen muß man schon bei der Bahnhofsplanung die längeren Signalhaltebereiche berücksichtigen. Grundsätzlich gilt: Je länger die zur Verfügung stehende Strecke, um so eindrucksvoller kann man die Anfahr- und Bremseffekte demonstrieren, vorausgesetzt, die verwendeten Module sind regelbar. Wenn genügend Platz vorhanden ist, sollte man diese Gestaltungsmöglichkeit auch voll nutzen. Was die Mindestlängen anbetrifft, gibt es hingegen eine Faustregel: Drei Schnellzugwagenlängen vor dem Signal als Bremsbereich und eine Schnellzugwagenlänge hinter dem Signal als Anfahrbereich. Grenzen sind allerdings gesetzt durch das mitunter recht unterschiedliche Bremsverhalten der einzelnen Triebfahrzeuge bei gleicher Fahrspannung. Auf alle Fälle aber gilt: Je kürzer die Bremskonstante eingestellt ist, desto geringer

wirken sich die Unterschiedlichkeiten aus.

Die einwandfreie Funktion des elektronisch geregelten Anfahr- und Bremsvorganges setzt einen ununterbrochenen elektrischen Kontakt zwischen den Schienen und dem stromabnehmenden Fahrzeug voraus. Kontaktabrisse, wie sie beispielsweise bei verschmutzten Schienenprofilen auftreten, führen dazu, daß sich der im Gerät befindliche Kondensator wieder teilweise auflädt und mit der Abgabe neu gespeicherter Energie reagiert, was ein völlig unkontrolliertes Fahrverhalten zur Folge hat.

Der Bremsvorgang könnte ferner sehr gestört werden, wenn auf andere Weise Fahrstrom in den elektrisch getrennten Anfahr- und Bremsbereich gerät. Dies könnte beispielsweise der Fall sein, wenn auf Zweileitergleisen Modellbahnwagen verkehren, deren Doppelachsdrehgestelle aus leitfähigem Metall hergestellt sind und beim Einfahren die Schienentrennungen überbrücken. Speziell bei Wechselstrombahnen wirken sich die Schleifkontakte der Wagenbeleuchtungen in gleicher Weise aus. Zwar ist es möglich, durch Trickschaltungen die ungewollten Fahrstromeinspeisungen zu vermeiden, unvermeidlich aber ist der Umstand, daß die Wagenbeleuchtung ebenso wie die fahrstromunabhängige Zugbeleuchtung bei digitalisierten Bahnen in dem Maße erlöschen, wie der Fahrstrom aus dem betreffenden Streckenabschnitt vom Triebfahrzeug verbraucht wird. Wenn man diesen nicht eben erstrebenswerten Effekt vermeiden will, muß man konsequenterweise entweder auf die Zugbeleuchtung oder aber auf die automatische Anfahr- und Bremsregelung verzichten. Dies gilt im übrigen auch für den automatisch gesteuerten Blockbetrieb.

Die Steuerzentrale

Es versteht sich von selbst, daß ein mangelhaft ausgeführtes Steuerpult den Gesamteindruck einer ansonst noch so gut gestalteten Modelleisenbahnanlage stark beeinträchtigen kann. Ein einfaches Schaltbrett bei-

spielsweise mit wahllos angeordneten Schaltern und ausgestattet mit Fahrgeräten unterschiedlicher Art und Farbe, paßt einfach nicht in das Konzept einer anspruchsvollen Anlagengestaltung.

Vorteilhaft wählt man ein Gleisbildstellpult als Steuerzentrale. Spezielle Stellpulte für Modelleisenbahnen, die nach dem Baukastenprinzip in jeder beliebigen Art und Größe zusammengefügt werden können, gibt es im Fachhandel. Und die Grundausstattung, die bei den meisten Systemen weiter ausbaufähig ist, muß nicht viel teurer sein als ein herkömmlich zusammengebautes Schaltbrett. Werden Gleisbildstellpult und Regelgeräte sinnvoll kombiniert in die Deckplatte eines Stelltisches eingelassen, wie das Bildbeispiel rechts zeigt, entsteht eine Steuerzentrale, die jeder gut gestalteten Anlage würdig ist.

Unter einem „Gleisbildstellpult" oder „Gleisbildstellwerk" versteht man übrigens in der Fachsprache des Eisenbahners einen Stelltisch in Form eines grafisch dargestellten Spurplans zum Steuern und Kontrollieren einer Eisenbahn-Verkehrsanlage. Die Bedienung erfolgt über Drucktaster (Drucktasten-Gleisbildstellwerk) und die Kontrolle der eingestellten und durch Züge belegten Fahrwege in Verbindung mit den aktuellen Signalstellungsanzeigen durch entsprechende Ausleuchtungen. Sowohl beim großen Vorbild als auch bei der Modellbahn bietet das Gleisbildstellpult die Vorteile höchsten Bedienungskomforts und optimaler Kontrolle der Betriebsabläufe.

Als Steuerzentrale für die Modelleisenbahn wird ein Gleisbildstellpult sogar unverzichtbar, wenn Bahnhöfe oder Streckenabschnitte gesteuert und kontrolliert werden sollen, die vom Stelltisch aus nicht einsehbar sind, wie das zum Beispiel bei Schattenbahnhöfen der Fall ist.

Abbildung rechts:
Modernes elektronisches Modellbahn-Gleisbildstellwerk (System HEKI).

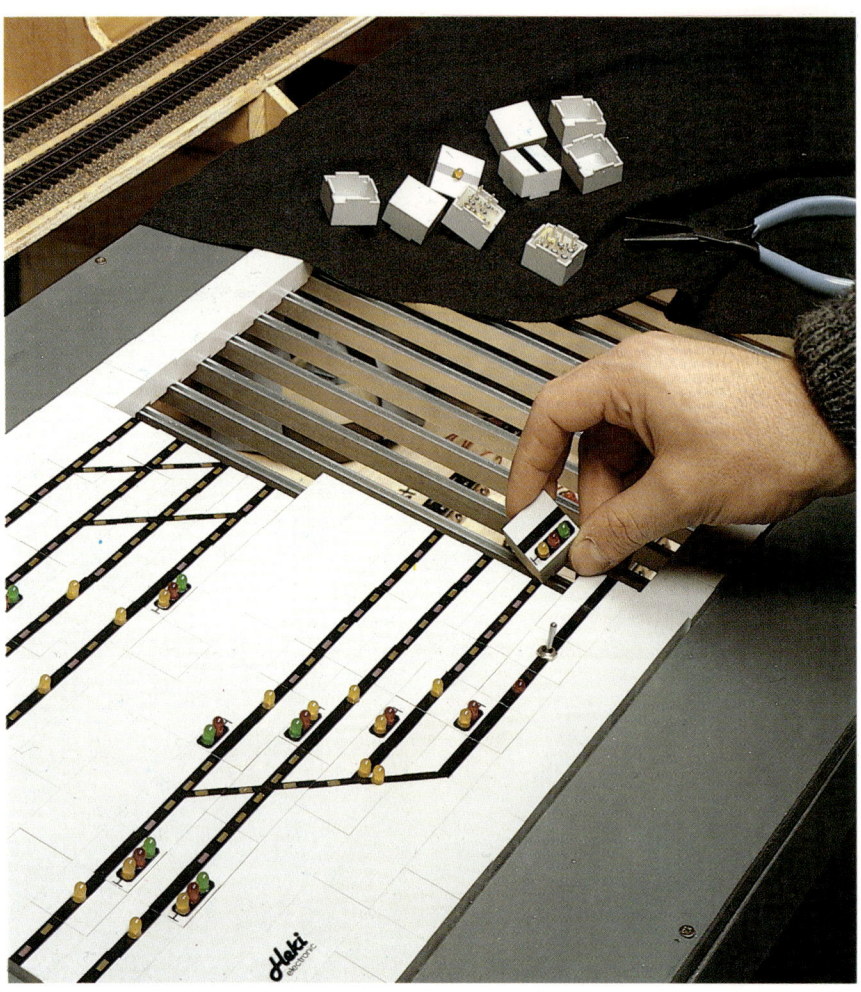

Fahrgeräte anbieten, haben deshalb im Kontrollsystem ihrer Gleisbildstellpulte eine Gleisbesetztanzeige nicht vorgesehen. Indem man jedoch den Überwachungsstromkreis zur Ansteuerung eines monostabilen Relais nutzt und über dessen Schalter die Gleisbesetztmeldeanzeige im Gleisbildstellwerk steuert, gelingt die Überwachung auch in solchen Fällen, sofern in dem verwendeten System entsprechende Bausteine vorhanden sind. Zur Schaltung und optischen Überwachung von digitalisierten Weichen und Signalen über ein Gleisbildstellwerk gibt es geeignete Konverter (z. B. Märklin-Switchboard).

Die Fahrstraßenschaltung

Unter einer „Fahrstraßenschaltung" versteht der Fachmann das Einstellen und Überwachen eines bestimmten Fahrwegs innerhalb eines Bahnhofbereichs. Beim Vorbild wird die Fahrstraße von einem Gleisbildstellwerk aus durch gleichzeitiges Betätigen eines Start- und Zieltasters geschaltet. Die dabei ausgelösten Impulse werden in einem speziellen Gerät verarbeitet, das dann alle beteiligten Weichen in Richtung des festgelegten Fahrweges, alle dem Fahrweg zugeordnete Signale auf „Fahrt" und alle feindlichen Signale — gemeint sind damit die Deckungssignale der in die Flanken des eingestellten Fahrweges führenden Strecken — auf „Halt" stellt. Im Gleisbildstellwerk selbst erfolgt die Rückmeldung durch Ausleuchtung des freigegebenen Fahrweges meist in Form einer weißen Lichterkette. Die Zugfahrt selbst wird durch die im grafisch dargestellten Fahrweg meist rot ausgeleuchtete Gleisbesetztanzeige optisch verfolgt.

Mit der Fahrstraßenschaltung werden also folgende Aufgaben erfüllt:
— Schalten des Fahrweges (Schalten der Weichen und Streckenfreigabe),
— Sichern des Fahrwegs (durch Sperren der in die Flanken führenden Strecken) und
— Ausleuchten des eingestellten Fahrweges (gelbe Fahrstraßenausleuchtung und rote Gleisbesetztmeldung).

Im Hinblick auf die Steuerfunktionen unterscheidet sich das Modellbahn-Gleisbildstellpult nicht von der herkömmlichen Modellbahn-Schalttechnik. In die Bausteine integriert sind Impuls- und Dauerkontaktschalter, die sich anschlußtechnisch nicht von den handelsüblichen Modellbahnschaltern unterscheiden, so wie sie im Zubehör zu den Weichen, Signalen und Entkupplungsgleisen der einzelnen Hersteller angeboten werden. Hinzu kommt hier lediglich die Kontrollfunktion, die sich im wesentlichen in drei Bereiche aufteilt: Die Rückmeldung der Weichenstellungen, die Rückmeldung der Signalstellungen und die Gleisbesetztmeldung. Diese drei Kontrollfunktionen sind zum Überwachen von nicht einsehbaren Gleisanlagen unbedingt erforderlich. Bei integrierten Fahrstraßenschaltungen kommt die Ausleuchtung der eingestellten Fahrwege noch hinzu.

Die stellungssynchrone Rückmeldung der Weichen und Signale erfolgt

unabhängig vom Betriebsfahrstrom entweder direkt über die geräteeigenen Schalter oder über parallel geschaltete Relais, die es zu jedem System gibt. Die Überwachung der Gleise ist jedoch nur elektronisch möglich über sogenannte „Gleisbesetztmelder", die fahrstromabhängig arbeiten. Dies erfordert eine Zusammenschaltung von Licht- und Fahrstrommasse, eine Forderung, die bei Wechselstrombahnen leicht erfüllbar ist, bei Gleichstrombahnen aber nur mit Hilfe eines zusätzlichen Schalters möglich wird, der beim Umpolen des Fahrstromes automatisch den Minuspol der Fahrspannung gegen die Lichtmasse schaltet. Je Fahrstromkreis wird ein solcher Masseumschalter benötigt.

Bei Gleichstrombahnen, die über elektronische Regelgeräte oder digital gesteuert werden, ist es nicht möglich, die Lichtmasse mit dem Minuspol der Fahrspannung zusammenzuschalten. Hersteller, die solche

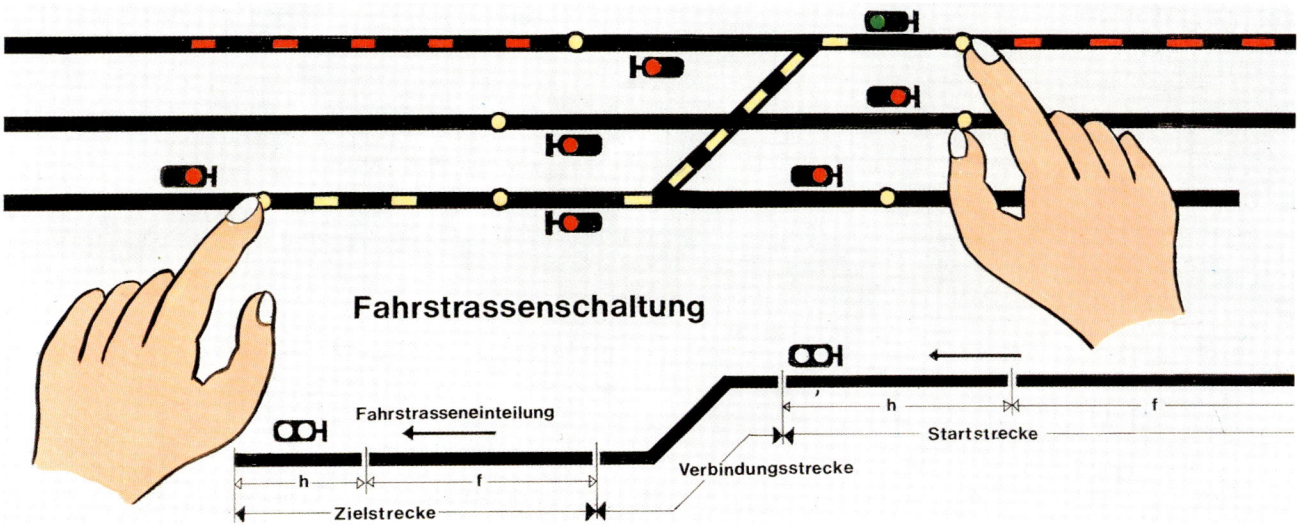

Fahrstrassenschaltung

Fahrstrasseneinteilung

Zielstrecke

Verbindungsstrecke

Startstrecke

Gleis 1

Gleis 2

Im Zubehörangebot für Modellbahnen finden sich auch einige Baukasten-Gleisbildstellwerke, die in Verbindung mit den entsprechenden Zusatzgeräten zum Schalten von Fahrstraßen über Start- und Zieltaster vorgerichtet sind. Da digitale Modellbahnsteuerungen jeweils nur einen von zwei gleichzeitig abgegebenen Schaltimpulsen verarbeiten können, ist eine Fahrstraßenschaltung über Start- und Zieltaster in Verbindung mit digitalisierten Weichen und Signalen über ein Switchboard nicht möglich.

Wie beim großen Vorbild liegt auch beim Gleisbildstellwerk der Modellbahn die schaltungstechnisch wichtige Fahrstraßeneinteilung zu Grunde: Startstrecke, Zielstrecke und Verbindungsstrecke. Speziell im Hinblick auf die anschlußtechnischen Belange der Modellbahn unterteilt man die Start- und Zielstrecke nochmals in die Fahrbereiche (f) und die Signalhaltebereiche (h) — siehe Skizze oben. Im Gleisbildstellwerk bestehen die einzelnen Fahrstraßenabschnitte aus Ausleuchtgruppen, die jeweils abhängig vom eingestellten Fahrweg und aktuellen Verkehrsablauf aktiviert werden. Die im Gleisbildstellwerk

vorhandenen Steuergeräte empfangen ihre Informationen durch die jedem Fahrstraßenabschnitt zugeordneten Gleisbesetztmelder. Sobald ein Zug in einen Abschnitt einfährt, wechselt die Ausleuchtung von Gelb nach Rot und sobald der Zug den Haltebereich der Zielstrecke erreicht hat, wird die Fahrstraße aufgelöst. Lediglich die rote Gleisbesetztmeldeanzeige bleibt bestehen. Innerhalb der Bahnhofsbereiche, die über Fahrstraßen vom Stellwerk aus gesteuert werden, ist jedem Hauptsignal ein Taster zugeordnet, der je nach Bedarf als Start- oder als Zieltaster genutzt werden kann.

Obige Grafik zeigt das Gleisbildstellwerk eines Bahnhofs, in dem sich zwei eingleisige Strecken kreuzen. Nehmen wir an, wir wollen hier die Fahrstraße so schalten, daß der von D kommende Zug über Gleis 1 in den Bahnhof einfährt und anhält. Wir betätigen also den Starttaster D und den Zieltaster C. Somit stellt sich die Fahrstraße von D nach C ein, eine gelbe Lichterkette markiert den eingestellten Fahrweg und das Signal 3 schaltet auf Fahrt. Dann kommt der Zug. Mit seiner Einfahrt auf Gleis 1

leuchtet die rote Gleisbesetztmeldung und gleichzeitig erlischt die gelbe Lichterkette; die Fahrstraße ist aufgelöst. Vor dem Ausfahrtsignal bleibt der Zug stehen. Nun stellen wir die Fahrstraße für einen Güterzug, der von links kommend den Bahnhof ohne Aufenthalt über Gleis 2 durchfahren soll. Wir drücken also zunächst die Starttaste G und die Zieltaste E, und, sofern die betreffende Schaltung vorprogrammierbar ist, anschließend die Taste E nunmehr als Starttaste und die D als Zieltaste. Der Güterzug fährt dann ohne Aufenthalt durch den Bahnhof.

Abbildung oben:
Die Grafik zeigt das Prinzip einer Fahrstraßenschaltung. Darunter ist das Schema der Fahrstraßeneinteilung dargestellt.

Abbildung Seite 96:
Die Montage eines Modellbahn-Gleisbildstellwerks. Die Bausteine im Rastermaß von 2,5 x 2,5 cm werden einfach in die an der Rahmenunterseite angebrachten Aluminium-Klemmleisten eingeklipst.

Anschlußtips

Die Verkabelungsarbeit sollte man möglichst an der senkrecht aufgestellten oder mit der Rahmenunterseite nach oben gewendeten Rohbaukonstruktion vornehmen. Das lästige Strippeziehen in Rückenlage und vor allem die gefährlichen Lötarbeiten über Kopf werden so vermieden.

Vorher sollte man aber prüfen, ob die bereits verlegten Gleise nirgendwo kurzgeschlossen, allerorts die Schienenverbindungen kontaktsicher und auch die Trennstellen richtig ausgeführt sind. Bei diesem Check darf man keinen Gleisabschnitt übergehen. Insbesondere bei Mittelleiter-Punktkontaktgleisen kommt es ungeachtet der aufgewendeten Sorgfalt hin und wieder einmal vor, daß sich die Mittelleiter-Kontaktlaschen hochbiegen und die Ursache von Kurzschlüssen sind. Bei Zweileitergleisen hingegen sind es oft quer unter dem Gleiskörper eingeklemmte Nägel oder Drahtstücke, die schuld daran sind, daß die rote Kurzschlußkontrollampe im Fahrgerät aufleuchtet.

Was die Zuleitungen anbetrifft, sollte man sich möglichst an das bewährte, wie folgt angeführte Kabelfarbenschema halten:

Braun: Masseleitungen (0)
Gelb: Lichtleitungen (Versorgungsspannung)
Rot: Fahrstromleitungen bei Wechselstrombahnen, Fahrstromleitungen Pluspolung bei Gleichstrombahnen
Schwarz: Fahrstromleitungen Minuspolung bei Gleichstrombahnen
Blau: Steuerleitungen

Indem man sich beim Verlegen der Zuleitungen konsequent an dieses Farbschema hält, beugt man gravierenden Falschanschlüssen vor. Gleichzeitig gibt dieses Farbenschema auch einen Hinweis auf die zu verwendenden Leitungsquerschnitte. Insbesondere bei größeren Anlagen empfiehlt es sich dringend, für alle Versorgungsleitungen, die ein höhe-

res Strompotential übertragen — das sind diesem Farbencode entsprechend alle Kabel mit braunen, gelben, roten und schwarzen Isolierungen — einen größeren Leitungsquerschnitt zu wählen — mindestens 0,35 mm^2, besser aber 0,50 mm^2 — um die Übertragungsverluste möglichst gering zu halten. Vorteilhaft wird man diese stärkeren Kabel von den Stromquellen weg bis zu den Verteilerstellen unter der Anlage führen, die möglichst nahe an den Abnahmestellen installiert sein sollten. Sehr gut geeignet sind die bekannten einfachen MÄRKLIN-Verteilerplatten, die zur Aufnahme von Bananensteckern vorgerichtet sind. Die von diesen Verteilerplatten zu den Verbrauchern abgehenden Leitungen können dann, von Ausnahmen abgesehen, mit der dünneren Modellbahnlitze (0,18 mm^2) ausgeführt werden, da hinter der Verzweigung zum Verbraucher kein so hohes Strompotential mehr übertragen wird.

Ähnliches gilt für die nach dem hier aufgeführten Farbschema blau gekennzeichneten Steuerleitungen, die lediglich dazu dienen, Impulskontakte zum Schalten der Magnetartikel oder aber das geringe Strompotential zu übertragen, das zum Betrieb der in den einzelnen Signalen oder Bausteinen des Gleisbildstellwerkes vorhandenen Glühlämpchen oder Leuchtdioden benötigt wird. Alle blau isolierten Steuerleitungen können daher unbedenklich mit der handelsüblichen dünnen Modellbahnlitze ausgeführt werden.

Im Hinblick auf eine möglichst verlustlose Fahr- und Betriebsstromübertragung ist es ferner wichtig, daß man grundsätzlich alle Kabelverbindungen fachgerecht lötet. Lediglich zusammengedrehte oder geklemmte Kabelverbindungen sind oft die Ursache von hohen Übertragungsverlusten und oft auch die von Kriechströmen und Kurzschlüssen.

Die Kabel werden unter der Anlage verlegt, indem man sie in Stränge zusammenfaßt und diese durch im Anlagenrahmen vorbereitete Bohrungen führt. Auch Ringösenschrauben sind zur Aufnahme dieser Kabel-

bäume sehr gut geeignet. Dabei ist jedoch darauf zu achten, daß sie stets an den Rahmengitterleisten entlang geführt werden. Keinesfalls dürfen Einzelkabel quer durch die Rahmenfelder gezogen werden, da sie später den Zugang zu den unterführenden Gleisen behindern würden.

Um Kurzschlüsse schon auf dem Wege der Stromübertragung auszuschließen, sollten verlötete Kabelverbindungen mit Isolierband sicher verwahrt werden. Ferner sollte man darauf achten, daß die Kabel an keiner Stelle in die Anlagenunterkonstruktion eingeklemmt oder aber unter Zugspannung verlegt werden. Durch die unvermeidlichen Maßveränderungen der Rahmenhölzer und in Verbindung mit den beim Anlagenbetrieb auftretenden Vibrationen könnten andernfalls die Kabel mit der Zeit durchscheuern und Kurzschlüsse verursachen.

Letztlich stellt sich noch die Frage, ob man die Zuleitungen direkt von der Anlage in die Steuerzentrale führt oder ob man sie zunächst aufgefiedert an eine Lötleiste legt. Im letzteren Falle böte sich die Möglichkeit, die Kontakte auf der Lötleiste zu kennzeichnen. Auf diese Weise könnten die angeschlossenen Leitungen jederzeit leicht identifiziert und im Störungsfalle überprüft werden.

Abbildung Seite 99:
Motive, die für die Harmonie zwischen Technik und Landschaft beispielhaft sind und wertvolle Anregungen bieten — der Bahnhof Bergün (Rhb) in der Schweiz.

Die farbige Gestaltung
der Anlage

Neben dem harmonisch geordneten
Nebeneinander der Formen ist das
farbige Erscheinungsbild wichtigstes
Kriterium bei der Beurteilung eines
dreidimensional gestalteten Landschaftsmodells. Für den nicht speziell
im Umgang mit Farben geschulten
Anlagengestalter zählt jedoch die
Farbgebung mit zum schwierigsten
Abschnitt seiner Arbeit und nicht
immer gelingt es während dieser ent-
scheidenden Phase auf Anhieb, die
richtigen Zusammenstellungen im
Sinne einer harmonischen Einheit zu
treffen. Die nachfolgenden Ausführungen sollen ihm helfen, auch hier eine
sichere Linie zu finden.

Licht und Farbe

Wenn von „Farbe" die Rede ist, denkt
der Fachmann zuerst an die physika-
lische Erscheinung. Der Begriff
„Farbe" wird jedoch darüberhinaus
auch für jene flüssigen Stoffe benutzt,
mit denen wir die Oberflächen der
unterschiedlichsten Gegenstände
farbig gestalten. Es handelt sich also
um zwei grundverschiedene Begriffe,
die lediglich ihre Abhängigkeit vom
Licht gemeinsam haben und deren
Unterscheidung hier von Bedeutung
ist.

Befassen wir uns zunächst mit der
Farbe als physikalischer Erscheinung.
Ohne Licht gibt es keine Farbe. Erst
die auftreffende Strahlung einer
Lichtquelle läßt Gegenstände sichtbar
werden.

Unsere hauptsächliche und vollkom-
mene Lichtquelle ist die Sonne. Zer-
legt man die Strahlung des natürlichen Sonnenlichts mit Hilfe eines
Glasprismas, so wird das in ihm vorhandene Farbenspektrum sichtbar.

Ähnlich wie beim Regenbogen, der unter bestimmten atmosphärischen Bedingungen durch Brechung des einfallenden Sonnenlichtes in den Wassertröpfchen der Wolken entsteht, zeigen sich beim Prismenversuch die sieben „Spektralfarben" Rot, Orange, Gelb, Grün, Blau, Indigo und Violett. Es ist der sogenannte „ultraviolette" und somit sichtbare Bereich der von der Sonne ausgesandten Strahlungsenergie.

Es hängt von der speziellen mikroskopischen Oberflächenstruktur eines Gegenstandes ab, in welcher Farbe er uns erscheint. So kann beispielsweise eine Oberfläche so beschaffen sein, daß sie das gesamte Farbenspektrum des auftreffenden Lichtes reflektiert. Dann erscheint sie uns weiß. Oder aber, sie reflektiert nur eine der Spektralfarben oder in Mischung mehrere und erscheint uns auf diese Weise rot, gelb, grün oder violett. Oder aber sie ist überhaupt nicht imstande, irgendwelche Farben zu reflektieren und der betreffende

Gegenstand erscheint uns schwarz im Umfeld anderer Gegenstände mit reflektierenden Oberflächen.

Wenn wir nun das Erscheinungsbild eines Gegenstandes farblich verändern wollen, so bieten sich zwei Möglichkeiten, einmal indem wir die Oberflächenstruktur oder aber zum anderen die Lichtquelle manipulieren. Im ersteren Falle gelingt uns eine Veränderung der Oberflächenstruktur beispielsweise durch Überschichten mit einem Anstrichstoff, durch Bemalen mit „Farbe" also in der Weise, daß die vordem grüne Oberfläche bei unveränderter Lichteinstrahlung nunmehr blau erscheint. Im zweiten Falle könnte aber auch die Veränderung von Grün nach Blau durch Austausch der Lichtquelle gegen eine solche erfolgen, die keinen Gelbanteil in ihrem Farbenspektrum hat.

Für unsere Praxis ergibt sich aus diesen Betrachtungen die wichtige Erkenntnis, daß ein betreffender

Gegenstand nur dann die ihm zugedachte Farbe zeigen kann, wenn er durch eine Lichtquelle angestrahlt wird, die über das entsprechende Farbenspektrum verfügt. Mit anderen Worten: Wenn wir eine Farbgestaltung an einem Objekt beispielsweise bei Tageslicht vornehmen, wird der erzielte Effekt bei künstlicher Beleuchtung nur dann der gleiche sein, wenn auch in der künstlichen Lichtquelle das volle „ultraviolette" Farbenspektrum enthalten ist. Bei Glühlampen oder sogenannten Warmtonlampen zum Beispiel ist die ultraviolette Skala zu Gunsten höherer Rot- und Gelbanteile verändert. Der geringere Blauanteil wird also das farbig gestaltete Objekt in wärmeres Licht rücken und vor allem ausgemischte und mit Weiß aufgehellte Farbtöne im Vergleich zu den Tageslichtbedingungen völlig verfälscht zeigen.

Bezogen auf unsere Praxis heißt dies, daß die Qualität der Lichtquelle sowohl beim Ausmischen der Farbtöne als auch am Aufstellort der Anlage eine große Rolle spielt. Insbesondere bei indirekter Beleuchtung muß man mit Farbverfälschungen rechnen, wenn das Lichtspektrum durch die Eigenfarbe der reflektierenden Decke oder Wand verändert wird. Somit eignet sich ausschließlich die reinweiß gestaltete Fläche als Reflektor, wenn die natürliche Farbwiedergabe gefordert wird. Schon eine leicht gelblich getönte Wand, die das Sonnenlicht auf die Anlage reflektiert, kann die Ursache gravierender Farbverfälschungen sein.

Wohl um solche verfälschten Farbwiedergaben durch ausgefiltertes Licht zu vermeiden, sind in Kunstgalerien die Wände stets weiß getüncht. Aus dem gleichen Grund empfiehlt sich auch am Standort der

Abbildung oben:
Am Beispiel dieser Aufnahme wird demonstriert, daß Farbe nur dort deutlich sichtbar wird, wo ausreichend Licht hinkommt.

Abbildung Seite 101:
Der sechsteilige Farbenkreis, wie er bereits von Prof. Itten am Bauhaus als Orientierungshilfe zum Verständnis der Farbenlehre benutzt wurde.

Anlage ähnlich zu verfahren. Die bunte Tapete oder holzvertäfelte Wand jedenfalls sind denkbar ungeeignete Lichtreflektoren dort, wo man unter Tageslichtbedingungen gemischte Farben unverfälscht zeigen will. Wenn also manche ansonst recht gut gestaltete Anlage an ihrem Standort nicht so farbharmonisch wirkt wie dort, wo sie gestaltet wurde, sollte man zunächst einmal die Lichtverhältnisse überprüfen, bevor man an eine Änderung der Farbgebung denkt.

Die Kunst des Farbenmischens

Für viele ansonst handwerklich begabte Modellbauer ist das Farb-

mischen ein Buch mit sieben Siegeln. Warum eigentlich? Das Farbenmischen ist so leicht erlernbar wie jede andere handwerkliche Technik. Der Farbenkreis bietet hierbei eine verläßliche Orientierungshilfe.

Ausgangspunkt des Farbenkreises bilden die drei Grundfarben Gelb, Blau und Rot. Man bezeichnet sie deshalb als „Grundfarben", weil sie sich aus anderen Farben nicht mischen lassen.

Mischt man eine Grundfarbe mit einer benachbarten, erhält man jeweils eine neue Farbe. Auf diese Weise entsteht Orange aus der Mischung von Gelb und Rot, Grün aus

der Mischung von Gelb und Blau und schließlich Violett aus der Mischung von Rot und Blau. Bezieht man diese drei, theoretisch aus je gleichen Anteilen gemischten Farben mit ein, entsteht der sechsteilige Farbenkreis.

In Zusammenhang mit der Aussage „theoretisch aus je gleichen Anteilen" bedarf es jedoch hier des Hinweises, daß es auf Grund der unterschiedlichen Eigenschaften der in den handelsüblichen Farben enthaltenen Farbpigmente praktisch nicht möglich ist, mit jeweils gleichen Volumen- oder Gewichtsanteilen aus zwei Grundfarben die dem Farbenkreis entsprechende Zwischenfarbe haargenau nachzumischen. Das Anteile-

verhältnis richtet sich vielmehr nach dem Färbevermögen der in den beiden Malfarben enthaltenen Pigmente. Und speziell in dieser Eigenschaft unterscheiden sich die handelsüblichen Anstrichstoffe und Malfarben so sehr, daß zum Ausmischen bestimmter Farbtöne etwaige Anteile weder in Volumenanteilen noch in Gewichtsanteilen angegeben werden können. Dies gilt übrigens für alle Anstrichstoffe und Malfarben unabhängig von ihren Bindemittelgrundlagen. So ist man gezwungen, wenn man den Versuch unternehmen will, die Zwischenfarben des Farbenkreises nachzumischen, sich durch allmähliches Zumischen der betreffenden Farben an den gewünschten Farbton heranzutasten.

Die Mischungen aus zwei Grundfarben bezeichnet man als „reine Farben". Dies gilt auch dann, wenn diese Mischungen aus unterschiedlichen Anteilen bestehen, also mehr oder weniger deutlich zu einer Grundfarbe hin tendieren. Und es gilt auch, wenn diese Mischungen in der Praxis mit Weiß aufgehellt werden, wobei sie mit dem zunehmenden Weißanteil zwar an Intensität verlieren, aber von ihrer Reinheit nichts einbüßen. Erst wenn auch die dritte Grundfarbe zu-

gemischt wird, entsteht ein „unreiner", abgestumpfter Farbton. Die Abstumpfung erfolgt in dem Maße, wie die Anteile aller drei Grundfarben in der Mischung zunehmen. Würde man alle drei Grundfarben zu gleichen Anteilen zusammenmischen, entstünde ein dunkles Grau, das nahe an der Schwarzgrenze angesiedelt wäre.

Reines Schwarz zählt hingegen im Sinne der Farbenmischlehre nicht als Farbe. Dennoch gibt es tiefschwarze Farbpigmente und auch Anstrich- und Malfarben, die ausschließlich damit pigmentiert sind. Der Fachmann verwendet sie jedoch nicht oder höchstens in Ausnahmefällen zum Ausmischen, da sie einen Farbton nur „schmutzig" machen. Bezogen auf unsere Praxis wird man Schwarz nur dann als Mischfarbe verwenden, wenn man spezielle Rußeffekte anstrebt, beispielsweise bei der Gestaltung von Einzelmotiven in Kohlenzechen oder Dampf-Betriebswerken. Unumgänglich ist die Zumischung von Schwarz außerdem auch beim Ausmischen von Asphaltfarben, wie wir sie zum Gestalten von Modellstraßen benötigen.

Im sechsteiligen Farbenkreis sind die Farben so geordnet, wie sie subjektiv

empfunden werden, nämlich unterteilt in „warm" und „kalt". Hierbei gilt Orange als die wärmste Farbe und die ihr gegenüberliegende Komplementärfarbe Blau als die kälteste. Alle anderen reinen oder unreinen Farben werden entsprechend ihrer Anteile an Blau als kalt oder an Orange als warm empfunden. So kann zum Beispiel die an sich allgemein als warm empfundene rote Farbe durch Zugaben von Blau zur deutlich kälteren Farbe werden und ein kaltes blaustichiges Seegrün durch Zugaben von Gelb oder Orange in den warmen Bereich umschlagen.

Mit Hilfe der auf der Grundlage des Farbenkreises gewonnenen Erkenntnisse gelingt es nun, aus den Basisfarben jeden beliebigen, in der Natur vorkommenden Farbton nachzumischen. Nehmen wir ein Blattgrün, das wir uns aus einem handelsüblichen Intensivton nachmischen wollen: Nur ein wenig der Komplementärfarbe Rot wird zugesetzt und schon haben wir die dem Vorbild entsprechende Abstumpfung. Durch Nuancieren mit Gelb und ggf. etwas Aufhellen mit Weiß treffen wir dann leicht jede in der Natur vorkommende Blattgrünfarbe.

Zunehmende Sicherheit im Ausmischen von Farben erzielt man
durch praktisches Üben im Nuancieren von Grautönen. Man verwendet
hierzu handelsübliche Volltonfarben
auf Dispersionsbasis, die den drei
Grundfarben im Farbenkreis möglichst nahe kommen, dazu eine Dose
Weiß und als Malgrund weißen
Zeichenkarton. Man teilt nun die Mal-
fläche, wie mit der Skala links
demonstriert, in mehrere Felder und
versucht nun, diese in den verschiedenen Grautönen wie vorgegeben mit
den selbstgemischten Grautönen aus-
zufüllen.

Einen „warmen" Grauton erhält man
aus einer Mischung der Grundfarbe
Rot mit deren Komplementärfarbe
Grün und gleichzeitiger Aufhellung
mit Weiß. In der Praxis wird man
dabei folgendermaßen vorgehen:
Man rührt zunächst in die weiße
Basisfarbe etwas Rot ein, bis sie eine
zarthimbeerrote Färbung annimmt.
Mit diesem Farbton, der in der Natur
kaum irgendwo vorkommt, könnte
man allerdings nur wenig anfangen.
Erst wenn man langsam Grün
zumischt, kann man beobachten, wie
der kitschige und mit anderen
Farben weitgehend unverträgliche
Rosaton zunehmend abstumpft, mit
anderen Farben verträglicher wird
und schließlich, bevor er gegen Grün
umschlägt, in ein völlig neutrales
Grau übergeht, das weder gegen
Grün noch gegen Rot hin tendiert. Mit
diesem Grauton ist man schon ganz in
der Nähe einer Betonfarbe. Durch
Zumischen von Blau kann man nun
diesen Grauton kälter oder durch
Zumischen von Gelb, das sich ja mit
den in der Farbe enthaltenen Rotan-
teilen zu Orange mischt, entsprechend wärmer nuancieren. Auf diese
Weise gelingt es nun leicht, sich an
jede beliebige Betonfarbe heranzutasten.

Wie beschrieben verfährt man auch
beim Ausmischen der als schwierig
geltenden Sandsteinfarben in gleicher Weise. Beim Nachmischen roter
Sandsteinfarbe wird man jedoch
schon lange bevor die neutrale
Graustufe erreicht ist, also noch deutlich innerhalb des rotdominierenden
Bereichs, durch Zugabe von wenig

Blau den für den Rotsandstein typischen Violettstich zu treffen suchen.
Beim Nachmischen des hauptsächlich
im Westerwald und Hunsrück vorkommenden gelben und grünen
Sandsteins wird man gerade umgekehrt verfahren. Hier gilt es weit im
Grünbereich der Skala durch
Nuancieren mit Ocker oder Umbra
den oft auch mit Eisenoxidadern
durchsetzten natürlichen Sandstein-
farbton zu finden.

Beim Ausmischen von hellen bis mittleren Grautönen, wie sie in Erden
und Gesteinen naturgegeben sind, erzielt man auch durch Abtönen von
weißer Farbe mit Braun und Blau,
wobei mit geringen Zugaben von
Gelb, Orange oder Rot der Farbton
gegen warm hin nuanciert werden
kann, günstige Ergebnisse. Die Ausmischung erfolgt also in diesem Falle
von Kalt nach Warm hin. Beim Nachmischen der Grundtöne für bestimmte
Gesteinsarten wie Gneis, Granit oder
dem kaltviolettstichigen Basalt wird
man diesen Weg wählen.

Überhaupt findet man in der Natur
nur selten reine Farben, die im Sinne
des Farbenkreises lediglich aus der
Mischung zweier Grundfarben bestehen und wenn, dann nur in Form
kleiner Farbtupfer wie beispielsweise

Abbildung oben:
In diesem vorbildlich gestalteten
Motiv einer Eisenbahnlandschaft mit
Burg sind ausschließlich Grautöne zu
erkennen, die harmonisch zu den
in warmem Rot lackierten Eurofima-
Wagen kontrastieren.

Abbildung Seite 102:
Tabelle der Graufarben, wie sie
durch Zumischungen von Grün und
Rot (obere Skala) und Blau und Rot-
braun (untere Skala) zur weißen
Basisfarbe entstehen.

in Blüten. So wäre auch die Grundfarbe Blau für die Gewässergestaltung viel zu intensiv. Erst durch
Zumischen der unreinen Farbe Braun
wird das Blau soweit abgestumpft,
daß sie sich harmonisch in die Skala
der umgebenden Landschaftsfarben
einreiht. Ähnliches gilt auch für die
zahlreichen, in der Natur vorkommenden Grüntöne bis hin zur Herbstfärbung.

Im Zusammenhang mit dem Ausmischen von Farbtönungen für die Landschaftsgestaltung ist zu beachten, daß die am Markt vertretenen Anstrichstoffe und Malfarben und insbesondere die für die Außenverwendung an Bauwerken entwickelten Dispersionsfarben nicht in so reinen Farben angeboten werden, wie sie im Farbenkreis dargestellt sind. Vielmehr handelt es sich bei den allgemein gebräuchlichen Abtön- und Volltonfarben in Abhängigkeit der verwendeten Buntpigmente um mehr oder weniger „unreine" Farben. Trotzdem weisen die meisten Farbtöne einen so hohen Reinheitsgrad auf, daß sie für die Landschaftsgestaltung nur entsprechend abgestumpft verwendet werden können.

Die Farbenharmonie

Man kann davon ausgehen, daß die Eisenbahnfahrzeuge, wie sie in aller Welt verkehren, in Farben lackiert sind, die von Experten nach bestimmten Kriterien ausgewählt wurden. Neben ökonomischen Gesichtspunkten, wobei vor allem die Lichtbeständigkeit der verwendeten Anstrichstoffe und Pigmente eine Rolle spielen, wird allgemein auch großer Wert darauf gelegt, daß sich die Farben möglichst harmonisch in die Landschaften einfügen, die die Züge durchfahren. Beispielhaft in dieser Hinsicht sind die Farbgestaltungen der in nahezu allen Landschaften Europas eingesetzten Eurofimawagen – siehe Seite 103.

Da unsere Modellbahnfahrzeuge auch im Hinblick auf ihre Lackierungen peinlich genaue Kopien ihrer Vorbilder sind, ist es logisch, daß auch das Umfeld, in dem sie verkehren, farbtreu nach der Wirklichkeit gestaltet sein muß. Nur wenn diese Voraussetzung erfüllt ist, können wir in Verbindung mit den anderen Komponenten eine optimale Szenengestaltung erzielen. In Erinnerung sind uns noch die kitschigen Abbildungen aus den Herstellerkatalogen und Gleisplanbüchern vergangener Jahre, als sich die Zubehörindustrie noch nicht in dem erforderlichen Maße auf die vorbildtreuen Farben der heutigen Modellbahnfahrzeuge eingestellt hatte. In dem mit grellgefärbten Grasmatten und Papierbergen lieblos gestalteten Umfeld der dort gezeigten Beispiele kamen die Fahrzeugmodelle überhaupt nicht zur Geltung.

Um die in der Natur herrschende Farbenordnung zu erfassen und auf das Modell übertragen zu können, gibt es nur wenige theoretische Hilfen. Noch viel mehr als beim Formenstudium ist man hier auf die eigene Beobachtungsgabe angewiesen. Das menschliche Auge ist auf die Farbenordnung in der Natur abgestimmt. Alle Farbenkompositionen, die der naturgegebenen Gesetzmäßigkeit entsprechen, werden daher subjektiv als harmonisch empfunden. Das gesunde und im Farbensehen gut trainierte Auge wird Disharmonien nicht tolerieren. So bietet das durch die fortgesetzte Naturbeobachtung geschulte Auge die beste

Abbildung oben:
Ein in Ozeanblau und Beige lackierter Triebwagenzug der DB vor dem Hintergrund der Rotbuntsandsteinlandschaft des vorderen Neckartals. Wie das Beispiel zeigt, fügt sich diese Farbgebung als Dominante harmonisch in das farbige Umfeld ein.

Abbildung Seite 105:
Ausschnitt einer Moorlandschaft mit historisch getreu nachgebildetem Torfsegler. Die weit abgestumpfte Gewässergrundfarbe wurde aus Blau und Braun gemischt.

Gewähr dafür, daß die farbige Gestaltung der Anlage auf Anhieb
gelingt.

Man wird schnell erkennen, daß in
der Natur großflächig unreine, also
mehr oder weniger abgestumpfte
Farbtöne vorherrschend sind, so wie
sie sich aus den jahreszeitlichen
Entwicklungen in der Natur vom fah-
len Wintergras über intensives Blattgrün bis hin zum rostroten Herbstlaub
ergeben und wie sie in den vielen
Nuancen der Erden und Gesteine
vorliegen. Man wird ferner feststellen, daß in jeder Landschaft eine
bestimmte Farbtönung vorherrscht
und die im Farbenkreis gegenüberliegenden sog. Gegenfarben (Kom-
plementärfarben) in minderem Anteil
für das harmonische Spannungsver-
hältnis verantwortlich sind.

Hält man sich also bei der farbigen
Gestaltung ausschließlich an die
Farbskala des Naturvorbildes, kann

eigentlich nichts schief gehen. Insbesondere beim Einkauf von Grasfasern, Modellbäumen und anderen
gefärbten Gestaltungsmaterialien
sollte man sehr darauf achten, daß
die gewählten Artikel den natürlichen
Farbgebungen ihrer Vorbilder entsprechen, denn schon eine Baumgruppe in zu giftigem Grün oder eine
Streufaser mit unnatürlichem Blaustich
kann die Farbgebung einer Anlage
völlig durcheinanderbringen. In
manchen Fällen kann man sich zwar
durch entsprechende farbliche Nach-
behandlungen helfen, was aber nicht
immer zu befriedigenden Resultaten
führt.

Beim Einkauf sollte man auch die
Lichtbeständigkeit der Einfärbungen
berücksichtigen. Vorteilhaft kauft man
sich einige Artikel der engeren Wahl
jeweils in doppelter Anzahl schon mit
Beginn der Planungsarbeit. Je einen
Artikel setzt man intensivem Sonnenlicht aus, beispielsweise unter einem

Dachfenster. Bis man dann, nach etwa
einem halben Jahr mit der Landschaftsgestaltung beginnt und sich
endgültig entscheiden muß, kann man
im Vergleich mit den im Karton ver-
bliebenen, unbelichteten Artikeln,
den Grad und die Art eventueller
Farbveränderungen deutlich erkennen. Da beispielsweise die zum Einfärben der Belaubungsflocken verwendeten Farben, meist organischen
Ursprungs, oft eine recht uneinheit-
liche Lichtbeständigkeit aufweisen,
können ungünstigenfalls die Farbveränderungen so gravierend sein,
daß sie die Farbgebung einer
Modelleisenbahnanlage merklich beeinträchtigen. Die meisten Erzeugnisse der namhaften Hersteller verfügen jedoch über eine hinreichend
gute Lichtbeständigkeit.

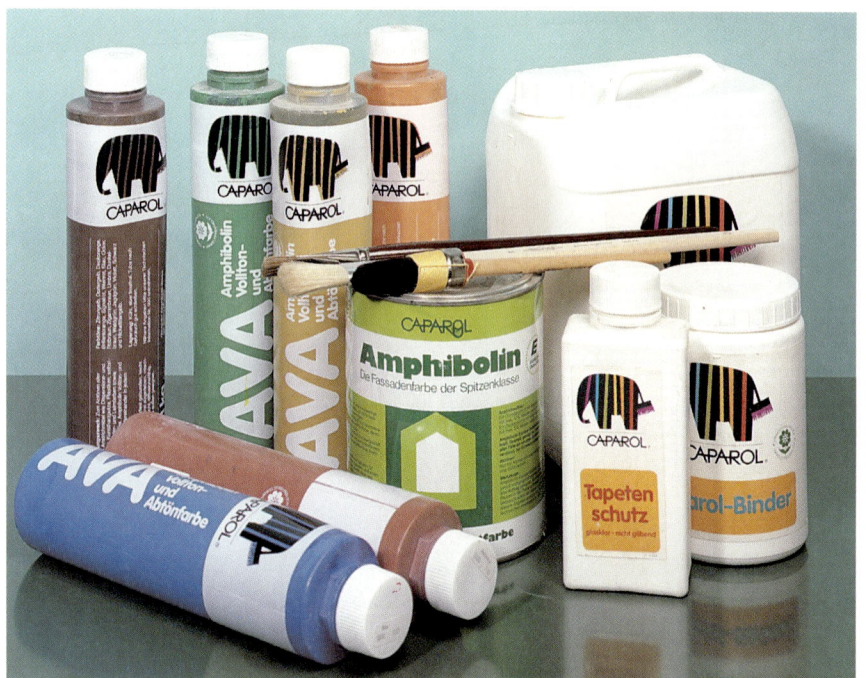

senen Dispersionsfarben höheren Bindemittelreserven sind nötig, weil diese Farben bei uns auch in höherer Verdünnung lasierend verarbeitet oder aber in dickschichtigem Auftrag auch zur Einbettung von Streumaterialien aller Art benutzt werden. Außerdem enthalten für die Außenverwendung vorgesehene Farben besonders lichtbeständige Pigmente, die im Hinblick auf die Farbbeständigkeit der gestalteten Landschaftsmodelle mehr Sicherheit bieten.

Unumgänglich im Hinblick auf das Haftvermögen der aufgebrachten Farbschichten ist eine sorgfältige Untergrundvorbereitung. Die zu bemalenden Untergründe müssen in sich fest, trocken und frei sein von trennenden Fettschichten. Auch Fingerschweiß auf Plastikuntergrün-

Die praktische Anwendung von Farben

Zum Bemalen der beim Geländebau entstehenden Flächen, die aus Gips, gipsähnlichen plastischen Massen, Polystyrolhartschaum, Karton oder aus Papierfaserbrei entstanden sind, wird man heute bevorzugt wasserverdünnbare Dispersionsfarben verwenden. Sie sind unter den verschiedensten Markennamen im Farbenfachhandel erhältlich. Wie der Gattungsbegriff bereits verrät, besteht das Bindemittel aus mikroskopisch kleinen, chemisch vollkommen indifferenten, gallertartigen Kunststoffteilchen in wäßriger Phase. Während die wäßrigen Anteile aus dem aufgebrachten Anstrich verdunsten, verschweißen die verbleibenden Kunststoffteilchen zu einem wasserunlöslichen Film, in den die farbgebenden Pigmente fest eingebunden sind. Dispersionen finden auch, beispielsweise mit Sand oder ähnlichen Zuschlagstoffen aufgefüllt, als Bindemittel für Spachtelmassen Verwendung und unpigmentiert leisten sie als Holzleime ihre Dienste.

Für unsere Zwecke sind vor allem die hochgebundenen und für die Außenverwendung an Bauwerken entwickelten Fassaden- und Volltonfarben geeignet. Die im Vergleich mit den für die Innenverwendung ausgewie-

den könnte als Trennschicht wirksam werden. Saugfähige Untergründe wie Gips, Karton oder Holz muß man vor dem Auftrag der filmbildenden Farbschichten grundieren, um einen Bindemittelentzug zu verhindern. Ein durch Bindemittelentzug ausgemagerter Farbfilm ist nicht in der Lage, eine nachfolgend aufgetragene Farb- oder Kleberschicht zu tragen und könnte die Ursache von Abplatzungen sein.

Grundsätzlich sollte man beim Modellbau nur wasserfreie Grundiermittel verwenden. Für Holz und Karton sind solche auf Nitrozellulosebasis (z. B. Clou-Schnellschleifgrund) empfehlenswert. Speziell für stark saugende Untergründe, wie beispielsweise für Gipsuntergründe, haben sich ferner die wasserfreien Grundiermittel auf der Basis echt gelöster Kunstharze (z. B. Caparol-Tiefgrund L) hervorragend bewährt. Von besonderem Vorteil ist bei der Verwendung lösungsmittelhaltiger Grundiermittel, daß mit der Grundierung nicht

unnötigerweise Wasser in die saugenden Untergründe eingebracht und damit möglichen Quellungen und Verwerfungen vorgebeugt wird. Die genannten Spezialgrundiermittel dringen außerdem sehr tief in die Untergründe ein und bilden auf diese Weise eine sichere Basis für die nachfolgenden filmbildenden Anstrich- und Kleberschichten.

Neben den Dispersionsfarben sind auch die im Modellbau gebräuchlichen Plakatfarben auf Kaseinbasis (z. B. „Plaka" von der Firma Pelikan oder „Tamma" von der Firma Marabu) wasserverdünnbar. Plakatfarben auf Kaseinbasis, die ebenfalls wasserunlösliche Filme bilden, sind allerdings für großflächige und dickschichtige Farbaufträge weniger gut geeignet und können deshalb auch zum Einbetten von Streumaterialien nicht verwendet werden. Dafür sind sie ausgezeichnet vermalbar und eignen sich besonders gut zum Ziehen von Linien, wie sie beispielsweise zur Straßenmarkierung benötigt

Abbildung oben:
Plakatfarben auf Kaseinbasis mit den gebräuchlichen Malutensilien.

Abbildung Seite 106 oben:
Zur Anlagengestaltung empfohlene Farben, Spachtelmasse, Grundier- und Überzugsmittel auf Dispersionsbasis.

Abbildung Seite 106 unten:
Modellbau-Mattlackfarben mit Schnellrührer. Den speziell zum Einspannen in Minibohrmaschinen entwickelten Rührstab zum Aufrühren von Farben in Kleinstgebinden (Bosch) gibt es im Fachhandel.

werden oder aber zum Bemalen kleinerer Flächen auf schwach saugfähigen Untergründen wie zum Beispiel auf Papier, grundierten Holz- oder Gipsflächen. Auch auf Dispersionsfarbenanstrichen haften Kaseinfarben ausgezeichnet. Umgekehrt sind jedoch Kaseinfarben als Träger für Farb- und Kleberschichten mit anderer Bindemittelgrundlage unbrauch-

bar. Praxisüblich sind lediglich Überzüge mit farblosen Lacken zur Kon-
servierung von Kaseinmalereien.

Zum Bemalen von Plastikoberflächen,
wie sie in den gespritzten Kunststoffteilen der handelsüblichen Modell-
Gebäude-Bausätzen vorliegen, sind
wasserverdünnbare Farben ungeeignet. Weder Dispersionsfarben noch
Kaseinfarben haften auf so extrem
glatten Untergründen, die nicht
angerauht werden können. Brauchbar
hierfür sind ausschließlich spezielle
Lackfarben, die für die Bemalungen
von Plastikmodellbausätzen entwickelt
wurden (z. B. HUMBROL) und in einer
umfangreichen Farbskala zur Verfügung stehen. Diese Plastikfarben
gibt es in den Glanzstufen matt, sei-
denmatt und hochglänzend. Für die
Ausführung von Patinierarbeiten sind
ausschließlich die matten Typen
geeignet (z. B. HUMBROL-Patina-Set).

Üblicherweise trägt man die Farben
mit dem Pinsel, mit der Rolle oder
mit der Spritzpistole in einem Arbeitsgang nur so dick auf, wie es zur
Abdeckung der Untergrundfarbe
erforderlich ist, was bisweilen allerdings nicht immer gelingt. Oft wer-

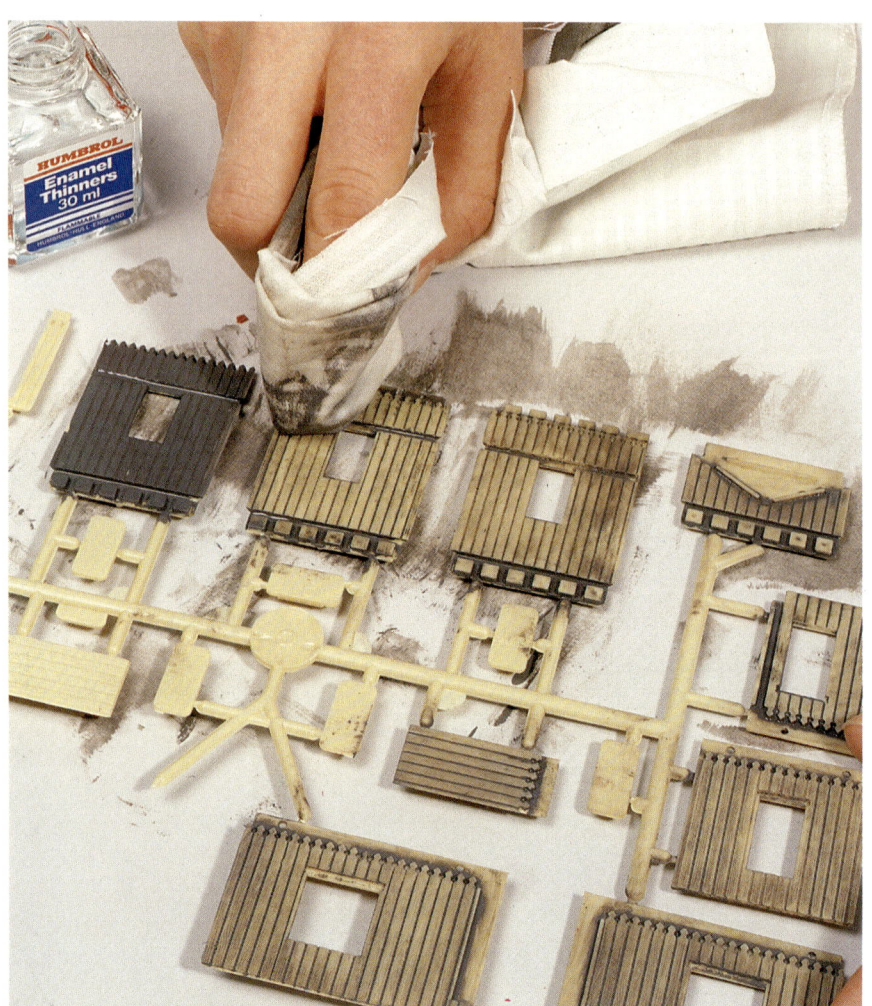

den zwei Farbaufträge nötig, um die erforderliche Untergrundabdeckung herbeizuführen, wobei der erste völlig trocken sein muß. Dies gilt auch für die zuvor ausgeführte Grundierung. Zu früh übereinander aufgetragene Farbschichten können reißen, runzeln oder über einen längeren Zeitraum hinweg nachkleben.

Unter „satter" Auftragsweise versteht man das Aufbringen einer ungewöhnlich dicken Schicht, wie sie in unserer Praxis zum Einbetten von Streumaterialien nötig ist. So dickschichtige Farbaufträge in einem Arbeitsgang sind allerdings nur mit Dispersionsfarben möglich, während Kasein- und Lackfarben nur dünnschichtig aufgetragen werden.

Farbaufträge kann man auch „lasierend" ausführen. Unter dem Begriff „Lasieren" versteht man das Auftragen von Farben, die nicht völlig „decken" und den Untergrund je nach Auftragsweise mehr oder weniger durch-

scheinen lassen. Diese in der Regel unerwünschte Eigenschaft von Farben wird gelegentlich bewußt genutzt, um spezielle Oberflächeneffekte zu erzielen: Beim farbigen Gestalten von Felsen- und Gesteinsstrukturen, Betonoberflächen und beim Aufbringen der Alterspatina an Gebäude-Modellbausätzen.

Eine für unsere Arbeit noch häufig praktizierte Technik ist das „Granieren". Dieser Begriff, der eigenartigerweise in keinem der modernen Lexika zu finden ist, steht für eine Auftragtechnik, die durch Überwischen von strukturierten Flächen mit fast farbleerem Pinsel erfolgt, wobei lediglich die erhabenen Spitzen der betreffenden Struktur von der Farbe erfaßt werden. Die Graniertechnik wird auch heute noch häufig in der Fassadenmalerei auf Strukturputz angewendet. In unserer Praxis ist sie beim Patinieren von Gebäude- und Fahrzeugbausätzen unverzichtbar.

Abbildung oben:
Granieren der Dachflächen mit hellgrauer Mattlackfarbe. Dadurch werden die „Spitzenlichter" imitiert, die Ziegelstruktur wirkt dadurch vorbildnäher.

Abbildung Seite 108 oben:
Das Lasieren von Bausatzteilen durch teilweises Abwischen der zuvor deckend aufgetragenen Mattlackfarbe. Erst durch diese Behandlung tritt die Holzmaserung deutlich hervor.

Abbildung Seite 108 unten:
Granieren eines historischen Bretterdaches mit heller Mattlackfarbe.

109

Die Landschaftsgestaltung

Die Landschaftsgestaltung beginnt mit dem Modellieren der Geländestrukturen. Bei allen Anlagen, die nicht ausschließlich in einer Ebene geplant sind, wird ein solcher Aufbau erforderlich, der seinerseits dann die Basis für die verschiedensten Oberflächengestaltungstechniken bildet. So versteht es sich von selbst, daß diese dreidimensional zu gestaltenden Geländestrukturen formstabil und als Untergründe für Farben- und Kleberaufträge geeignet sein müssen.

Im Hinblick auf die technische Ausführung des dreidimensionalen Geländeaufbaus gibt es unter Fachleuten viele Meinungen. Die einen schwören auf Polystyrol-Hartschaum, den sie aufschichten und anschließend mit Spachtelmassen überziehen, andere verwenden Kreppapier, das sie in Tapetenkleister tränken und über ein Gerüst aus Holz und Maschendraht kleben und wieder andere formen das Gelände mit Sackleinen, das sie mit Knochenleim verfestigen. Bei allen genannten Techniken handelt es sich um praxisbewährte Verfahren, die relativ einfach und zeitsparend sind, da sie in der Regel keinen aufwendigen Unterbau erfordern. Für eine handwerklich solide Arbeit, die auf langfristige Werterhaltung ausgerichtet ist, dürften jedoch Festigkeit und Formbeständigkeit dieser Leichtbauverfahren in Ermangelung eines tragenden Spantengerüstes, das fest mit dem Anlagenrahmen verbunden ist, keineswegs ausreichend sein. Werkstoffbedingt sind hier gleichzeitig auch die Möglichkeiten einer freien Formengestaltung stark eingeschränkt.

Für den Aufbau von Geländestrukturen, die qualitativ den Erfordernissen des professionellen Modellbaus entsprechen, kommen praktisch nur Modellgips oder gipshaltige Modelliermassen in Frage. Im Gegensatz zu den leimgebundenen oder rein kunstharzgebundenen plastischen Massen, die stets unter mehr oder weniger stark ausgeprägtem Volumenschwund aushärten und deshalb nur in eingeschränkter Schichtdicke aufgetragen werden können, erhärten Gips und gipshaltige Modelliermassen

Abbildung oben:
Ländlicher Bahnhof im Herbst.

Abbildung Seite 110:
Vorbildlich gestalteter Bahnkörper mit gemauerter Unterführung.
Die sehr natürlich wirkenden Baumgruppen im Hintergrund entstanden im Eigenbau unter Verwendung von Belaubungsvlies.

ohne Volumenschwund. Eine mit Gips oder gipshaltiger plastischer Masse modellierte Form bleibt also über alle Aushärtungsphasen hinweg bis zur völligen Austrocknung unverändert. Der Vorteil ist, daß jede beliebige Form oder Struktur in einem einzigen Arbeitsgang modelliert werden kann.

Verantwortlich für die Volumenbeständigkeit des Gipses ist die sich während des Versteifungsprozesses vollziehende Kristallbildung, die einen Teil des Anmachwassers bindet und deren Gerüst auch nach dem Verdunsten der Restwassermengen unverändert erhalten bleibt. Die eng ineinander verfilzten Kristalle verleihen letztlich den aus Gips hergestellten Details eine hohe Festigkeit. Auf diese Weise entsteht ein solider, tragfähiger Untergrund für Anstriche, Beflockungen und Verklebungen aller Art, der auch Steckbäumen und Masten einen sicheren Halt bietet. Zur Befestigung von Masten, die unter Zugspannung stehen und an der Basis verschraubt werden müssen, wie dies beispielsweise bei Oberleitungsmasten der

Fall ist, empfiehlt sich allerdings zusätzlich ein Holzklötzchen in die Gipsmasse einzubetten, in das die für die Schraubbefestigung erforderliche Bohrung eingebracht wird. Außerdem sind auch Dübelbefestigungen möglich.

Gips und gipshaltige Modelliermassen sind im Vergleich mit anderen beim Geländebau verwendeten Spachtelmassen wesentlich preisgünstiger. Bedingt durch die Eigenart des Aushärteprozesses ist der von den reinen leim- und kunstharzgebundenen Spachtelmassen her bekannte Klebeeffekt jedoch beim Gips nicht und bei den gipshaltigen Spachtelmassen nur in geringem Maße vorhanden. Deshalb haften sie nicht an glatten oder lediglich leicht angerauhten Flächen. Vielmehr benötigen sie eine Verankerungsmöglichkeit. Eine geradezu ideale Verankerungsbasis bietet Aluminiumdrahtgewebe, aber auch aus dem Untergrund herausragende Nägel- oder Schraubenköpfe. Glatte Flächen können durch „Besandung" als Träger für Gips oder gipshaltige Modelliermas

Abbildung oben:
Die Wallfahrtskirche in den Mauern
einer alten Klosterruine.

Abbildung Seite 113 rechts oben:
Das zum Auftragen der Modellier
masse vorbereitete Anlagenteil.

Abbildung Seite 113, linke Spalte
oben:
Zuschnitt des Aluminiumdraht
gewebes mit einer handelsüblichen
Vielzweckschere.

Abbildung Seite 113, linke Spalte
unten:
Befestigen des Aluminiumdraht
gewebes am Anlagenrohbau mit Hilfe
eines preßluftbetriebenen Tackers.

sen vorbereitet werden. Darunter versteht man das Einstreuen von Quarzsand in eine frisch aufgetragene Lackschicht, die nach erfolgter Aushärtung eine solide Verankerungsmöglichkeit bietet.

Die formgebende Verankerungsbasis

Aluminiumdrahtgewebe für den Geländebau gibt es unter der Marke HEKI beim Modellbahnfachhandel. Unter der Bezeichnung „Aluminium-Fliegengewebe" findet man es manchmal auch als Rollenware in gut sortierten Eisenwarenfachgeschäften. Im Gegensatz zu den lediglich aus Stahldraht hergestellten „Fliegengittern" rostet das Aluminiumgewebe nicht, wenn es mit dem alkalischen Restwasser des Gipses in Verbindung gerät. Es läßt sich außerdem auch mit jeder handelsüblichen Vielzweckschere zuschneiden und erheblich leichter formen.

Die Befestigung des Aluminiumdrahtgewebes erfolgt mit Krampen oder Klammern an den Spanten, Trassen und Blenden des Rohbaus, wobei durch Faltenlegen, Aufbiegen oder Abspannen jede gewünschte Geländeform vormodelliert werden kann. Um ein Einreißen an den Befestigungspunkten zu vermeiden, ist es

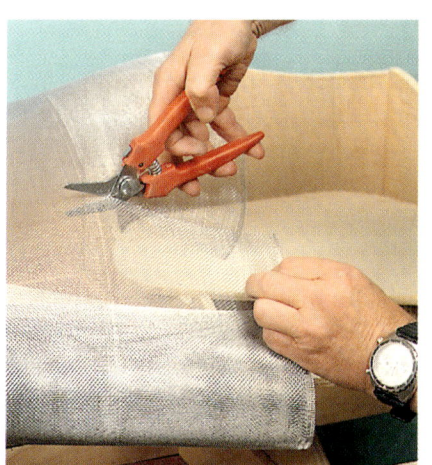

empfehlenswert, die Kanten an den zugeschnittenen Gewebestücken umzubörteln. Rationell gelingen die Befestigungsarbeiten unter Verwendung von Handheftmaschinen. Besonders gut geeignet sind die unter der Bezeichnung „Tacker" handelsüblichen Geräte mit Elektro- oder Druckluftantrieb. Bei ihrem Einsatz muß man jedoch darauf achten, daß die Befestigungsklammern nicht vollständig ins Holz eingeschlagen werden, da in diesem Fall auch das Gewebe durchschlagen würde und eine sichere Befestigung nicht mehr gegeben wäre. Um dies zu vermeiden empfiehlt es sich, die Durchschlagsintensität am Gerät auf die niederste Stufe einzustellen und den Tacker möglichst etwas verkantet anzusetzen, damit die Klammer nicht völlig im Holz verschwindet.

An besonders schwer zugängliche Stellen, wo der Einsatz von Klammern nicht möglich ist, kann die Befestigung des Drahtgewebes auch mit Schmelzkleber erfolgen. Damit gelingt erforderlichenfalls auch die Verklebung von Gewebeteilen unter-

einander, wie dies bei der Gestaltung von stark profilierten Gebirgsstrukturen gelegentlich einmal vorkommen kann.

Modellieren der Geländestrukturen

Zum Antragen der verarbeitungsfähig angemachten Modelliermasse benötigt man ein gekröpftes Palettmesser, so wie es die Kunstmaler zur Ausführung pastöser Maltechniken benützen. Die Klinge sollte aber nicht allzu elastisch sein. Für die Modelliertechnik geeignete Palettmesser, z. B. von HEKI, sind im Modellbahn-Fachhandel erhältlich.

Die in sämiger Konsistenz verarbeitungsfertig angerührte Modelliermasse wird am besten in zwei kurz aufeinanderfolgenden Arbeitsgängen aufgetragen, wobei es beim ersten Auftrag wichtig ist, daß das Material gut in das Aluminiumdrahtgewebe eingedrückt wird. Ähnlich wie beim Beton dient das auf diese Weise eingebettete Gewebe gleichzeitig als

113

Armierung, die der aufmodellierten Strukturschicht nach Aushärtung neben der intensiven Verzahnung auch eine hohe Bruchfestigkeit verleiht. Beim zweischichtigen Aufbau muß jedoch die zweite Schicht — bei Modellgips innerhalb von 5 Minuten, bei gipshaltigen Kunstharzmodelliermassen innerhalb einer Stunde — aufgebracht werden, damit eine gute Vernetzung gewährleistet ist. Nach längerer Unterbrechung muß man die zu verbindende Fläche vor dem Auftrag der nächsten Schicht gründlich mit Wasser benetzen. Dies ist nötig, um einem Wasserentzug aus der neu aufgetragenen Gipsschicht vorzubeugen, der eine ausreichende Verzahnung der beiden Schichten behindern könnte.

Wer zum Gestalten der Geländestrukturen den etwas preisgünstigeren Modellgips verwenden will, muß sich jedoch mit den spezifischen Eigenschaften dieses mineralischen Werkstoffes gut vertraut machen. Zunächst kommt es auf die Wahl der richtigen Sorte an. Für unsere Zwecke geeignet sind ausschließlich die feingemahlenen Sorten, wie sie unter den Bezeichnungen „Modellgips" und „Alabastergips" im Fachhandel — Baustoffhandlungen, Baumärkten oder Bastelgeschäften — erhältlich sind. Die beim Innenausbau verwendeten und wesentlich gröberen Bau- und Stuckgipse sind hier nicht brauchbar.

Die ausreichende Verfestigung der aufmodellierten Gipsschicht ist abhängig erstens vom richtigen Anmachverhältnis zwischen dem Gipspulver und dem Wasser, zweitens vom richtigen Anrühren und drittens von der fachgerechten Verarbeitung.

Zum Anmachen des Modellgipses empfiehlt sich der im Baufachhandel erhältliche elastische „Gipsbecher" aus Gummi. Die Größe dieses Gefäßes ist ausgelegt auf die Menge an Gipsbrei, wie sie während des Versteifungsprozesses verarbeitet werden kann. Nach erfolgter Erhärtung läßt sich der Gipsbecher durch einfaches Zusammendrücken, wobei die spröden Gipsreste abgesprengt

werden, mühelos reinigen. Für den nachfolgenden Ansatz muß das Gefäß nämlich sauber sein, da verbliebene bereits erhärtete Rückstände, die in den neuen Gipsbrei gelangen, zu Klumpenbildungen führen und dessen Modellierfähigkeit erheblich beeinträchtigen.

Fachgerecht angemacht wird der Modellgips, indem man das betreffende Gefäß zunächst bis zu etwa einem Drittel mit gewöhnlichem Leitungswasser füllt. Dann streut man Gipspulver ein, bis sich an der Wasseroberfläche trockene Inseln bilden. Danach wird umgerührt, allerdings nur so lange, bis ein knollenfreier Brei entstanden ist. Nur wenn der Gipsbrei noch zu dünn ist, könnte man notfalls jetzt noch etwas Gipspulver zusetzen und kurz einrühren. Unmittelbar danach setzt die Kristallbildung ein. Durch unnötiges weiteres Rühren würde dieser Prozeß empfindlich gestört, was letztlich eine unzureichende Endfestigkeit des gesamten Ansatzes zur Folge hätte. Der Fachmann spricht in diesem Zusammenhang vom „Totrühren" des Gipses. Das Tückische an der Sache ist, daß sich ein totgerührter Gipsansatz in seiner Modellierfähigkeit nicht von dem eines fachgerecht angerührten unterscheidet und die unzulängliche Festigkeit in der Regel erst nach erfolgter Austrocknung durch die Fingernagelprobe zutage

tritt. Läßt sich die Oberfläche mit dem Fingernagel schaben, ist die Festigkeit der Gipsschicht unzureichend. In diesem Falle wäre sie als Träger für nachfolgende Oberflächentechniken ungeeignet.

Gips kann auch gießfähig verarbeitet werden. In der Regel braucht man ihn aber in sämig modellierfähiger Konsistenz. Man läßt also den Ansatz bis zur Verarbeitbarkeit ziehen. Ab diesem Zustand bleiben etwa drei bis fünf Minuten für die Verarbeitung. Mit beginnender Erhärtung, wenn die Masse also zu steif wird, darf der Gips weder weiterverarbeitet noch mit Wasserzugabe wiederverarbeitbar gemacht werden. Dabei würde die sich bereits ausgebildete Kristallstruktur zerstört und nicht mehr kristallierungsfähiges, also totes Material angetragen werden. Die Folge wäre wiederum eine tote Schicht, die sich schon bald nach der erfolgten Austrocknung von der gesunden Substanz ablösen würde.

Wurde der Gips der Regel entsprechend ohne verzögernde Zusätze angemacht, ist der Verfestigungsprozeß nach etwa einer Stunde soweit abgeschlossen, daß erforderlichenfalls die lediglich mit dem Palettmesser vorgeformten Oberflächenstrukturen nun auch mit den üblichen Werkzeugen wie Schabern, Messern und Stechbeiteln zusätzlich bearbeitet

werden können, bis das gewünschte Endergebnis erzielt ist. Es versteht sich von selbst, daß das hierbei abgetragene Material keinesfalls wieder angetragen werden darf, um etwaige Korrekturen auszuführen. Fehlstellen können nur mit frisch angemachtem Gips oder gipshaltiger Kunstharz-Modelliermasse ausgebessert werden.

Haben die in frisch modelliertem Zustand zunächst noch grau aussehenden Gipsflächen die typisch kreideweiße Alabasterfarbe angenommen, dann sind sie trocken und können mit Farbe oder Kleber weiter bearbeitet werden. Die zur völligen Austrocknung erforderliche Zeitspanne ist abhängig von der am Ort herrschenden Temperatur und Luftfeuchtigkeit und nimmt unter den üblichen wohnraumklimatischen Verhältnissen zwei bis drei Tage in Anspruch. Da während der Austrocknungsphase chemische Reaktionen nicht mehr stattfinden, wäre auch gegen eine künstlich beschleunigte Austrocknung mit einem Warmluftgebläse nichts einzuwenden, wobei nicht zuletzt auch im Hinblick auf die angrenzenden Holzflächen Temperaturen über 60 °C möglichst vermieden werden sollten.

Insbesondere beim Modellieren von schwierigen Felsenpartien kann die relativ kurze Abbindezeit des Modellgipses auch nachteilig sein. In

solchen Fällen hat sich ein Zusatz von feinausgesiebtem Torfmehl bewährt, das dem Gipspulver trocken beigemischt wird. Ein Zusatz von drei bis fünf Eßlöffel Torfmehl zu je einem Kilogramm Modell- oder Alabastergips — mehr sollte es nicht sein — genügt, um die Verarbeitungszeitspanne erheblich zu verlängern. Von anderen, in älteren Schriften oft noch empfohlenen Zusätzen wie beispielsweise Alaun, Knochenleim, Tapetenkleister oder Löschkalk wird im Hinblick auf eine ausreichende Endfestigkeit abgeraten.

Verglichen mit dem Modellgips sind die gipshaltigen Modelliermassen auf Kunstharzbasis, wie sie zum Beispiel von den Firmen FALLER und HEKI speziell für den Modell-Geländebau entwickelt wurden, einfacher, bequemer und letztlich auch risikoärmer zu verarbeiten. Da für die Verfestigung dieser Modelliermassen der Kunstharzanteil verantwortlich ist, während die kristallbildenden Gipsanteile lediglich die Volumenbeständigkeit bewirken, können sie im Gegensatz zum reinen Gips sofort auf verarbeitungsfähige Konsistenz angerührt werden. Die Gefahr des Totrührens besteht also hier nicht. Und für die Verarbeitung hat man je nach Wasseranteil im Ansatz und Fabrikat 30 bis 60 Minuten Zeit. Die gipshaltigen Modelliermassen, die zum Teil auch in farbigen Tönungen lieferbar

Abbildung oben:
Die frei nachgebildeten Glasträger-Tunnel an der Schwarzwaldbahn. Ein so freies Formen ist praktisch nur mit volumenbeständigen Modelliermassen möglich.

Abbildung Seite 114:
Die richtigen Materialien und Werkzeuge: Modellgips, Torfmehl, Gummigipsbecher und Palettmesser.

sind, können außerdem mit Volltonfarben auf Dispersionsbasis bis zu einem Anteil von 5 Volumenprozent eingefärbt werden. Allerdings verlieren die auf diese Weise „angefetteten" Modelliermassen ihre sämige Konsistenz und neigen ein wenig zum Verlaufen, was sich jedoch in der Praxis nur bei extrem dickschichtiger Auftragsweise hinderlich auswirken dürfte. Allen kunstharzgebundenen Modelliermassen mit oder ohne Fremdzusätze ist aber eigen, daß sich die Wasserverdunstung erheblich langsamer vollzieht und entsprechend längere Austrocknungszeiten in kauf genommen werden müssen.

Für das Formen der üblichen Vegetationsflächen zur Gestaltung von Wiesen und Ackerflächen oder von bewachsenen Böschungen, Feldhainen, Bahndämmen oder Gewässerbettungen, die später mit Gießharz ausgegossen werden, reichen zum Modellieren nur relativ dünne Schichten in Auftragsstärken von fünf bis sieben Millimetern. Schichten, in die viele Bohrungen eingebracht werden, z. B. zum Einleimen von Steckbäumen bei der Gestaltung von zusammenhängenden Waldflächen oder zum Einstecken der Verspannungspfähle beim Gestalten von Weinbergen oder Hopfenpflanzungen oder aber wo Holzklötzchen für die Schraubbefestigung von Masten eingebettet werden müssen, wird man zweckmäßigerweise mindestens zehn Millimeter stark aufmodellieren. Noch stärkere Materialaufträge sind nur dort erforderlich, wo, wie zum Beispiel bei Felspartien, aus der aufgetragenen Substanz Gesteinsstrukturen plastisch herausgearbeitet werden sollen.

Das Gestalten von Gebirgsstrukturen und namentlich das plastische Modellieren von Felsenbildern ist wohl die größte Herausforderung an den Gestalter. Keine anderen Details stellen höhere Anforderungen an sein handwerkliches Können und sein Vermögen, beobachtete Natur ins Modell umzusetzen.

Grundsätzlich sollte man allen Überlegungen voranstellen, daß es beim Anlagenbau nicht darauf ankommt, die Gebirgsdetails möglichst interessant zu gestalten — dies gelingt auch mit aufgeklebten Korkrindestückchen — sondern inwieweit man den typischen Charakter einer Gebirgslandschaft trifft. Diese Kunst ist ohne Ausdauer und Fleiß nicht erlernbar. Sie erfordert neben eingehenden und fortgesetzten Naturstudien viel Übung im Umgang mit den verschiedenen Werkstoffen. Die theoretischen Grundlagen hierzu, die auf jahrelangen praktischen Erfahrungen beruhen, finden sich in den folgend beschriebenen technischen Anleitungen.

Vor der technischen Ausführung stehen jedoch die Vorbildstudien.

Dabei kann es von großem Nutzen sein, wenn man sich auch ein wenig mit der Entstehungsgeschichte der Gebirge befaßt, die man nachzubilden beabsichtigt. Im besonderen aus dem geologischen Aufbau eines Gebirges lassen sich am ehesten die charakteristischen Wesensmerkmale der verschiedenen Gesteinsstrukturen erkennen.

So unterscheidet man zunächst zwischen Gebirgsformationen aus Sedimentgestein, die durch schichtweise Ablagerungen entstanden sind und den sogenannten Faltengebirgen, die ihren Ursprung Pressungen, Hebungen und Senkungen in der Erdrinde verdanken. In anderen Gebirgsstrukturen erkennt man die Versteinerungen nach gewaltigen Eruptionen. Die Spuren ihrer Entstehungsgeschichte zeichnen sich deutlich in ihren Felsbildern ab. Die spezifischen Zeichnungen in diesen Gesteinsoberflächen sind daher die besten Vorbilder für die Modelliertechnik. Beim Sedimentgestein beispielsweise finden

sich ausgeprägte, relativ dünne geologische Schichtlinien in nahezu parallelem Verlauf zur vorherrschenden Geländeform. Beim Faltengebirge dominieren unregelmäßige, scharfkantig abgesetzte Felsabbrüche. Der Verlauf der geologischen Schichtlinien ist hier uneinheitlich. Manchmal sind vorwiegend in mittleren Gebirgslagen auch die Schleifspuren ehemaliger Eiszeitgletscher deutlich zu erkennen. Und bei den Gebirgen vulkanischen Ursprungs verraten die tief eingegrabenen Rillen den einstigen Weg, den die glühende Lava talwärts nahm. Je nach Beständigkeit der einzelnen Gesteinsarten kommen noch die vielfältigen Strukturen hinzu, die Auswaschungen, Frostabbrüche und chemische Zersetzungen im Laufe vieler Jahrtausende in die vom Erdreich entblößten Felswände geformt haben. Und allerorts, wo sich in Poren und Ritzen des verwitterten Gesteins Humus bildet und Keimlinge Nahrung finden, mischt sich das zarte Grün unzähliger Moosarten in die bunte Farbskala der

Felsenbilder, die vom kräftigen Oxidrot der gelösten Eisensalze, über alle Ockertöne hinweg bis hin zum tiefen Braun der feingeäderten Manganeinschlüsse reicht.

Zugegebenermaßen kosten so eingehende Studien, die aber im Hinblick auf ein zufriedenstellendes Ergebnis unumgänglich sind, mitunter viel Zeit. Doch der Aufwand lohnt sich bestimmt.

Strukturieren der Felsenbilder

Das Strukturieren der Felsen und Gesteinsschichtungen nach ihren natürlichen Vorbildern gelingt am besten mit Modellgips. Für diesen Zweck wird der nach Vorschrift angemachte Modell- oder Alabastergips — gegebenenfalls unter Zusatz von Torfmehl wie auf Seite 114 beschrieben — direkt auf das Trägergewebe in einer Schichtstärke aufgebracht, die ausreicht für das spätere Ausformen der gewünschten Gesteinsstruktur.

Bei stark zerklüfteten Gebirgsstrukturen kann man die Falten und Vorsprünge auch mit handelsüblichen Gipsbinden vormodellieren. Gipsbinden für den Modellgeländebau sind im Fachhandel erhältlich. Die Gipsbinden schneidet man zunächst in etwa handbreite Stücke. Dann taucht man die Gipslappen kurz in Wasser und kaschiert sie auf das Aluminiumträgergewebe. Die gewünschten Strukturen entstehen durch entsprechendes Falten, wobei es oft nötig ist, mehrere Gipslappen naß in naß formend übereinanderzulegen. Sie er-

Porphyr

Granit

Sandstein

Jura / Dolomit

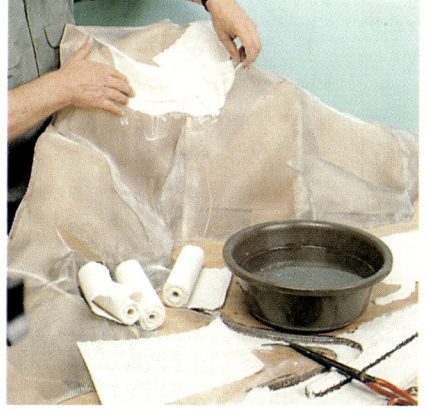

starren in wenigen Minuten. Dann werden die so vorgeformten Strukturen nochmals mit Modellgips überschichtet und zwar in einer Stärke, die für das spätere Herausarbeiten der Feinstrukturen ausreichend ist. Dabei versucht man die gewünschte Gesteinsstruktur bereits so weit wie möglich im gleichen Arbeitsgang mit dem Palettmesser auszuformen. Dann hat man mit der abschließenden Oberflächenbearbeitung weniger Mühe.

Viererblock oben:
Frei nach Naturvorbildern mit Modellgips gestaltete Gebirgsstrukturen.

Abbildung links:
Das Vorformen der Gebirgsstrukturen mit Gipsbinden.

Abbildung Seite 116:
Dolomitenfelsen beispielsweise sind zum Studium der Farben und Formen von Gebirgsstrukturen ausgezeichnet geeignet (Foto: Walter Lösch, Mannheim-Käfertal).

117

die richtige Handhabung der zur Verfügung stehenden Stech- und Schabewerkzeuge herauszufinden.

Die Oberflächenbearbeitung der erhärteten Gipsschichten erfordert scharf geschliffene Werkzeuge, deren Klingen jedoch auf Grund der kristallinen Beschaffenheit des mineralischen Werkstoffes relativ rasch abstumpfen. Sie müssen deshalb öfters an einem Ölstein abgezogen werden.

Was die Führung der einzelnen Werkzeuge beim Herausarbeiten der Strukturmuster anbetrifft, gibt es keine festen Regeln, da die einzelnen Gesteinsarten ebenso unterschiedlich sind wie die anwendungstechnischen Möglichkeiten, sie nachzubilden. Vielmehr muß hier jeder Gestalter seine eigene Technik und damit seine eigene, persönliche Handschrift

Das Modellieren von Felsenstrukturen in der beschriebenen Art erfordert allerdings viel Übung. Dem Anfänger wird deshalb empfohlen, die ersten Versuche an einem kleinen Probeaufbau außerhalb der Anlage vorzunehmen, bis er über hinreichende Sicherheit im Umgang mit der Modelliermasse und dem Auftragswerkzeug verfügt. Wenn die ersten Ergebnisse nicht allzu ermutigend sind, sollte man jedoch nicht gleich aufgeben. In der Regel bedarf es mehrerer Versuche, bis die ersten Strukturen gelingen. Geduld und Ausdauer zahlen sich aber auf alle Fälle aus.

Durch die relativ kurze Verarbeitungszeitspanne des Modellgipses wird es nur in ganz seltenen Fällen gelingen, schon beim Gipsauftrag die Felsbilder so zu formen, daß sie in jeder Hinsicht befriedigen. Meistens wird man, wie bereits erwähnt, die Verfestigung der aufgetragenen Gipssubstanz abwarten müssen und danach die endgültige Feinstrukturierung vornehmen. In der Regel kann man schon nach einer Stunde mit dieser Arbeit beginnen. Wurde dem Modellgips Torfmehl zugesetzt, was im übrigen die mechanische Oberflächenbearbeitung wesentlich erleichtert, vollzieht sich der Verfesti-

gungsprozeß entsprechend langsamer.

Solange das Anmachwasser in den aufmodellierten Gipsschichten noch nicht verdunstet ist, lassen sich die Oberflächen mit allen üblichen Stech-, Schabe- und Schneidewerkzeugen bearbeiten. Vor allem aber während der ersten zwölf Stunden sind die Oberflächen noch relativ leicht bearbeitbar. Durch Überdekken mit feuchten Tüchern kann dieser Zustand auch noch über Nacht auf den nächsten Tag ausgedehnt werden.

Speziell für das Herausarbeiten von Felsenstrukturen haben sich scharf geschliffene Stechbeitel und Schnitzmesser, so wie man sie zur Holzbearbeitung benutzt, gut bewährt. Ferner werden die in Künstlerbedarfsgeschäften erhältlichen „Sgraffittoschlingen" gerne verwendet.

Das Herausarbeiten der Feinstruktur von Felsbildern übt man am besten nach Vorlagen an einem Probestück. Selbstgefertigte Skizzen leisten hierbei gute Dienste. Oft genügen schon wenige Versuche, um beispielsweise die richtige Technik beim Ausstechen der Formen in der Verlaufsrichtung der geologischen Schichtlinien oder

selbst entwickeln. Er wird aus seinen Naturbeobachtungen heraus schnell lernen, daß die Felsbilder aller Gesteinsarten geprägt sind durch ihren speziellen geologischen Aufbau, wobei die Verlaufrichtungen und Charakteristik der Schichtlinien eine dominierende Rolle spielen. So gilt es auch die Werkzeuge beim Nachbearbeiten der vorgeformten Strukturen in der Richtung anzusetzen, wie sie der vorherrschenden geologischen Schichtung der nachzubildenden Gesteinsart entspricht. Als oberstes Gebot muß man jedoch unabhängig von den benutzten Werkzeugen und der angewendeten Technik peinlich darauf achten, daß jegliche Regelmäßigkeit oder Gleichförmigkeit in den Strukturmustern vermieden wird.

Vor allem die sich ständig wiederholenden Strukturmuster, wie sie sich oft bei krampfhafter Werkzeugführung ergeben, würden der gewachsenen Dynamik einer natürlichen Felsstruktur in keiner Weise entsprechen.

In der beschriebenen Weise könnten anstelle des Modellgipses auch die erwähnten gipshaltigen Modelliermassen verwendet werden. Sie trocknen jedoch auf Grund ihrer hohen Kunstharz- und Leimanteile erheblich

langsamer und sind, bedingt durch ihre ausgeprägtere Verlaufstendenz, nicht ganz so gut modellierfähig. Andererseits eignen sich diese Werkstoffe ausgezeichnet zum Einbetten von Formstücken, wie sie beispielsweise die Firma FALLER aus PU-Schaum herstellt.

Gebirgsgestaltung mit Formstücken

Die Gestaltung von Felsstrukturen unter Verwendung von Formstücken aus Polyurethan-Schaum ist eine echte Alternative zur klassischen Modelliertechnik mit Modellgips. Sie erfordert weniger handwerkliche Erfahrung und in der Regel auch einen geringeren Zeitaufwand. Es gibt sogar Felsstrukturen, die sich auf Grund ihrer speziellen Schichtungen mit den entsprechend zugeschnittenen Formstückchen eher noch naturgetreuer darstellen lassen. Beispiele hierfür sind Blauschieferfelsen mit ihren stark ausgeprägten geologischen Schichtlinien und alle Arten von ausgewaschenen Sedimentgesteinen, wie sie im schwäbischen

Abbildung oben rechts:
Aus PU-Formstücken aufgebautes Schichtgestein.

Abbildung Mitte:
Aufbau eines Schichtgesteins unter Verwendung von entsprechend zugeschnittenen PU-Formstücken.

Abbildung unten:
Aufbau eines Granitfelsens unter Verwendung von entsprechend zugeschnittenen PU-Formstücken.

Abbildung Seite 121:
Farbmuster zum Nachmischen der gängigsten Gesteinsgrundfarben (große Felder) mit den zugeordneten Lasurfarbtönen (kleine Felder).

oder schweizerischen Jura zu finden sind.

Zum Aufbau der Gebirgsstrukturen werden die handelsüblichen Formstücke, die sich extrem leicht bearbeiten lassen, zunächst in gleichmäßig dünne Streifen geschnitten und ungleichmäßig gebrochen. Die Einbettung erfolgt mit gipshaltiger Modelliermasse etwas versetzt übereinandergeschichtet, jedoch streng in der geologischen Linienführung, die der Charakteristik der nachzubildenden Gebirgsstruktur entspricht.

Der gleichmäßige Zuschnitt der Formstücke erfolgt einfach und schnell mit einer Band- oder Kreissäge mit feingezahntem Sägeblatt. Um beim Einbetten eine intensive Verbindung mit der Modelliermasse sicherzustellen, werden die Formstücke angenäßt.
Nach der Aushärtung der Modelliermasse werden die für die meisten Schichtgesteine dieser Art typischen senkrechten Abbrüche mit Hilfe einer Flachzange ausgebrochen. Auch die nachträgliche Bearbeitung mit einer Raspel oder einem scharf geschliffenen Schnitzmesser bietet Möglichkeiten, die naturgegebene Gesteinsstruktur weitgehend vorbildtreu zu modellieren.

Nicht ganz so einfach ist der Aufbau von Felsstrukturen der vorwiegend in

den Alpenregionen anzutreffenden Faltengebirge unter Verwendung der genannten Formstücke. Hier muß Stein für Stein zugeschnitten und in das Felsbild eingepaßt werden, was zumindest so zeitaufwendig ist und ebensoviel Übung erfordert wie die Gestaltung mit Modellgips. Da aber sowohl Modellgips als auch die gipshaltigen Modelliermassen auf der porösen Oberfläche der PU-Formstücke ausgezeichnet haftet, lohnt sich die kombinierte Anwendung beider Gestaltungstechniken.

Für Modellbauer, die sich die erfolgreiche Anwendung weder des einen noch des anderen Verfahrens zutrauen, bestünde letztlich noch die Möglichkeit, ihre Gebirgslandschaften mit natürlichem Gestein zu gestalten. wobei man die gipshaltigen Modelliermassen als Mörtel verwenden könnte. Es ist durchaus denkbar, daß auch in dieser Manier ansprechende Ergebnisse erzielt werden. Doch das hohe Gewicht, das bei einem solch massiven Gebirgsbau zustande kommt, erfordert eine entsprechend aufwendigere Unterkonstruktion und ist in Innenräumen kaum zu realisieren. Bei Gartenbahnen hingegen ist der massive Gebirgsbau dieser Art gängige Praxis. Da Gips und gipshaltige Modelliermassen nicht witterungsbeständig sind, muß im Freien ein magerer Zementmörtel zum Aufmauern verwendet werden.

Jurakalk   Sandstein grün   Sandstein gelb   Sandstein rot   Granit

Dorit   Dolomit   Porphyr   Schiefer   Basalt

Lasieren der Felsstrukturen

Wenn die Modelliermassen vollständig ausgetrocknet sind, erfolgt die Oberflächenbehandlung mit Dispersionsfarben. Wurden die Details mit Modellgips oder gipshaltiger Modelliermasse gestaltet, ist vor dem ersten filmbildenden Farbauftrag eine satte Grundierung mit einem möglichst dünnflüssigen und wasserfreien Grundiermittel auf Kunstharzbasis (z. B. Caparol-Tiefgrund L) erforderlich, um das hohe Saugvermögen des porösen Untergrundes zu unterbinden und eine ausreichende Untergrundverbindung für die nachfolgend aufzutragenden Farbschichten sicherzustellen.

Die Strukturen aus PU-Formstücken werden nicht grundiert und können ohne irgendwelche Vorbehandlung mit Dispersionsfarbe bemalt werden.

Der erste Farbauftrag wird dann mit Dispersionsfarbe deckend ausgeführt und zwar im hellsten Farbton des nachzubildenden Gesteins, wie er beispielsweise an einer frischen Bruchstelle beim vergleichbaren natürlichen Material zutage tritt. Beim Jurakalk wird man sich den hellen Basisfarbton aus Weiß unter Zugabe von wenig Ocker und Umbra in etwa gleichen Anteilen mischen, beim Tuff könnte der Umbraanteil etwas höher sein und beim Dolomit trifft man den Farbton, wenn noch ein Tropfen Oxidrot dazukommt. Die Grundtönung für ein Sandsteingebirge erzielt man durch Zumischen von Oxidrot, Ocker, Chromoxidgrün und gegebenenfalls auch etwas Blau zur weißen Basisfarbe, wobei die Anteile der einzelnen Zumischungen sehr unterschiedlich sein können, da die Skala der Sandsteinvorkommen vom blassen Ocker über Grünumbra bis ins mittlere Rotbraun hinein reicht. In ähnlicher Mischung, nur dunkler und mit höherem Blauanteil, trifft man die richtige Grundfarbe für das Schiefergebirge. Ganz am Ende der Dunkelskala und mit deutlichem Rotstich liegt die Basisfarbe für das Basaltgestein und diese wiederum in starker Aufhellung könnte den richtigen Grund für einen Porphyrfelsen abgeben. Ganz in der Nähe der aus Zumischungen von Umbra, Braun und wenig Ocker erhältlichen, neutralgrauen Betonfarbe liegen die Basisfarbtöne für Gneis, Diorit, Granit und Phyllit.

Die Lasurarbeit erfolgt dann nach guter Durchtrocknung der Basisfarbe. Je nach Gesteinsart kann es jedoch erforderlich werden, daß man zuvor noch mit verdünnter Dispersionsfarbe zum Beispiel geologische Sediment-Schichtlinien oder die verästelten

Abbildung links:
Eisenbahnlandschaft mit gelbem
Sandstein und Lößauflage; gestaltet
mit gipshaltiger Modelliermasse.

Abbildung unten:
Landschaft mit Kalksteinfelsen, wie
sie im Donautal zu finden sind, mit
Modellgips geformt und Dispersions-
farbe schwach lasiert.

Abbildung Seite 123:
Eisenbahnlandschaft mit Basaltfelsen
und Betonstützmauer, beides mit
Modellgips geformt und mit Disper-
sionsfarben lasiert. Man beachte auch
die sehr vorbildtreu aus Modellbahn-
schienen und Streichhölzern gestalte-
ten Geröllfangwehren.

Adern von Mangan- und Eisenerzeinschlüssen mit einem feinen Malpinsel einzieht, die nach der letzten Lasur noch sichtbar bleiben. Auf diese Weise gelingt es, auch Felsbilder mit ausgeprägter Maserung sehr wirklichkeitsnah zu imitieren. Mehr Dynamik erzielt man außerdem, wenn man in die Grundtöne hellere oder dunklere Farbvarianten mit Hilfe eines Schwammes oder eines Leinenläppchens einwischt. Auch diese Schattierungen schimmern durch die Endlasur.

Auch für den letzten lasierenden Farbauftrag werden Dispersionsfarben verwendet, allerdings stärker verdünnt — etwa 10 bis 15 Vol.% — und diesmal in den dunkelsten Tönungen der betreffenden Gesteinsarten. In der Regel gelingen diese Mischungen aus dunklem Braun und Blau und gegebenenfalls durch Nachnuancieren mit Ocker oder Oxidrot, je nachdem, ob die Lasur wie beim Blauschiefer beispielsweise gegen Violett hin tendiert, gegen Rostrot oder aber gegen Laubgrün, wie dies oft bei Buntsandsteinfelsen der Fall ist. Die auf Seite 121 gezeigte Skala an Grund- und Lasurfarbtönen zu den einzelnen Gesteinsarten ist nicht unbedingt verbindlich, sie kann aber beim Nachmischen eine nützliche Orientierungshilfe sein.

gen zu vermeiden, muß man also zügig arbeiten. Bei größeren zusammenhängenden Flächengebilden empfiehlt es sich daher, diese in kleinere Felder aufzuteilen und überlappend zu bearbeiten. Unter besonders ungünstigen Voraussetzungen, wenn die Lasurfarbe vorzeitig anzutrocknen droht, könnte man die aufgetragene Farbe auch mit Wasser fein übersprühen (Zimmerpflanzensprüher), um so einem allzuschnellen Austrocknen entgegenzuwirken.

Die so lasierten Felsbilder zeigen bereits eine recht realistische Wirkung. Es fehlt allerdings noch die dem Naturvorbild eigene Patina aus Moos- und Flechtenbewuchs. Auch die weißen Kalkfahnen fehlen, wie sie durch das aus den Felsspalten sik-

Um die richtige Farbtönung genau zu treffen, wird dringend empfohlen, die Wirkung der bereits lasurfähig verdünnten Mischungen zunächst an einem Probestück zu testen, weil Lasuren am Objekt andere Tönungen aufweisen als im Gefäß oder bei deckendem Auftrag. Da sich Lasurfarben noch solange in ihrer Tönung verändern können, bis der filmbildende Prozeß abgeschlossen ist, kann eine endgültige Beurteilung erst nach der Trocknung erfolgen.

Ist die Lasurprobe zufriedenstellend, wird die Lasurfarbe auf die vorbereiteten Flächen mit weichem Rindshaarpinsel aufgetragen und mit einem feuchten Schwämmchen sofort wieder abgewischt. Bei solcher Arbeitsweise verbleibt die Farbe konzentriert lediglich in den Ritzen und Vertiefungen der Felsenstruktur, während sie

an den erhabenen Flächen wieder weitgehend entfernt wird. Den Grad der dabei eintretenden Lasurwirkung kann man mit der Technik des Wischens steuern, indem man mehr oder weniger intensiv wischt und das Schwämmchen immer wieder im Wasser ausdrückt und neu anfeuchtet. Die gewünschten Lasureffekte gelingen allerdings nur, solange die frisch aufgetragene Farbe noch naß ist. Durch die starke Verdünnung bedingt, trocknen Lasurfarben relativ schnell. Um unschöne Ansatzbildun-

Abbildung oben:
Die mit der Porphyr-Basisfarbe dekkend vorgestrichene Gesteinsstruktur.

Abbildung Mitte:
Nachwischen der Lasurfarbe mit dem nassen Schwamm.

Abbildung unten:
Granieren der Felsenstruktur mit heller Dispersionsfarbe.

Abbildung Seite 125:
Der fertig gestaltete Porphyrfelsen.

kernde Quellwasser hervorgerufen werden. Im Vergleich zum Vorbild fehlen aber auch in Ermangelung einstrahlenden Sonnenlichtes die von den Fotografien so geschätzten „Spitzenlichter", wie sie durch die Lichtbrechung an den Kanten der Felsabbrüche zu beobachten sind und die Gesteinsstrukturen besonders markant hervortreten lassen. Speziell diese Effekte erzielt man durch Granieren der Oberflächenstrukturen mit hellen Farben, siehe Seite 124.

Zur Ausführung der bereits auf Seite 108 erwähnten Graniertechnik benutzt man einen gut auf Schluß gearbeiteten Rindshaar-Plattpinsel. Nach dem Eintauchen des Pinsels in die zuvor kräftig aufgerührte Farbe streicht man ihn zunächst an saugfähiger Pappe oder an einem unbehandelten Holzbrettchen wieder aus, so daß nur

ein geringer Farbrest im Haarbesatz verbleibt. Mit dem nunmehr fast farbleeren Pinsel streift man dann über die zu bearbeitende Oberflächenstruktur hinweg, wobei lediglich die Pinselspitze Kanten und erhabene Punkte berührt und nur an diese Farbe abgibt.

Felsenstrukturen wird man vorteilhaft mit Dispersionsfarben granieren. Das Ausmischen der Granierfarben setzt allerdings etwas Erfahrung voraus, da auch sie durch die spezielle Auftragsart am Objekt ganz anders wirken als im Probeaufstrich oder in der Dose. In der Regel wird man sich auch hier durch Vorversuche an einer Arbeitsprobe an den richtigen Farbton herantasten müssen. Die Imitation von Moos- und Flechtenbewuchs trifft man durch Zumischen von Oxidgrün in die weiße Basisfarbe auf die rich-

tige Farbtönung. Zum Granieren der Jurakalkfelsen wählt man hingegen besser reines Weiß, das sich noch ausreichend von dem hellen Gestein abhebt und mit der es auch möglich ist, die charakteristischen Kalkauswaschungen sehr vorbildnah darzustellen. Auf glatten oder weniger ausgeprägt profilierten Flächen gelingt die Imitation der sich meist nach unten verbreiternden Kalkfahnen durch Aufwischen der weißen Farbe mit der Fingerkuppe.

Nach dem Granieren sind die Gesteinsstrukturen fertig gestaltet. Nun gilt es noch, die Oberflächen zu versiegeln. Dies ist einmal nötig, um die doch mit viel Mühe kunstvoll ausgeführten aber in starker Wasserverdünnung aufgebrachten Lasuren zusätzlich zu konservieren und abriebfester zu machen. Zum anderen erzielt man mit einem solchen farblosen Überzug jenen seidenglänzenden Lüster, wie er für viele Gesteinsarten typisch ist.

Für die farblose Versiegelung besonders gut geeignet sind feindisperse Dispersionen (z. B. Caparol Tapetenschutz — erhältlich in Farbenfachgeschäften), die zwar unmittelbar nach dem Aufbringen milchig trüb erscheinen, aber nach dem Trocknen glasklare Filme liefern. Unverdünnt verwendet sind die Überzüge hochglänzend. Hochglanz ist allerdings nur dort erwünscht, wo gleichzeitig Nässe im Gestein imitiert werden soll. Den ansonsten hier geforderten seidenglänzenden bis seidenmatten Glanz erzielt man durch Verdünnen der Dispersionen mit Wasser im Mischungsverhältnis 1:1 bis 1:2. Je höher die Wasserverdünnung, desto matter wird der Überzug. Der Auftrag erfolgt hauchdünn am besten unter Verwendung eines nicht allzubreiten Flächenstreichers mit weichen Naturborsten. Wird eine tuchmatte Oberfläche gewünscht, wie sie beispielsweise für den Sandstein typisch ist, bieten sich auch Mattlacke auf Nitrozellulosebasis (z. B. von Clou) an, die hier aber nur im Sprühverfahren übernebelnd aufgetragen werden dürfen.

Ganz zum Schluß wird man auch an den Felsvorsprüngen, wo sich in der Natur Humusablagerungen bilden, spärlichen Graswuchs anbringen oder unter Verwendung von Islandmoos ab und zu aus den Ritzen auch einmal ein kleines Bäumchen herauswachsen lassen. Wie die Bildbeispiele zeigen, gelingen so mit Sorgfalt und Ausdauer Gebirgsstrukturen, die sich im Foto von ihren natürlichen Vorbildern kaum noch unterscheiden.

Gestalten der Vegetationsflächen

Unter „Vegetationsflächen" versteht man die Flächen innerhalb einer Landschaft, die bewachsen sind, also Wiesen, Felder, aber auch Wälder, Moore, Auen und Haine. Man unterscheidet zwischen bewirtschafteten und unbewirtschafteten Vegetations

flächen. Bei den bewirtschafteten ist das Landschaftsbild geprägt durch ein wohlgeordnetes Netz von Straßen und Wirtschaftswegen, dazwischenliegenden Weide-, Acker- und Waldflächen und eingestreuten Gehöften. Zu den unbewirtschafteten Vegetationsflächen, die hierzulande größtenteils unter Naturschutz stehen, zählen beispielsweise Bergwiesen, Flußauen, Sümpfe und Moore.

Die Unterscheidung zwischen bewirtschafteten und unbewirtschafteten Vegetationsflächen ist auch für die Landschaftsgestaltung im Modell wichtig, da die kultivierten Flächen samt Infrastruktur ein ganz anderes Konzept erfordern als Flächen, die sich weitgehend selbst überlassen sind. So wird man beispielsweise bei der Gestaltung einer Parkanlage möglichst danach trachten, den Cha-

Abbildung oben:
Granitfelsen mit Geröllfangwehren;
geformt mit Modellgips.

Abbildung Seite 126:
Ein Kalksteinbruch mit Brechwerk
und 600-mm-Feldbahn; gestaltet mit
gipshaltiger Modelliermasse
(Anlagenbau: J. Brandl).

rakter einer liebevoll gepflegten Landschaft zu treffen, mit Wiesen in einheitlich saftigem Grün, nach Sorten geordneten Blumenfeldern und streng geometrisch geschnittenen Hecken. Da in den Parks die Rasen meist kurz gehalten werden, wird

Gestalten der niederwüchsigen Flora

Zur „niederwüchsigen Flora" zählen vor allem die vielen Arten von Wiesen und Feldern. Zur Gestaltung von Wiesen wird man heute vorzugsweise die synthetische Grasfaser verwenden. Speziell für Landschaftsmodelle in den kleineren Nachbildungsmaßstäben 1:160 und 1:220 hat sich auch eingefärbter Sand zur Darstellung niederwüchsiger Vegetationsflächen sehr gut bewährt.

Die synthetische Grasfaser wird als lose Rohware in verschiedenen Farben angeboten, aber auch bereits auf Kreppapier kaschiert in Form der bekannten Grasmatten. Bei der Verwendung dieser Grasmatten, die einfach mit Kleister oder Alleskleber auf den entsprechend vorbereiteten Untergrund aufgeklebt werden, ist allerdings von Nachteil, daß die zugeschnittenen Stücke, insbesondere beim Belegen unebener Geländeformen, nie nahtfrei aneinandergefügt werden können. Und das Nacharbeiten der dabei zwangsläufig entstehenden Überlappungen gelingt nur selten ohne sichtbar verbleibende Ansätze. Bei Verwendung der Grasmatte ist man außerdem an den vorgegebenen Einheitsfarbton gebunden. Hingegen spricht für die Grasmatte der durch die senkrecht gestellten Fasern bedingte, sehr natürlich wirkende Flor, wie er in dieser Qualität ansonsten nur mit der elektrostatischen Beflockung erzielt wird.

Die synthetischen Streufasern gibt es in zahlreichen Farben im Fachhandel. Die einzelnen Farbtöne sind in beliebigem Verhältnis untereinander mischbar, so daß vom zarten Grün der jungen Frühlingswiese bis hin zum dunkelbraunen Waldboden jede in der Natur vorkommende Farbtönung nachvollziehbar ist.
Durch Einstreuen verschiedener Grasmischungen in ein gemeinsames Kleberbett besteht darüberhinaus die Möglichkeit, die betreffenden Vegetationsflächen verschiedenfarbig zu schattieren. Auf diese Weise lassen sich zum Beispiel gemähte oder abgeweidete Flächen innerhalb

man dort kaum Blumenteppiche vorfinden. Auch die landwirtschaftlich genutzten Weiden, Wiesen, Äcker und Waldflächen dominieren in ziemlich einheitlichen Farbgebungen, die aus dem gleichmäßigen Wachstum der verschiedenen Monokulturen resultieren. Zu diesen Monokulturen zählen zum Beispiel auch Weinberge oder Hopfenplantagen. Bei der Gestaltung unbewirtschafteter Vegetationsflächen wird man hingegen versuchen, den urwüchsigen Charakter einer wild gewachsenen Landschaft in der dynamischen Vielfalt ihrer Formen und Farben möglichst wirklichkeitsnah zu inszenieren.

Weiterhin muß man bei der Gestaltung der Vegetationsflächen auch die jahreszeitlich bedingten Besonderheiten beachten. Wer blühende Obstbäume mit ins Bild bringen will, darf in der gleichen Landschaft keine Ernteszene zeigen oder einen grün belaubten Weinberg. Und zur Ernteszene wiederum passen weder mit dottergelbem Löwenzahn übersäte Blumenwiesen noch in buntem Herbstlaub gefärbte Bäume.

Im Hinblick auf den Gesamteindruck muß man letztlich auch noch berücksichtigen, daß die zwischen den Bahnkörpern und den anderen ver-

bauten Flächen einer Modelleisenbahnanlage verbleibenden Vegetationsflächen Ausgewogenheit und möglichst viel Ruhe ins Bild bringen sollen. Grün sollte also in der Regel die dominante Hauptfarbe sein. Einheitlich gestaltete Grasflächen sind jedoch das falsche Rezept. Ganz im Gegenteil sollten auch die zwischen den Bahnkörpern verbleibenden Räume mit Leben erfüllt sein. Dies gelingt einerseits, indem man auch hier die Details komprimiert in Szene setzt und andererseits indem man die jahreszeitlich sich ergebenden farblichen Gestaltungsmöglichkeiten gekonnt nutzt. So wird man Felder und Wiesenflächen im Vergleich zum Vorbild entsprechend verkleinert darstellen und mit Baumgruppen, Gebüsch und überwachsenen Feldhainen versuchen, die Szene möglichst abwechslungsreich zu gestalten. Und der gute Naturbeobachter wird darüberhinaus schnell herausfinden, welche Farbtupfer zu welcher Jahreszeit dominant sind. So sind weiße und gelbe Blumen typisch für die Frühjahrsflora, bunte Blumenteppiche finden sich im Sommer vor der Heuernte, Rot und Violett sind die vorherrschenden Wiesenblumen im Spätsommer und der Herbst zeigt sich wiederum in der reichen Skala des sich färbenden Laubs.

einer Wiese sehr wirklichkeitsnah darstellen.

Zum Einbetten der synthetischen Streufasern ist theoretisch jeder Kleber geeignet, der flächig aufgetragen werden kann und lange genug offen bleibt. Zweckmäßigerweise wird man jedoch eine wasserverdünnbare Einbettmasse verwenden, die im Grundton der zu beflockenden Fläche eingefärbt ist. Da die Faser insbesondere bei senkrechter Einbettung im elektrostatischen Auftragsverfahren den Untergrund nicht völlig deckt, bietet nur der tongleich gefärbte Grund die Gewähr für ein befriedigendes Ergebnis.

Die Einbettmasse sollte möglichst lange „offen" bleiben, damit ist gemeint, daß das Lösungsmittel, in diesem Falle das Wasser, möglichst lange in der aufgetragenen Schicht verbleibt. Da nur das nasse Kleberbett in der Lage ist, die eingestreute Faser aufzunehmen und zu binden, bleibt bei einer Einbettmasse, die langsamer antrocknet, mehr Zeit zur Ausführung des Arbeitsganges. Als Einbettmassen haben sich bis jetzt hochgebundene Dispersionsfarben im entsprechenden Basisfarbton unter Zusatz von 10 Vol.% verarbeitungsfertig verdünntem Tapetenkleister auf Methylzellulosebasis am besten bewährt. Es gibt aber auch verarbeitungsfertig konfektionierte Einbettmassen für synthetische Grasfasern und Sand in mittelgrüner Tönung (z. B. HEKI). Um ein vorzeitiges Antrocknen der Einbettmasse durch Wasserentzug zu verhindern, ist es bei saugenden Untergründen wie

Abbildung oben:
Beispiel einer stimmungsvoll gestalteten Sommerlandschaft mit Erntefeld und Aussichtsturm.

Abbildung Seite 128:
Hochgebirgslandschaft bei Beginn der Herbstfärbung (Foto: Walter Lösch, Mannheim-Käfertal).

beispielsweise bei solchen aus Gips, Holz, Pappe oder Karton unbedingt erforderlich, außer der obligaten Grundierung auch noch einen sperrenden Voranstrich mit verdünnter Dispersionsfarbe auszuführen.

129

Erst nachdem der Voranstrich völlig durchgetrocknet ist, wird die Einbettmasse mit einem Flächenstreicher schwimmend aufgetragen. Mit einem runden Borstenpinsel wird sofort nachgetupft, wobei, wenn die Einbettmasse die richtige Verarbeitungskonsistenz hat, eine eben noch verlaufende, apfelsinenschalenähnlich genoppte Oberfläche entsteht, die den Fasern optimale Haftungsbedingungen bietet. Um Ansatzbildungen oder ein vorzeitiges Antrocknen zu verhindern, soll immer nur eine kleinere Fläche angelegt werden, so daß die Einbettung ohne Hast und möglichst noch mit einigen Minuten Reserve erfolgen kann.

Zum Einbetten der Fasern verwendet man am besten eine Spülmittelflasche aus Weichplastik. Für diesen Zweck wird die Düse des üblicherweise vorhandenen Schraubverschlusses auf 9 mm aufgebohrt. Dann wird die Flasche bis etwa zur Hälfte mit Streufasern aufgefüllt. Durch kräftiges Zusammendrücken der Flasche werden die Fasern anschließend im Sog des austretenden Luftstromes in das vorbereitete Kleberbett gespritzt. Obwohl bei dieser Auftragsweise nur ein Teil der Fasern senkrecht eingebettet sind, ist das Ergebnis recht befriedigend, auf alle Fälle aber besser als bei bloßem Einstreuen von Hand.

Ein perfektes Einbetten der synthetischen Streufasern, wobei die gleiche Oberflächenqualität wie bei den maschinell beflockten Grasmatten erzielt wird, gelingt nur unter Verwendung geeigneter elektrostatischer Beflockungsgeräte. Die Anschaffung dieser nicht gerade billigen Geräte lohnt sich jedoch nur für den professionellen Modellbauer. Sinnvoll könnte es aber sein, wenn sich Modellbahnclubs diese einfach zu handhabenden Geräte zulegen und an ihre Mitglieder verleihen.

Hinweis: Synthetische Streufasern müssen vor ihrer Verarbeitung mit elektrostatischen Beflockungsgeräten leicht angefeuchtet werden, was am besten mit Hilfe der handelsüblichen Zimmerpflanzenzerstäuber gelingt.

Auch beim Gestalten der Vegetationsflächen, wie z. B. Rasen oder Wiesen, mit farbigem Sand empfiehlt sich die Verwendung von Dispersionsfarben als Einbettmasse. Hier kommt es aber sehr darauf an, daß das Kleberbett möglichst genau die Farbtönung wie das Bettungsmaterial hat, da der Sand den Untergrund nicht ganz abdeckt und die Färbung der Einbettmasse mehr noch als bei der Streufaser die Farbgebung der

Abbildung oben:
Grasfaserbeflockung unter Verwendung einer Plastikflasche.
Abbildung unten:
Grasfaserbeflockung mit dem Elektrostat (Hersteller elektrostatischer Beflockungsgeräte: Roederstein GmbH, D-8300 Landshut).

Abbildung Seite 131:
Stimmungsvoll gestaltete Frühjahrslandschaft mit Burgruine und frisch bestellten Ackerflächen.

fertig gestalteten Oberfläche mit-
bestimmt. Der Sand wird einfach mit
der Hand bis zur Sättigung in das
nasse Kleberbett eingestreut. Nach
der Trocknung kann man das überschüssige Material mit dem Staubsauger absaugen.

Im Frühjahr verwandeln sich die
Wiesen oft in bunte Blumenteppiche.
Auch eine solche Darstellung gelingt,
indem man die fertig gestalteten
Wiesenflächen nochmals mit Nitro-
mattlack (z. B. Clou) übersprüht und
unverzüglich entsprechend gefärbte
Flocken einstreut. Allerdings sind für
wirklichkeitsnahe Effekte die handelsüblichen bunten Dekorations-
flocken viel zu grob. Als Streugut
geeignet ist lediglich der feine Staub,
den man gewinnt, wenn man die
Flocken in einem Mehlsieb rührt. Nur
was dabei durch das Sieb fällt, ist
brauchbar.

Dicht beflockte Wiesen sind jedoch
nicht in allen Fällen erwünscht. Im
Hochgebirge beispielsweise ist auf
den erosionsgeschädigten Böden
zwischen Sand und Geröll der Graswuchs nur spärlich. Auch die Nachbildung von solchen Geröllhalden
gelingt mit den beschriebenen Ein-
bettverfahren sehr eindrucksvoll. In
diesem Falle verwendet man jedoch
eine Einbettmasse in erdgrauer
Tönung, in die man zunächst flächen-
weise und in unterschiedlicher Dichte
feinen Sand und gegebenenfalls auch
einige gröbere Steinchen einstreut.
Erst danach wird, wie vor beschrieben, mit der Streufaser beflockt, wobei nur dort die Faser eingebettet
wird, wo zuvor der Sand nicht sätti-
gend eingestreut wurde. Auf diese
Weise entsteht eine Oberflächenwirkung, die das Bild einer spärlich mit
Gras bewachsenen Geröllhalde sehr
vorbildnah imitiert.

Äcker, frisch gepflügt oder aber im
Stadium der bereits aufgegangenen
Saat, sind ebenfalls dankbare Details,
die sich im Streuverfahren gut darstellen lassen. Hierzu werden die zuvor etwas geglätteten Flächen mit
selbstklebendem Abdeckband von
den umliegenden abgegrenzt, um
einen exakten Abschluß zu erzielen.
Dann wird mit einer Japanspachtel

braun eingefärbte Dispersions-Fein-
spachtelmasse aufgezogen. Die Fur-
chenstruktur wird anschließend mit
Hilfe einer Zahnspachtel modelliert.
Die Zahnspachtel, deren Zähnung der
gewünschten Ackerfurchenprofilie-
rung entspricht, kann man sich aus
einem Kunststoffplättchen leicht selbst
zurechtfeilen. Nach der Trocknung
werden die so vormodellierten
Flächen nochmals mit Dispersionsfarbe in der entsprechenden Erdfär-
bung angelegt und mit Torfmehl oder
anderem geeignetem Material nicht
allzudicht aber gleichmäßig bestreut.
Nachdem das Selbstklebeband entfernt wurde, können die angrenzenden Flächen mit Streufasern beflockt
werden. In gleicher Manier gestaltet
man auch Blumen und Gemüsebeete
in Gärten und Parkanlagen. Für größere Einzelblüten in Ziergärten kann
man auch die handelsüblichen gro-
ben Dekorflocken verwenden, die
allerdings nur in mäßiger Anzahl in
entsprechend vorbereitete Beete
oder Blumenkästen einzeln ein-
geklebt werden.

Etwas aufwendiger ist die Gestaltung
eines ernterreifen Getreidefeldes. Die
bereits abgeernteten Flächen gelingen auf dem üblichen Wege durch
Einstreuen der im HEKI-Sortiment
vorhandenen Synthetikstreufaser
„Wintergras" in entsprechend eingefärbte Dispersionsfarbe. Schwieri-

ger ist die Darstellung der noch nicht
abgemähten Flächen. Sie gelingen
mit Schweineborsten, wie sie die Firmen FALLER und HEKI speziell für
diesen Zweck im Angebot führen.
Diese Naturborsten werden bündel-
weise in eine zuvor dick mit der
Japanspachtel aufgezogene Kunststoff-
spachtelmasse (Moltoflexofill) aufrecht
eingebettet, wie bei der Gewässergestaltung auf Seite 151 beschrieben.
Wenn die Einbettmasse gut durchgetrocknet ist, wird der so entstandene Flor mit der Allzweckschere auf
einheitliche Höhe geschnitten. Durch
sanftes Übergranieren mit mäßig verdünnter, brauner Dispersionsfarbe,
kann man anschließend sogar noch
die Ähren an den Halmspitzen deutlich erkennbar darstellen. Und für das
Zusammenbinden der Garben bietet
sich roter Bindfaden an – siehe
Seite 129.

Hinweis: Speziell zur Gestaltung von
Ernteszenen finden sich im Angebot
der Firmen PREISER und MERTEN
geeignete Figuren und Fahrzeuge
wie zum Beispiel Erntearbeiter,
Dreschmaschinen und Pferdefuhr-
werke mit den typischen Leiter-
wagen. Die historische Verbindung
zwischen der zeitgeschichtlichen
Epoche und dem Technisierungs-
grad der landwirtschaftlichen Maschinen und Geräte muß allerdings
stimmen.

Der Weinberg

Der Nachvollzug eines Weinbergs im Modell erfordert besonders starkes Einfühlungsvermögen. Der im Vergleich mit anderen Motiven höhere Schwierigkeitsgrad liegt jedoch weniger im technischen Bereich als in der Auswahl eines geeigneten Umfeldes, in dem das Detail nicht als Fremdkörper wirkt oder gar ins Kitschige abgleitet. So paßt ein Weinberg in einer Modellbahnanlage weder in die Nachbarschaft einer Vorstadt noch in eine Landschaft, deren Charakter durch Kiefern-, Tannen- oder Auwälder geprägt ist. Und auch der Abstand zum Bahnkörper muß ausreichend bemessen sein. Zwar findet man Weinberge nicht nur in windgeschützten Tallagen und ausschließlich ländlichem Milieu. In vielen Weinbaugebieten überziehen die Rebanlagen ganze Landstriche in Form von Monokulturen bis hart an die Vorstadtgrenzen. Solche Weinbergkulturen liefern aber kaum nachbildungswürdige Motive. Als Gestaltungsthema, das im Rahmen des Gesamtkonzeptes einer Modelleisenbahnanlage immer nur auf begrenzter Fläche realisiert werden kann, eignet sich ausschließlich der romantische Weinberg, der terrassenförmig am sonnenverwöhnten Hang angelegt ist und dem goldenen Herbst entgegenträumt. Genau das ist die Stimmung, die es beim Nachvollzug zu treffen und umzusetzen gilt.

Zunächst aber muß man sich darüber im klaren sein, daß bei der Gestaltung eines Weinberges auch jahreszeitliche Gegebenheiten eine Rolle spielen. Wenn man beispielsweise blühende Obstbäume ins Bild bringen will, muß man wissen, daß die Rebstöcke um diese Zeit noch kein grünes Laub tragen. Ein unbelaubter Weinberg wiederum wäre aber höchstens in Ausnahmefällen ein geeignetes Motiv. Und zur Zeit der Weinlese sieht man das Laub bereits in seiner herbstlichen Färbung, ein Umstand, den man berücksichtigen muß, wenn man an die Gestaltung einer Weinleseszene denkt.

Vorteilhaft wird man für Weinberge also stets die Hanglage wählen, die

insbesondere für historische Vorbilder typisch und für eine Darstellung auf kleiner Fläche am besten geeignet ist. Um einen schnellen Regenwasserablauf sicherzustellen, weisen die Rebenanlagen stets ein mehr oder weniger starkes Gefälle auf, das auch im Modell deutlich erkennbar sein muß. An steileren Hängen sind die Weinberge terrassenförmig angelegt und durch massive Bruchsteinmauern gegen Bodenerosionen und Erdrutsche gesichert. Insbesondere die terrassenförmig aufgebauten Weinberge bieten interessante Motive, die geeignet sind, die Atmosphäre ländlicher Winzerromantik in das Gestaltungskonzept zu übertragen.

Als typische Kletterpflanze benötigt die kultivierte Weinrebe spezielle Vorrichtungen für ihren Rankenwuchs. Früher benutzte man Holzpfähle, die zeilenweise in den Boden eingerammt, den Rebstöcken den nötigen Halt gaben. Heute sind es vorwiegend Drahtverspannungen, die das Bild der Weinberge prägen. Dabei sind die Pflanzenzeilen stets dem steilsten Gefälle folgend ausgerichtet.

Ins Bild einer typischen Weinberglandschaft gehören auch Schutzhütten, wie sie im FALLER-Bausatzprogramm zu finden sind und außerdem auch einzelne schattenspendende Bäume und Hecken, deren Wurzelwerke beim Vorbild der Hangbefestigung dienen. Und nicht zuletzt muß man bei der Gestaltung von Weinbergen an die Zufahrtswege und bei Hanglagen auch an das Modellieren der Treppen denken.

Mit der Bildfolge wird die Entstehung eines Weinbergs auf einer H0-Modellbahnanlage gezeigt. Zuerst wird der Boden, wie bei der Gestaltung von Ackerflächen beschrieben, vorbereitet. Erst wenn der mit brauner Dispersionsfarbe und leicht mit Torfmehl bestreute Grund getrocknet ist, reißt man zunächst mit Schneiderkreide die Linien der Pflanzenzeilen für die Bohrungen an, die man zum Einkleben der Pfähle für die Verspannungen benötigt. Die Pfähle bestehen aus 1 mm starkem Eisendraht. Bezogen auf den Nachbildungsmaßstab 1:87 wären die hierfür oft empfohle-

nen Streichhölzer oder Zahnstocher viel zu dick. Vor dem Einkleben in die vorbereiteten Bohrungen werden die Drahtstücke mit braunem Mattlack überzogen. Beim Einkleben der Pfähle muß man auf die richtigen Höhen achten; mit 20 bis 22 mm

Abbildung Seite 133:
Rebenlandschaft mit Aussichtsturm.

Abbildungen unten:
— Verspannen der Rebzeilen mit dunkelbrauner Nähseide,
— Ankleben der aus Plastik geformten Rebstöcke (Spritzlinge) an der Verspannung und
— Beflocken der geleimten Spritzlinge mit Rebenlaub.

stehen sie im richtigen Größenver-
hältnis zu den PREISER-Figuren.

Die Verspannungen werden mit dunkelbrauner Nähseide ausgeführt.
Dann fehlen nur noch die Rebstöcke.
Sie entstehen aus dem feinsten äußersten Astwerk von Modellbaumspritz-
lingen, wie sie in den Bäume-Bastel-
Sets von HEKI enthalten sind. Die entsprechend zugeschnittenen Äste werden einfach mit Plastikkleber (z. B.
UHU-plast) an die Verspannungen
geklebt. Mit viel Geduld kann man
sich die formgebenden Skelette zu
den Weinstöcken auch aus Kupferlitze
drehen und verlöten, ein Verfahren,
das die individuelle Gestaltung von
Weinstöcken in nahezu perfekter Darstellung erlaubt, aber entsprechend
zeitaufwendig ist.

Zum Schluß werden die vorbereiteten
Rebzeilen unter Verwendung von
Beflockungsleim mit HEKI-Weinlaub

(3398) beflockt. Zum Aufbringen des
Weinlaubs empfiehlt sich, wie bei der
Grasbeflockung beschrieben, die
Benutzung einer Spülmittelflasche aus
Weichplastik, da auch dieses gröbere
Streumittel besser haftet, wenn es
unter Druck des austretenden Luftstromes auf die vorgeleimten Spritzlinge trifft. Für die Belaubung der
Rebzeilen in den kleineren Nenngrößen N und Z wählt man anstelle
des Rebenlaubes besser ein Belaubungsvlies (z. B. HEKI-Flor) — siehe
Seite 137.
Für die Gestaltung von Weinbergen
nach historischem Vorbild bieten sich
außerdem auch einzelne Weinstöcke
an, wie sie bereits fix und fertig
belaubt im HEKI-Sortiment zu finden
sind. Eine befriedigende Optik wird
damit allerdings nur dann erzielt,
wenn die Zeilen dem Vorbild entsprechend dicht besteckt und konsequent nach dem Hanggefälle ausgerichtet werden.

Wenn der Weinberg in der beschriebenen Weise fertiggestellt ist, denkt
man unwillkürlich auch an eine Wein-
lese-Szene. Ein solches Thema ist
allerdings nicht so einfach zu realisieren, da es bis jetzt hierfür kein spe-
zielles Zubehör gibt. Es finden sich
aber sicher ausreichend Figuren in
den Sortimenten der Firmen MER-
TEN und PREISER, die gegebenenfalls unter vorsichtiger Wärmeanwendung entsprechend umgeformt und
umbemalt werden können. Auch die
im Fachhandel erhältlichen Bauern-
fahrzeuge lassen sich mit etwas
Geschick leicht zu Winzerwagen um-
rüsten. Und geduldigen Tüftlern
könnte es unter Umständen sogar mit
feinen Islandmoosspitzen gelingen, an
die man einige Tropfen Beflockungsleim gibt und mit blau gefärbtem
Sand bestreut, die Trauben nachzubilden. Ob so kleine Details aber vom
Auge überhaupt noch erfaßt werden,
muß der Praxisversuch zeigen.

Gestalten von Bäumen und Büschen

In den gemäßigten Breiten unserer Erde wechseln Misch- und Nadelwälder mit Acker- und Weideflächen. Die Bestände an Bäumen und Buschwerk sind jedoch in Abhängigkeit von Klima und Bodenbeschaffenheit sehr verschieden. Von den zahlreichen Arten finden sich immer nur bestimmte Vertreter innerhalb einer regional begrenzten ökologischen Gemeinschaft. Diese Artengemeinschaften prägen die Bilder der Landschaften, in denen sie vorherrschend sind.

Nur wenige Menschen werden verbindlich Auskunft darüber geben können, welche Bäume und Büsche beispielsweise in der Spirkenzone eines Hochmoors angesiedelt sind oder durch welche Bestände sich ein Auwald in der Oberrheinischen Tiefebene von denen einer Schwarzwaldlandschaft in 1000 m Höhe unterscheidet. Aber auch ohne dieses spezielle Wissen würde es den meisten Betrachtern auffallen, wenn sich innerhalb eines Landschaftsmodells Baum- oder Buschformen fänden, die botanisch nicht zusammengehören.

Die Pappel am Hang einer Hochgebirgswiese oder die Kiefer im Auwald würde nämlich nicht nur als Fremdkörper wirken, sondern den spezifischen Charakter einer Landschaft so verändern, daß er nicht mehr bestimmbar wäre. Und dies gilt es beim Gestalten eines Landschaftsmodells unbedingt zu vermeiden.

Der gute Beobachter wird darüberhinaus noch feststellen, daß sich die typischen Baumformen der einzelnen Arten auch in Abhängigkeit ihres Standortes sehr unterscheiden. Eine Fichte zeigt in der Gruppe mit anderen Artgenossen zusammen und in windgeschützter Lage kerzengeraden pyramidalen Wuchs, als Einzelbaum am Gebirgshang hingegen wächst ihre Krone unter der Wirkung des Windschliffs flügelförmig zur Leeseite hin. Die unterschiedlichen Formen von artgleichen Exemplaren, die unter verschiedenen Bedingungen aufwachsen, sind bei Nadelbäumen besonders ausgeprägt. Sie kommen aber auch bei Laubbäumen vor, vorzugsweise bei Eichen, Linden, Eschen und Ahorn. Sonderformen entstehen außerdem auch durch Verbiß. Ein typisches Beispiel dafür sind die bekannten „Weidbuchen", die erst

Leeseitig geformte Bergfichte

außerhalb der Reichweite des weidenden Viehs Äste bilden können. Die sich dabei entwickelnden baldachinähnlichen Kronen dienen Menschen und Tieren als willkommene Schattenspender.

Aus diesen Betrachtungen heraus ergibt sich, daß beim Gestalten einer bestimmten Landschaft nur Bäume und Buschwerk mit in die Szenerie aufgenommen werden dürfen, die auch beim Vorbild vorherrschend sind. In diesem Zusammenhang stellt

Nieder- und hochstämmig gewachsene Kiefer

Schirmakazie

Weidbuche

in Farbe Merkmale bestimmter Vorbildarten deutlich erkennen lassen und höheren Ansprüchen durchaus genügen. Die einheitliche Beflockung ist dabei keineswegs als Nachteil zu werten, denn, wollte man die Blätter oder Nadeln den einzelnen Arten entsprechend vorbildgetreu nachbilden, müßte man selbst in der Nenngröße H0 einen erheblich größeren Maßstab wählen, damit die Formenunterschiede am Modell überhaupt noch erkennbar wären. Dann aber würden die unterschiedlichen Maßstabsverhältnisse einer wirklichkeitsnahen Optik entgegenstehen.

Bei der Gestaltung von Modellbäumen kommt es also nicht auf die bis in alle Einzelheiten vorbildtreu gestalteten Details an, sondern einzig darauf, inwieweit das Modell in seiner charakteristischen Gesamtwirkung eindeutig als die Nachbildung einer bestimmten Baumart erkannt wird. Und dies gelingt nur, wenn man die Farbgebung richtig trifft und eine Form findet, die dem Schattenprofil des Vorbildes möglichst nahe kommt.

Abbildung oben:
Interessantes Studienobjekt: die Linde im Hang.

Abbildung Seite 134:
Mit Belaubungsvlies in Herbstfärbung gestaltete Baumgruppen.

sich natürlich die Frage, inwieweit Modellbäume und Büsche als Serienware zur Verfügung stehen, oder inwieweit es gelingt, solche selbst herzustellen, die ausreichend deutlich erkennbar die Merkmale der gesuchten Vorbildarten aufweisen.
Nun, wenn man einmal von den Serienerzeugnissen absieht, die bewußt als reine Dekorationsartikel gehandelt werden und kaum eine Ähnlichkeit mit irgendwelchen Vorbildern haben, gibt es auch Modellbäume, die sowohl in Form als auch

135

Immer wieder haben sich versierte Bastler in der Kunst versucht, Nadelbäume unter Verwendung von Pflanzenstengeln und verschiedenen Farnarten selbst herzustellen. Oft entstehen dabei in mühseliger Arbeit kleine Kunstwerke, die aber im Umfeld der modellierten Landschaft als Fremdkörper wirken und mit irgendwelchen Vorbildern überhaupt keine Ähnlichkeit haben. Ungeachtet aller Liebe zum Detail und allen Fleißes gelingt es eben doch nicht, ein so komplexes Gebilde wie einen natürlich gewachsenen Baum nach den gleichen handwerklichen Kriterien ins Modell umzusetzen, wie dies bei einem technischen Objekt, beispielsweise bei einem Gebäude oder einem Fahrzeug der Fall ist.

Bei unzähligen Versuchen, Fichten, Tannen und Lärchen möglichst realistisch ins Modell umzusetzen, haben sich die in Großserie hergestellten gedrehten Typen am besten bewährt. Zwar hat der kegelförmig gleichmäßig geformte Einzelbaum, so wie er aus der Maschine kommt, zunächst wenig Ähnlichkeit mit den entsprechenden Vorbildern. Wenn man jedoch die Rohlinge, wie hier in der Bildfolge gezeigt, mit der Schere auslichtet, anschließend in die typische Form drückt und letztlich auch noch mit Spezialflocken (z. B. HEKI-Laub) unter Verwendung von Sprühkleber nachbeflockt, entstehen Modellbäume, die an Vorbildtreue nicht mehr zu übertreffen sind. Auch Sonderformen, wie Gebirgsfichten mit leeseitig ausgebildeten Kronen oder Hochstammfichten, können auf diese Weise gestaltet werden. Diese Nach-

bildungen wirken naturgetreu sowohl als Einzelexemplare im Gelände als auch in Gruppen oder gar in Form von zusammenhängenden Waldflächen. So bearbeitete Modellbäume sind im Vergleich mit den aus Naturmaterialien hergestellten noch preiswerter — die Arbeitszeit muß ja auch berücksichtigt werden — und auch

noch erschwinglich, wenn man zum Gestalten von zusammenhängenden Waldflächen größere Mengen benötigt. Sie eignen sich auch in Verbindung mit Laubbäumen zum Gestalten von Mischwäldern. Darüberhinaus können sie rationell im Steckverfahren auch in unebenem Gelände und sogar an Steilhängen problemlos „gepflanzt" werden, sofern ein ausreichend fester Untergrund vorhanden ist.

Auch die seriengefertigten Laubbäume können durch nachträgliches Bearbeiten mit dem Seitenschneider, durch Entfernen oder Verbiegen einzelner Äste und durch Nachbeflocken beliebig modifiziert werden. Eine weitere optische Verbesserung gelingt durch Übergranieren der meist dunkel eingefärbten Äste und Stämme mit hellgrauem Mattlack, wobei die Rindenstruktur stärker hervortritt.

Im Gegensatz zu den Nadelbäumen ist es relativ einfach, mit den jüngst entwickelten Belaubungsvliesen brauchbare Laubbäume herzustellen, die den industriell gefertigten Spitzenerzeugnissen nicht nachstehen. Die Bildbeispiele zeigen die Anwendung solcher Belaubungsvliese. Sie sind in vielen Farben lieferbar; die Skala umfaßt neben den wichtigsten Grüntönen auch Blüten- und Herbstfarben, so daß die Belaubungen stiltreu in jeder jahreszeitlichen Färbung ausgeführt werden können. In den gleichen Farben gibt es auch die Belaubungsflocken in loser Form zum Nachbeflocken. Alle Farben können in beliebiger Mischung verwendet werden.

Die Verarbeitung dieses Vlieses ist denkbar einfach: Die etwa 250 × 120 mm großen Vliesstücke werden je nach der gewünschten Belaubungsdichte mehr oder weniger stark gedehnt über die zuvor mit Spezialbeflockungsleim betupften Äste der

ebenfalls im Handel erhältlichen Plastik-Modellbaumrohlinge geformt. Anstelle des Beflockungsleimes kann man auch handelsüblichen Sprühkleber (z. B. UHU-Sprühkleber) verwenden. Zur Gestaltung von weniger dicht belaubten Bäumen, z. B. Eichen und Ahorn, kann man das Vlies auch in kleine Stücke zerreißen und weit gedehnt nur über die äußersten Verzweigungen des Astwerks formen. Auf diese Weise entstehen mehr offene Laubkronen.

Die Baumkronen werden zum Schluß nochmals im Sprühverfahren verfestigt, damit die Belaubung auch dem Sog der Staubsaugerdüse standhält. Gut geeignet hierfür sind Sprühlacke auf Nitrobasis (z. B. Clou). Man kann die Kronen statt dessen auch mit Sprühkleber leicht übernebeln. Dann besteht gleichzeitig die Möglichkeit zum Nachbeflocken, falls eine etwas dichtere Belaubung oder aber eine Zusatzfarbe erwünscht ist. Mit einer solchen Nachbeflockung gelingt es

Birke *Kiefer* *Ahorn* *Lärche* *Buche* *Eiche* *Fichte* *Esche*

leicht, zum Beispiel die in sich melierte Belaubung einer Pappel oder einer Weide zu imitieren. Auch die beginnende Herbstfärbung läßt sich durch leichtes Nachbeflocken naturgetreu darstellen.

Wenn man größere Baumgruppen oder zusammenhängende Waldflächen gestalten will, ist es nicht unbedingt erforderlich, daß man jeden Baum einzeln anfertigt. Dies gelingt rationeller und außerdem auch noch mit besserem Ergebnis, indem man zuerst die Baumrohlinge, die sich übrigens durch Verbiegen und Kürzen der Astgabeln beliebig verändern lassen, gruppenweise zusammensteckt und das so entstandene Gerippe als Ganzes mit dem Vlies überformt.

Trauerweide

Wer etwas mehr Zeit investieren will, kann anstelle der industriell vorgefertigten Plastikrohlinge auch die Skelette selbst herstellen. Versierte Bastler fertigen sie beispielsweise aus mehradrigem Elektrokabel, wobei dieses, mit Klebeband umwickelt und mit plastischer Masse strukturiert, im unteren Teil den Stamm und im oberen Teil von der isolierenden Hülle befreit, aufgefiedert und zurechtgebogen, die Krone bildet. Und nicht zuletzt können auch mit Nitrolack konservierte Pflanzenteile und Astgabeln, wie man sie in der Natur findet, als formgebende Gerüste für die Modellbäume aus eigener Produktion dienen.

Ob man sich nun für vorgefertigte oder selbstgemachte Skelette entscheidet, hängt auch sehr davon ab, welche Baumarten im Gestaltungskonzept vorgesehen sind. Grundsätzlich sollte man die Methode wählen, mit der es am besten gelingt, die dem Schattenriß der nachzubildenden Baumart entsprechende typische Form herzustellen. Nach der Beflockung sollte der Schattenwurf des Modellbaumes die gleichen charakteristischen Merkmale aufweisen wie der des Vorbildes. Die hier aufgeführten Schattenbilder einiger, in den gemäßigten Klimazonen besonders häufig vorkommender Baumarten, können als Muster dienen.

Hilfreich bei der Suche nach typischen Baumformen kann auch der Hinweis sein, daß sich bei vielen

Baumarten die Kronen in den Grundformen ihrer Früchte entwickeln. So ist beispielsweise im Schattenriß der Krone eines Birnbaumes die Birnenform deutlich erkennbar.

Ähnlich wie bei den Laubbäumen verfährt man auch beim Gestalten von höherem Buschwerk. Auch hier können seriengefertigte Plastikrohlinge als Skelette ebensogut verwendet werden wie Gerüste eigener Produktion, die einfach in vorbereitete Bohrungen eingeleimt und entsprechend zurechtgebogen werden. Nach der Überformung mit Belaubungsvlies wird man jedoch mehr als bei den Bäumen die Nachbeflockung mit Zusatzfarben vornehmen, damit sich die Einzelbüsche deutlicher von ihrem erdnäheren Umfeld abheben. Mehr Leben ins Bild bringen auch blühende Büsche, ebenfalls durch Nachbeflocken mit makrofeinen Blütenflocken.

Zur Gestaltung von niederen Büschen und Sträuchern bietet sich Islandmoos an. Für unsere Zwecke verwendbar ist allerdings nur das im Fachhandel erhältliche, herstellerseits mit Glyzerin konservierte Naturprodukt. Um eine geeignete Standfläche zu erhalten, werden die spitzen Ansätze an den Stammfasern mit der Schere abgeschnitten. Als Kleber hierfür hat sich UHU-Alleskleber-tropffrei besonders gut bewährt.

Die Eigenstruktur von Islandmoos zeigt typische Pflanzenformen, die im

Abbildung oben:
Unter Verwendung von Belaubungs-
vlies und Blütenflocken gestaltete
Frühjahrslandschaft.

Bild der gestalteten Landschaft sehr dekorativ wirken, jedoch kaum irgendeine Ähnlichkeit mit bestimmten Vertretern der in unseren Breiten heimischen Flora aufweisen und deshalb noch bearbeitet werden müssen. Auch hier kann durch Überformen mit weit gedehntem Belaubungsvlies mehr Vorbildnähe erreicht werden. Für kleinste Stauden und Büsche kann man das Vlies auch ohne formgebendes Gerüst direkt auf den Untergrund kleben. Sehr weit auseinandergezogen gelingen ferner Efeuranken und mehr zerzupft auch Einzelsträucher, die wiederum unter Verwendung intensiv gefärbter Makroflocken vorbildnahen Blütenschmuck erhalten. Auf diese Weise bieten sich vom leuchtendgelben Ginsterbusch bis hin zur blühenden Erikawiese weitere interessante Möglichkeiten, kleine Details nach dem Vorbild der Natur zu gestalten.

Beim Gestalten einer Landschaft mit Bäumen und Buschwerk muß man letztlich noch berücksichtigen, daß auch die Ausbreitung der Vertreter unserer höherwüchsigen Pflanzenwelt nicht willkürlich erfolgt. Während sich deren Wachstum in der unberührten Natur nach ökologischen Gesetzen vollzieht, unterliegt es innerhalb der kultivierten Landschaften mehr oder weniger der menschlichen Kontrolle. So entstanden beispielsweise unter Napoleons Herrschaft typische Alleestraßen, deren Bäume ursprünglich als Schattenspender für die aufmarschierenden Truppen gepflanzt wurden. Die schon seit langem fast ausschließlich forstwirtschaftlich genutzten Wälder sieht man heute nur noch parzellenweise mit gleichhohem, wohlgeordnetem Wuchs. Auch Einzelbäume werden heute fast ausschließlich nach wirtschaftlichen Gesichtspunkten gepflanzt, gruppenweise als Windschutz vor Ortschaften oder Gehöften, als Obstlieferanten, als Schattenspender oder zur Hang- und Uferbefestigung. Nur in Gärten und Parkanlagen findet man Bäume und Sträucher, die ausschließlich der Zierde dienen und dort gelegentlich auch von ihrem natürlichen Wachstum mitunter erheblich abweichende Sonderformen entwickeln. Auch Buschwerk und Hek-

ken werden in kultivierten Landschaften oft nur noch geduldet, wenn sie von Nutzen sind, entweder an Feldrainen als Windschutz oder an Böschungen und Hängen, wo sie mit ihrem Wurzelwerk verfestigend wirken.

Wer also die Charakteristik einer Landschaft richtig treffen will, muß die Bepflanzung nach den gleichen Gesichtspunkten vornehmen. Jeder Baum und jedes Gebüsch muß überlegt in die Szene übernommen werden, und bei jedem Exemplar sollte man auf die Frage nach dem Sinn und Zweck seiner Existenz eine vernünftige Antwort finden. So hat die weit ausladende Linde vor dem Gasthaus als Schattenspender ihre Existenzberechtigung ebenso wie die knorrige Eiche auf der Bergwiese, die mit ihrem verzweigten Wurzelwerk den Boden vor drohender Erosion schützt oder die Blautanne im Park, die dort die Aufgabe hat, des Menschen Herz zu erfreuen. Vorbildwidrig hingegen wäre die Weide am Bahndamm, deren alljährlich wachsende Triebe in den Bahnkörpersicherungsbereich hineinwachsen würden. Und vorbildwidrig wäre das Gebüsch neben der Straßenkreuzung, wo es die Einsicht der Autofahrer behindern würde ebenso wie die Zeder auf einer kleinen Verkehrsinsel, die dort mit ihren an der Oberfläche entlang wachsenden Wurzeln die Straßentrasse in kurzer Zeit zerstören würde. Harmonie heißt also auch in diesem Falle „geordnetes Nebeneinander".

Gestalten von Straßen und Wegen

Die Miniaturlandschaft einer Modelleisenbahnanlage kann nur dann realistisch wirken, wenn auch ein ausgewogenes, auf die Infrastruktur des gewählten Themas ausgerichtetes Verkehrsnetz vorhanden ist. Deshalb müssen die Straßen und Wege im Landschaftsbild den gleichen Stellenwert einnehmen wie die Trassenführung der Bahngleise.

Selbst die einsamsten Gehöfte sind heutzutage in irgendeiner Form an das öffentliche Verkehrsnetz angebunden. Die Darstellung von Bauwerken ohne zweckentsprechende und ausreichend dimensionierte Zufahrtswege wäre ein eklatanter Stilbruch. Und es genügt keinesfalls, wenn man sie lediglich andeutet. Straßen und Wege müssen vielmehr ihrer Rangordnung entsprechend weitgehend vorbildgetreu wiedergegeben werden. Die große Güterhalle wäre beispielsweise falsch gewählt, wenn der Vorplatz nicht zumindest für das Wendemanöver eines Lastzuges ausreichend groß geplant werden kann. Und auf den Bahnhof sollte man eher verzichten, wenn für eine ausreichend bemessene Zufahrt mit entsprechend ausgebildetem Vorplatz vor dem Empfangsgebäude nicht genügend Raum zur Verfügung steht.

Auch beim Gestalten dieser nichtschienengebundenen Verkehrswege geht es in erster Linie darum, die Unebenheiten im Gelände auszugleichen. In der Wirklichkeit wird durch entsprechende Befestigung der Straßen und Wege ferner erreicht, daß die Verkehrswege den Belastungen standhalten.

Die einfachsten Formen befahrbarer Verkehrswege stellen die Feld- und Waldwege dar. Diese primitiven Wirtschaftswege, die im Zuge der Flurbereinigungen zunehmend aus unseren Landschaftsbildern verschwinden, sind durch mehr oder weniger tief eingefahrene Laufrillen in der Spur der früher üblichen Bauernfuhrwerke gekennzeichnet, gesäumt von stark aufgewölbten Grasstreifen. Je nach Landschaft und Nutzungsart findet sich häufig zwischen den Spurrillen eine festgetretene und sehr strapazierfähige Grasnarbe.

Die Nachbildung dieser einfachen Wirtschaftswege gelingt am besten

mit gipshaltiger Kunstharzspachtelmasse. Um eine ausreichende Verankerung der Spachtelschicht sicherzustellen, muß die aus Sperrholz geformte Trasse mit einem wasserfreien Grundiermittel (z. B. Clou-Schnellschleifgrund) grundiert und anschließend besandet werden.

Wenn die Besandung gut durchgetrocknet ist, wird die mäßig dick angerührte Spachtelmasse mit einer Japan-Glättspachtel etwa 1 bis 2 Millimeter stark aufgezogen. Unmittelbar danach werden die Spurrillen mit Hilfe einer entsprechend zugeschnittenen Form aus Holz oder Kunststoff einmodelliert. Diese Spur muß mit der Spurweite der Modellfahrzeuge übereinstimmen.

Nachdem die aufmodellierte Spachtelschicht ausgehärtet ist, erfolgt eine deckende Bemalung mit Dispersionsfarbe und zwar ähnlich wie bei der Gestaltung von Gebirgsstrukturen beschrieben im hellsten Farbton des Erdreichs. Nach der Trocknung wird der so vorbereitete Weg nochmals

lasierend mit verdünnter Dispersionsfarbe in dunklem Farbton überstrichen und in noch nassem Zustand mit
einem feuchten Schwämmchen
wieder weitgehend weggewischt. Auf
diese Weise verbleibt die dunklere
Farbe nur in den Vertiefungen der
Spurrillen und läßt diese sehr vorbildnah hervortreten. Zum Schluß wird
zur Gestaltung der Grasnarbe des
Mittelstreifens grüne Einbettmasse
aufgetragen und mit synthetischer
Grasfaser oder aber mit grün ein-
gefärbtem Sand beflockt.

Je nach Landschaftscharakter und
Geländestruktur könnte man auch an
die Gestaltung von „Hohlwegen" denken. Hierbei handelt es sich um sehr
alte, über Jahrhunderte hinweg oft
metertief eingefahrene Wirtschaftswege, wie man sie in den Lößland-
schaften an Rhein und Donau noch
vor wenigen Jahrzehnten recht häufig
vorfand. Heute zählen diese romanti-
schen Hohlwege mit ihren üppig von
Schlingpflanzen überwucherten,
schroffen Lehmwänden zu den Selten-

heiten, die in den Landschaften, wo
sie noch zu finden sind, kaum eine
Überlebenschance haben. Im Vergleich mit den aufgeschütteten und
„sanierten" Wirtschaftswegen ist ihre
Unterhaltung zu teuer. Umso mehr
könnte dies ein Grund sein, auch
einen Hohlweg mit in das Gestaltungskonzept zu übernehmen.

Die technische Ausführung der Fahr-
spur kann in der beschriebenen
Weise erfolgen. Die Lehmwände hingegen modelliert man mit Modellgips. Nach einer Grundierung und
anschließender deckender Bemalung
mit hellgetönter Lehmfarbe gelingt
das letzte Finish durch Aufwischen
einer Ockerlasur mit dem Schwämmchen. Und die Schlingpflanzen könnten aus den aufgedrehten Fasern
einer Kupferlitze entstehen, die man
anschließend mit Makroflocken
(z. B. HEKI) beflockt.

Bevor das Automobil mit seinen emp-
findlichen Gummireifen möglichst
ebene und hochabriebfeste Fahr-

Abbildung oben:
Eine sehr stimmungsvoll gestaltete
ländliche Idylle mit Weiher, Burg-
ruine und nach links wegziehendem,
tief eingefahrenem Hohlweg.

Abbildung Seite 140:
Ein in der Lößlandschaft des Bühler-
tals ausgefahrener Feldweg.

bahndecken erforderte, waren die
meisten Fernwege lediglich mit
Schotter belegt. Bis zum Ende des
Zweiten Weltkrieges bestanden sogar
die meisten Alpenstraßen noch aus
einer festgefahrenen Schotterdecke.
Auch heute findet man noch ab und
zu ein Seitensträßchen oder einen
forstwirtschaftlich genutzten Weg, der
mit Schotter belegt ist.

Der Nachvollzug einer solchen Schot-
terstraße im Modell ist denkbar einfach; man streut feinausgesiebten
Flußsand in den noch nassen Film
einer zuvor dick aufgetragenen
Dispersionsfarbe. Ähnlich wie bei der

141

Grasbeflockung muß die Trasse vorher grundiert und mit verdünnter Farbe vorgestrichen werden, damit die Einbettmasse nicht zu schnell antrocknet. Da der Farbton der Beschotterung hauptsächlich durch die Farbe der Einbettmasse bestimmt wird, kommt es sehr auf die richtige Ausmischung an. Wie bei der Felsgestaltung wählt man auch hier den hellsten Ton, der im Schottergestein vorherrscht. Da zur Herstellung von Straßenschotter vorwiegend Hartgesteine wie Porphyr, Granit oder Basalt verwendet werden, finden sich die geeigneten Farbmuster in der auf Seite 121 aufgeführten Skala. Obwohl die Eigenfarbe des verwendeten Natursandes die untergeordnete Rolle spielt, beeinflußt sie die endgültige Farbgebung sichtlich. Daher empfiehlt es sich, durch Probeaufstriche die Wirkung der Basisfarbe stets in Verbindung mit dem eingestreuten Sand zu testen.

Die älteste bekannte Form befestigter Straßendecken ist das Kopfsteinpflaster. Diese kostenintensive Straßenbautechnik wird heute höchstens noch im Rahmen der Denkmalspflege ausgeübt, denn vor allem bei Nässe und Glatteis bildet das echte historische Kopfsteinpflaster ein hohes Risiko im modernen Straßenverkehr. Deshalb findet man es heute nur noch in Höfen, auf Plätzen oder Straßen, wo der Erhalt der historischen Substanz Vorrang vor der Verkehrssicherheit hat. Wer also seine Anlage im Stil der Epoche 4 gestaltet, wird für das historische Kopfsteinpflaster nur wenig geeignete Flächen finden. Bis zum Ende des Zweiten Weltkrieges zählte es jedoch zum alltäglichen Bild. Auch die Auffahrten der ersten Autobahnen in Deutschland wurden noch während der Dreißigerjahre mit behauenen Granitsteinen gepflastert. Sie sind teilweise heute noch erhalten.

Die Nachbildung von Kopfsteinpflaster im Modell ist nicht ganz einfach. Zwar gibt es für die Nenngrößen HO und N vorgedruckte Pflasterplatten aus Papier und elastischer Folie, die an sich recht realistisch wirken. Wenn man die Ansprüche nicht zu hoch ansetzt, mag ihre Verwendung auch angezeigt sein. Doch von Nach-

teil ist bei diesen seriengefertigten Pflasterplatten das Einheitsmuster, das bestenfalls für ein gerades Straßenstück geeignet ist, für Abzweigungen, Einfahrten, Kurven und Rundungen aber nicht verwendet werden kann. Kopfsteinpflaster wird jedoch geprägt durch Form und Farbe der Steine und die vielfältigen Verlegemuster, z. B. an den Gehweganschlüssen, in Kurven und Toreinfahrten. Das kann im Modell mit vorgedruckten oder vorgeprägten Platten nicht nachvollzogen werden. Es gelingt nur, wenn man Kartonstücke zuschneidet und darauf das Muster des Kopfsteinpflasters in Anpassung an die örtlichen Gegebenheiten Steinreihe um Steinreihe mit einem weichen Bleistift zeichnet. Vor dem Aufkleben werden die Kartonstücke, die selbstverständlich exakt zusammenpassen müssen, mit farblosem Mattlack fixiert. Wer diese Geduld nicht aufbringt, sollte lieber auf die Nachbildung von Kopfsteinpflaster verzichten und einen alternativen Belag wählen.

Außer dem Kopfsteinpflaster kennt man noch das Betonsteinpflaster. Hierbei handelt es sich um Flächen, die mit Betonsteinen jeglicher Form und Farbe belegt sind und mosaikähnliche Muster aufweisen. Vor-

wiegend Geh- und Radwege, Höfe und öffentliche Plätze, aber auch Bahnsteige und Fußgängerüberwege werden mit Betonsteinen gestaltet. Es gibt auch für den Modellbau entsprechend bedruckte Platten. Da es sich hier stets um streng geometrische Muster handelt und die Steine beim Vorbild immer nur in vorgegebener Linie gesetzt werden, ist es durch Zuschnitt möglich, die Platten auch im Modell jeder gegebenen Grundform anzupassen. Betonpflastersteine kamen jedoch erst während der Sechzigerjahre auf und können daher zur Gestaltung von Anlagen nach historischen Vorbildern der Epochen 1 und 2 nicht verwendet werden.

Die Fahrbahnen unserer heutigen Straßen werden größtenteils auf Asphaltbasis hergestellt. Der dunkle Farbton hellt sich im Lauf der Zeit, bedingt durch die Witterungseinflüsse und den mechanischen Abrieb, merklich auf. So kommt es auch beim Modell darauf an, diese Oberflächencharakteristik richtig zu treffen.

In hellem Grau sind die Betondecken bei Autobahnen, Schnellstraßen und den Start- und Landebahnen der Flugplätze. Falls man diesen Typ im Modell wählt, muß man jedoch beachten, daß Betonstraßen im Gegensatz zu den Asphaltstraßen werkstoffbedingt quer zur Fahrbahn verlaufende Dehnungsfugen haben, die durch die bitumenhaltige Vergußmasse deutlich sichtbar sind und auch hier dargestellt werden müssen.

Die dem Vorbild entsprechend richtige Breite ist beim Planen der Verkehrsstraßen ferner ein wichtiges Kriterium, insbesondere wenn Fahrzeuge mit ins Bild kommen. Einerseits sollte man die Straßen nicht breiter gestalten als es nötig ist, damit sie im Vergleich mit den Bahnkörpern nicht zu massig wirken, andererseits muß aber die Straßenbreite in einem noch akzeptablen Verhältnis zu den gezeigten Fahrzeugen dimensioniert sein. Ausgehend von der in Europa für Straßenfahrzeuge vorgeschriebenen Maximalbreite von 2,50 m beträgt beim Vorbild die Fahrbahnbreite unter Berücksichtigung der erforder-

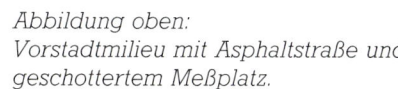

Abbildung oben:
Vorstadtmilieu mit Asphaltstraße und geschottertem Meßplatz.

Abbildung links:
Hochgebirgsstraße mit Parkplatz.

Abbildung Seite 142:
Vorbildlich gestalteter Schotterweg mit Grasnabe.

lichen Sicherungs- und Bewegungsräume 3,75 m — das sind in das Maßstabsverhältnis 1:87 reduziert 4,3 cm. Dieses für Fernstraßen erster Ordnung festgelegte Maß von 3,75 m je Fahrbahn kann bei zweispurigen Straßen, wie sie die Regel sind, auf 3,50 m und bei unbedeutenden Kreis- und Ortsstraßen auf 2,75 m reduziert werden. Somit muß man bei der Gestaltung eines Landschaftsmodells in der Nenngröße H0 für eine übliche Straße mindestens 5,5 cm in Ansatz bringen. Eine Breite von 9 cm müßte man hingegen einplanen, wenn realistischer Verkehr durchgeführt wird, wie dies beispielsweise mit dem neuen FALLER-Car-System möglich ist. Der systembezogene parallele Abstand des in der Fahrbahndecke eingelassenen Führungsdrahtes beträgt beim FALLER-Car-System 5,5 cm.

Auch die Asphalt- und Betonstraßendecken wird man zweckmäßigerweise nach der glättenden Spachtelung mit Dispersionsfarben streichen. Doch das Ausmischen der Farbtöne ist nicht ganz einfach, zumal man speziell beim Nachbilden einer Asphaltstraße ohne Zumischungen von Schwarz nicht auskommt. Und in diesem Fall erhalten die Farben je nach verwendetem Fabrikat einen mehr oder weniger deutlichen Blaustich, den es mit Zusätzen von Rot und Gelb zu eliminieren gilt.

Speziell für die Gestaltung von Asphalt- und Betonstraßen gibt es ein komplettes System. Es besteht aus einer wasserverdünnbaren Straßenfarbe, lieferbar in den Farbtönen „Asphalt" und „Beton", Straßenmarkierungen, Leitplanken, Begrenzungspfählen und Verkehrszeichen nach gegenwärtigen, europäischen Vorbil

dern und solchen historischer Epochen (HEKI).

Die praktische Anwendung ist denkbar einfach: Zuerst werden die aus Sperrholz hergestellten und bereits mit Nitrogrund grundierten Trassen mit einer schnell und hart durchtrocknenden Spachtelmasse geglättet, damit sich die Fasern der Holzstruktur nicht in der später fertiggestellten Fahrbahndecke abzeichnen. Hierfür ist ein grau gefärbter Auto-Reparatur-Spachtel auf Nitrozellulosebasis gut geeignet. Auf die so geglättete und plangeschliffene Oberfläche wird die Straßenfarbe unverdünnt mit der Moltoprenwalze zweimal aufgetragen. Nach dem Trocknen wird die Fahrbahndecke mit feiner Stahlwolle oder mit Wasserschleifpapier der Körnung 360 dem Verkehrsverlauf nach überschliffen. Durch spezielle, in der Farbe enthaltene Zuschlagstoffe, die beim Schleifen in Erscheinung treten, entsteht der typische Oberflächencharakter einer befahrenen Straßendecke. Zusätzlich können Fahr- und Bremsspuren sowie eventuelle Fahrbahnausbesserungen durch vorsichtiges Aufwischen von verdünntem, farblosem Mattlack mit der Fingerkuppe treffend imitiert werden. Zum Schluß werden die Fahrbahnmarkierungen unter Verwendung

handelsüblicher Markierungsbogen aufgerieben. Fahrbahnmarkierungsbogen sind lieferbar für die Nenngrößen HO, N und Z.

Für die durchgehende Linienmarkierungen gibt es auch selbstklebendes Linierband (z. B. Letraset), das sich jedoch insbesondere unter Einwirkung der Wärmestrahlen künstlicher Lichtquellen mit der Zeit ablöst. Besser malt man die Linien mit Plakatfarbe. Mit einem feinen Rindshaar-Schriftenpinsel und einem Malstock gelingt das Handlinieren auch Nichtfachleuten, wenn man sich etwas Zeit zum Üben nimmt.

Für die Nenngrößen HO und N gibt es letztlich auch fix und fertig bedruckte Asphaltfahrbahnen auf flexibler selbstklebender Folie. Ihre Verwendung beschränkt sich jedoch in der Regel auf gerade Straßen oder solche mit weit gezogenen Kurven, da die beim Kleben in engeren Radien zwangsläufig auftretende Verkürzung der Fahrbahnbreite äußerst vorbildwidrig wirkt.

Mit zunehmendem Verkehrsaufkommen wandelte sich auch das Bild der Straßen im Laufe der vergangenen Jahrzehnte. So beschränkte man sich noch vor dem Zweiten Weltkrieg aus

grenzt, sind oft lärmdämmende Vorrichtungen erforderlich in Form von Aufschüttungen, dichtem Buschwerk und bepflanzten Lärmschutzwänden aus Beton. Wie so oft im Modellbau sind es auch hier die kleinen Dinge am Rande, die zusätzlich Leben ins Bild bringen.

Dazu zählen auch die Verkehrszeichen, die natürlich nicht fehlen sollten. Wie bereits an anderer Stelle bemerkt, ist es jedoch besser auf sie zu verzichten, als in Ermangelung der historisch richtigen solche zu verwenden, die mit dem Zeitstil der Anlage nicht übereinstimmen. Dies wäre nämlich ein unverzeihlicher Stilbruch. Übrigens: Für die Nenngrößen H0 und N gibt es Straßenverkehrszeichen auf Selbstklebefolie und zum Anreiben nach deutschen, schweizerischen und österreichischen gegenwärtigen und historischen Vorbildern (z. B. FALLER, HEKI, KIBRI).

schließlich auf Fahrbahnmarkierungen an besonders exponierten Gefahrenstellen. Durchgehende Linierungen zur Kennzeichnung der Fahrbahnränder kamen erst in den Sechzigerjahren auf, als geeignete Straßenmarkierungsmaschinen zur Verfügung standen. Auch die Leitplanke ist eine Erfindung der Siebzigerjahre, die in einem Landschaftsmodell, das nach dem Vorbild der Epochen 1 oder 2 gestaltet ist, nichts zu suchen hat. Damals sorgten in Steinblöcken verankerte Eisenrohre oder einfache Eisengeländer für die nötige Sicherheit. Und zur Markierung der Straßenränder begnügte man sich in früherer Zeit mit einfachen, weiß gestrichenen Holzpfählen, die in Abständen von 20 bis 30 Metern am Straßenrand eingerammt waren.

Wie bei der Gestaltung des Bahnkörpers muß man auch bei der Straßentrasse an die Einrichtungen denken, die der Gefahrenabwehr dienen. So finden sich vorwiegend bei Gebirgsstraßen interessante Konstruktionen aus Natursteinmauerwerk und Beton, die vor Steinschlag und Lawinen schützen und zum Nachbau im Modell reizen. Wildzäune sind dort erforderlich, wo ausgedehnte Wald- und Wiesenflächen die Trassen säumen. Und wenn eine Hauptverkehrsstraße unmittelbar an eine Wohnsiedlung

Abbildung oben:
Anreiben der Straßenmarkierung.
Abbildung unten:
Die fertig gestaltete Asphaltstraße.
Man beachte außerdem die vorbildlich gestaltete Kaimauer.

Abbildung Seite 144 oben rechts:
Der fertig gestaltete Bahnhofsvorplatz.

Abbildungen Seite 144, linke Spalte:
— Auftrag der quarzmehlhaltigen Asphalt-Straßenfarbe mit der Moltoprenwalze
— Mattschleifen der Straßenfarbe mit Wasserschleifpapier Körnung 360
— Ziehen der Markierungslinien mit Plakatfarbe unter Verwendung eines Malstockes.

Gestalten von Gewässern

Die vom Wasser während vieler Millionen Jahre in die Landschaften gegrabenen Täler bieten die idealen Voraussetzungen für den Trassenbau der Eisenbahn. Deshalb sind Flüsse und Bachläufe oft von Bahnlinien begleitet, die im ebenen Gelände der Auen wirtschaftlicher betrieben werden können als in hügeligem Gelände oder gar an Berghängen.

So sollte man sich schon bei der Planung einer Modelleisenbahn-anlage überlegen, inwieweit auch Gewässer in das Landschaftskonzept mit einbezogen werden können. Angefangen vom kleinen Teich vor dem Bahnhofsvorplatz über das Wiesenbächlein, das sich dem Bahndamm entlangschlängelt bis hin zum schiffbaren Fluß bieten die Gewässer in ihren vielfältigen Formen ein schier unerschöpfliches Repertoir an interessanten Gestaltungsmöglich-keiten. Und nichts spricht dagegen, wenn man das Wasser sogar als Anlagenthema wählt; beispielsweise eine Hafenbahn mit Verladekai oder, wie oben im Bild gezeigt, ein Fähr-boothafen mit Brückenwehr. Da inzwischen eine ganze Reihe von weitgehend vorbildtreuen Binnenschiffen als Bausatzmodelle erhältlich sind, gibt es auch beim Beschaffen geeigneter Wasserfahrzeuge kaum noch Schwierigkeiten.

Kleine Boote und Fischerkähne kann man sich nach guten Vorlagen auch leicht selbst anfertigen. Die in den Abbildungen auf den Seiten 20 und 105 gezeigten Torfkähne entstanden beispielsweise aus Karton und Balsa-holz.

Beim Planen eines Gewässers wird man sich stets an eine bestimmte Vorbildsituation anlehnen. Dabei kommt es weniger darauf an, daß man die Details haargenau übernimmt. Viel wichtiger ist die funktional vorbildgerechte Darstellung. Nehmen wir einen einfachen Bachlauf zum Beispiel. Er windet sich stets in der Talsohle durch das Gelände, weil das Wasser nun einmal seiner eigenen Schwerkraft folgend den Weg des geringsten Widerstandes nimmt. Die unterhalb dieses Niveaus geführte Bahntrasse wäre also ein unverzeihlicher Stilbruch. Dennoch gibt es Ausnahmen, nämlich dort, wo der Mensch Gewässer künstlich angestaut oder kanalisiert hat. Auch solche Bauwerke kann man zum Thema wählen. Sie wirken aber nur dann glaubhaft, wenn der Sinn ihrer Existenz deutlich erkennbar ist. Bei einem Stausee beispielsweise ist es sicherlich reizvoll, wenn die Staumauer gleichzeitig als Trasse für eine Nebenbahn genutzt wird. Vorrangig wird aber das Gewässer zum Zweck der Stromerzeugung angestaut. Wichtiger als die Bahn ist also hier, daß man in erster Linie die Einrichtungen zeigt, die für den Betrieb einer solchen Anlage zwingend nötig sind, also die Druckrohre, das Maschinenhaus mit Nebengebäuden und die Hochspannungsleitungen. Bei dem im Bild gezeigten Brückenwehr hingegen sucht man vergeblich nach einem Maschinenhaus. Stauwehre dieser Art haben vielmehr die Aufgabe, die Wassermassen von Gebirgsflüssen so zu regulieren, daß Überflutungen der unterhalb gelegenen menschlichen Ansiedlungen nicht mehr auftreten können.

Für die praktische Gestaltung von Gewässern im Landschaftsmodell gibt es zwei Verfahren: Die Gestaltung durch Abdecken des vorbereiteten Gewässergrundes mit Folie oder Kunstglas und die Gestaltung durch Einbringen von Gießharz in das Gewässerbett.

Am einfachsten gelingt die Gewässergestaltung nach dem erstgenannten Verfahren unter Verwendung einer glasklaren, genoppten Folie, die das Bild einer durch den Wind

sanft bewegten Wasseroberfläche sehr realistisch imitiert. Solche Folien sind unter der Bezeichnung „Seefolie" oder „Gewässerfolie" (FALLER, HEKI) im Fachhandel erhältlich. Beim einfachen Anlagenbau genügt es im Prinzip, wenn man unter die Folie einen dunkelblau bemalten Karton legt und die Ränder mit Modelliermasse anspachtelt.

Bei einer anspruchsvollen Anlage wird man sich meist für eine tiefenplastische Gestaltung des Gewässergrundes entscheiden. In diesem Falle wird zunächst die Gewässerform aus der Basisplatte mit einem Schnitt im Winkel von 45° ausgeschnitten. Dies erleichtert später die Ufergestaltung. Für das Ausformen des Gewässerbettes haben sich vor allem zwei Verfahren bewährt: Bei dem einen wird das Gewässerbett mit Modellgips geformt. Zu diesem Zweck wird das Aluminium-Trägergewebe an der Plattenunterseite befestigt. Anschließend wird die so entstandene Rohform zunächst mit gut benetzten Gipsbindenstreifen ausgelegt und sobald

Abbildung oben:
Ausschnitt eines nach holländischem Vorbild unter Verwendung von Gießharz gestalteten Hafenmotivs mit Segelboot und Aussichtsterrasse.

Abbildung Seite 146:
Brückenwehr mit Fährboothafen, Ausschnitt aus einer im Auftrag der Firma FALLER hergestellten Messeanlage. Die Gewässergestaltung erfolgte hier mit Gießharz.

diese erhärtet sind, wird fließfähig angerührter Modellgips eingegossen und mit dem Palettmesser gleichmäßig verteilt. Anstelle von Gips kann man auch eine gipshaltige Modelliermassse verwenden. Zur Auflage der Folie wird an den Randzonen ein etwa ein Finger breiter Saum in Höhe der Plattenunterkante ausgebildet. Während des Versteifungsprozesses der eingebrachten Modelliermasse wird die Oberfläche nochmals durch Übertupfen mit einem Ringpinsel leicht strukturiert.

Beim anderen Verfahren wird eine dichtgeschäumte, zwei Zentimeter starke Hartschaumplatte (z. B. Styrodur — erhältlich in Baustoffhandlungen) unter die Basisplatte geklebt und zwar so, daß der Gewässerausschnitt vollflächig unterlegt ist. Anschließend löst man die den Gewässergrund bildende Oberfläche der Hartschaumplatte mit Nitroverdünnung an, wobei das geschäumte Material borkenartig zusammenschmilzt und eine rindenähnliche Struktur erhält. Auch hier wird man am Gewässerrand entlang einen Saum als Auflagefläche für die Abdeckung stehen lassen.

Nachdem der in der einen oder der anderen Art geformte Gewässergrund zweimal mit dunkelblauer Dispersionsfarbe deckend gestrichen wurde und beide Anstriche gut durchgetrocknet sind, wird die passend zugeschnitene Seefolie in die Gewässerform gelegt und zwar so, daß sie frei im Ausschnitt auf dem Saum des Gewässergrundes aufliegt.

Für die natürliche Optik des zu gestaltenden Gewässers ist die richtige Farbgebung unter der Abdeckung entscheidend. In der Natur ist

die Farbe eines Gewässers stets abhängig von der Himmelsspiegelung. Nur bei wolkenlosem oder gering bedecktem Himmel wirkt eine Wasseroberfläche blau. Dieses Blau entspricht jedoch nie dem reinen atmosphärischen Blau, denn die Tönung wird durch im Wasser vorhandene Schwebestoffe beeinflußt. Außerdem spielt auch noch die Lichtbrechung in Abhängigkeit des Reflexionswinkels vom einfallenden Licht zum Betrachterstandpunkt eine gewisse Rolle. Im Vergleich mit dem atmosphärischen Blau eines unbedeckten Himmels wirkt das Blau eines Gewässers stets dunkler und stumpfer. Bei hohem Algenanteil oder durch die Lichtreflektionen von Felswänden, wie sie bei tiefen Schluchten gegeben sind, tendiert die Färbung auch gegen Grün.

Eine entsprechende Farbtönung wird man erzielen, wenn man die handels-

übliche blaue Dispersions-Vollton-farbe mit Braun etwas abstumpft. Wenn das Blau einen Violettstich zeigt, wird man eventuell auch noch mit Gelb oder Grün nuancieren müssen. Meist ist es nicht nötig, die Farbe mit Weiß aufzuhellen, und wenn, sollte man nur wenig zusetzen, denn der Gewässergrund muß ziemlich dunkel sein. Nur unter dieser Bedingung nämlich kann die übergelegte Folie als Spiegel wirksam werden und in Verbindung mit der entsprechenden Beleuchtung den Effekt eines realistischen Gewässers zeigen, wie zum Beispiel die Spiegelungen von Bäumen und Sträuchern, die das Ufer säumen.

Zur Darstellung weniger tiefer Gewässer kann man feinen Quarzsand und ggf. auch einige kleine Steinchen in die nasse Farbe einstreuen. Ansonsten genügt das Schattenspiel der Gewässergrundstruktur, um in

Verbindung mit der genoppten Folie realistische Wassertiefe vorzutäuschen. Von einer zusätzlichen Ausschmückung des Gewässergrundes, beispielsweise mit Islandmoos oder ähnlichem, wie in anderen Schriften oft empfohlen, rate ich ab. Zwar ist es richtig, daß man bei flachen und sauberen Gewässern bis auf den Grund blicken und Pflanzen und Steine unterhalb der Wasseroberfläche deutlich erkennen kann, wenn man unmittelbar am Ufer steht. Die Perspektive im Modell ist jedoch völlig anders. Hier gilt es ein Gewässer so darzustellen, wie es der Betrachter in der Natur von einem Hügel und aus einer Entfernung von etwa 50 Metern sieht. Und aus dieser Perspektive, die ungefähr dem Betrachterstandpunkt vom Anlagenrand aus entspricht, würde man Einzelheiten unterhalb der bewegten Wasseroberfläche nicht mehr wahrnehmen können.

Bevor man die Folie endgültig befestigt, wird man nochmals die Oberflächenwirkung unter den vor Ort gegebenen Beleuchtungsverhältnissen überprüfen. Am Standort der Anlage muß man auch den Einfluß reflektierender Farben aus dem Anlagenumfeld berücksichtigen, die die Farbwirkung eines Gewässers ungünstig beeinflussen können. Das kann zum Beispiel eine Naturholzdecke sein, die sich in der Gewässeroberfläche spiegelt. Insbesondere bei indirekter Beleuchtung treten solche Nebeneffekte auf, die unter allen Umständen zu vermeiden sind.

Erst wenn die Oberflächenwirkung in jeder Hinsicht befriedigt, wird die übergelegte Folie durch Anspachteln am besten mit sandgefüllter Dispersionsspachtelmasse (z. B. Moltoflexofill) in nicht allzu steilem Winkel angespachtelt. Für die Ufergestaltung können in die noch nasse Spachtel-

Abbildung oben:
Holländisches Motiv mit Ölförderpumpe und Luxusboot. Die Gewässergestaltung erfolgte hier mit Gießharz. Das Boot entstand aus einem WEGAS-Bausatz.

Abbildung Seite 148 oben rechts:
Mit genoppter Seefolie gestalteter Flußlauf. Die Folienansätze wurden durch Naturstaustufen getarnt.

Abbildungen Seite 148, linke Spalte:
— Bemalen des aus Polystyrolhartschaum tiefenplastisch geformten Gewässerbettes.
— Zuschnitt der genoppten Seefolie.

masse, die sowohl am Holz als auch an der glatten Folie gleichermaßen gut haftet, kleine Steine eingedrückt werden. Schilf- oder Binsenimitation wird durch bündelweises Einstecken von Schweineborsten in die noch weiche Spachtelmasse erreicht.

149

Brückenpfeiler, deren Standorte innerhalb des Gewässers vorgesehen sind, müssen aus der Folie exakt ausgespart und der tiefenplastischen Wirkung wegen auf Grund gesetzt werden. Eine andere Lösung besteht darin, die Pfeiler auf kleine Inseln zu stellen, so wie man es gelegentlich auch sieht.

Da die Maße der handelsüblichen Gewässerfolien begrenzt sind, ist es beispielsweise nicht möglich, einen über die ganze Anlage hinziehenden Fluß in seiner gesamten Länge mit nur einer Platte abzudecken. In solchen Fällen empfiehlt es sich, die Plattenansätze unter tief liegenden Brücken oder Stegen zu verdecken. Es besteht aber auch die Möglichkeit, die Folienstöße als Staustufen auszubilden, wenn man das Gelände terrassenförmig gestaltet. Die Wasserschwälle an den Stufen formt man dann, indem man die etwas überlappenden Folienüberstände einschneidet und entsprechend nach unten biegt. Bei Naturstaustufen kann man zusätzlich unter Verwendung der erwähnten sandgefüllten Dispersionsspachtelmasse kleine Steine einbetten. Durch anschließendes Aufträufeln von Alleskleber (UHU), der in diesem Fall meistens blasenbildend auftrocknet, entstehen sehr natürlich wirkende Wasserwirbel. Die weißen Schaumkronen letztlich imitiert man durch Aufwischen von weißer Plakatfarbe mit der Fingerkuppe.

Die elastische Gewässerfolie ist hervorragend geeignet zur Gestaltung von kleineren Gewässern wie zum Beispiel eines Wiesenbaches oder eines kleinen Weihers. Bei größeren Gewässern besteht die Gefahr, daß sich die Folie wölbt. In manchen Fällen lassen sich diese Wölbungen durch zusätzliche Auflagen in der Gewässermitte verhindern. Zur Gestaltung von Gewässern mit unbewegter Wasseroberfläche kann man auch eine glatte Plexiglasscheibe oder notfalls auch eine gewöhnliche Glasscheibe als Abdeckung verwenden. Von der Verwendung von Struktur- oder Ornamentglas als Abdeckung wird allerdings abgeraten, da die Muster solcher Dekorscheiben kaum einer wellenbewegten Wasseroberfläche ähneln.

Bei tiefenplastisch gestalteten Gewässern mit durchsichtiger Abdeckung kann es bei intensiver Lichteinstrahlung vorkommen, daß sich der dunkle Gewässergrund stark aufwärmt und sich infolgedessen an der Unterseite der lichtdurchlässigen Abdeckung Kondenswasser bildet. Durch ein paar angebohrte Löcher am Gewässergrund wird für eine ausreichende Luftzirkulation gesorgt und ein Beschlagen der Abdeckung sicher verhindert.
Größere, zusammenhängende Gewässer gestaltet man vorteilhafter mit Gießharz. Die Gießharztechnik ist

allerdings etwas aufwendiger und teurer als die tiefenplastische Gewässergestaltung mit Folienabdeckung. Sie bietet jedoch erheblich mehr Gestaltungsmöglichkeiten. Bei dieser Technik wird der vorbereitete Gewässergrund mit Gießharz aufgefüllt, so daß man weder an bestimmte Plattenmaße noch an vorgegebene Oberflächenstrukturen gebunden und auch keine Kondenswasserbildung zu befürchten ist. Allerdings verträgt sich Gießharz nicht mit Polystyrolhartschaum. Deshalb werden hier die Gewässergründe, wie bereits beschrieben, mit Modellgips geformt. Man wird aber die Bettungen flacher ausführen, damit man zum Auffüllen auf die erforderliche Wasserspiegelhöhe möglichst wenig von dem nicht gerade billigen Gießharz benötigt.

Die niedere Füllhöhe ist auch deshalb angezeigt, weil sich das eingebrachte Harz während seiner reaktiven Aushärtephase mengenabhängig erwärmt. Wird zuviel Gießharz in einem Arbeitsgang eingefüllt, kann die Erwärmung so stark sein, daß eingegossene Objekte wie Brückenpfeiler oder Schiffe in Brand geraten können. Ob man nun einen schiffbaren Fluß oder einen lediglich wenige Zentimeter tiefen Wiesenbach nachbilden will, eine Füllhöhe von maximal 8 Millimetern genügt, zumal der angestrebte Tiefeneffekt nicht durch die Dicke der eingebrachten Harzschicht, sondern durch die spezifische Gestaltung und insbesondere durch die Farbgebung des Gewässergrundes bestimmt wird. Wird aus irgendwelchen Gründen eine dickere Harzschicht erforderlich, muß man in mehreren Arbeitsgängen einfüllen, wobei allerdings die jeweils nachfolgenden Schichten innerhalb einer Zeitspanne von 12 bis 24 Stunden eingebracht werden müssen, damit eine ausreichende Vernetzung der einzelnen Schichten untereinander gewährleistet ist.

Im Hinblick auf ein zufriedenstellendes Endergebnis empfiehlt es sich, die nachstehend gegebenen Verarbeitungshinweise zu beachten: Wenn der aus Gips modellierte Gewässergrund vollkommen ausgetrocknet ist, wird zunächst zweimal ein lösungsmittelhaltiges Grundiermittel satt tränkend aufgetragen. Danach werden die Anschlußfugen zu allen anderen angrenzenden Bauteilen wie Brückenpfeiler, Kaimauern u. ä. mit der erwähnten sandgefüllten Dispersionsspachtelmasse angespachtelt. Auf diese Weise werden eventuelle Ritzen und andere Hohlräume, die an diesen Anschlüssen verblieben sind, zuverlässig abgedichtet, sozusagen als Vorsorgemaßnahme, um ein Kriechen oder Durchsickern des sehr fließfähigen Harzes beim späteren Einbringen zu verhindern. Der so vorbereitete Gewässergrund wird danach zweimal mit Dispersionsfarbe in dem entsprechenden Gewässerton gestrichen. Was die Farbtönung anbetrifft, sollte man hier das Blau inten-

Abbildung oben:
Das Einbringen der unmittelbar zuvor angesetzten Gießharzmasse.

Abbildung links:
Der mit Gießharz gestaltete Gewässerlauf. Man beachte hier den vorbildtreu dargestellten, parallel zum Bach geführten Einlaufkanal für das unterschlächtige Wasserrad.

Abbildung Seite 150:
Der für die tiefenplastische Gestaltung mit Modellgips vorbereitete Gewässergrund.

siver wählen, da die leicht gelbliche Eigenfarbe des ansonsten gut durchsichtigen Harzes etwas abstumpfend wirkt.

Um eine gute Verankerung mit dem Gießharz sicherzustellen, empfiehlt es sich, in den zweiten, noch nassen Anstrich, feinen Quarzsand einzustreuen. Will man einen ausgeprägten Tiefeneffekt erzielen, wird man den Sand jedoch gegen die Uferzonen hin dichter streuen und gegen die Mitte zu mehr die Spiegelwirkung der dunklen Grundfarbe nutzen. Bei der Gestaltung von weniger tiefen Gewässern, wie beispielsweise bei einem Gebirgsbach, kann man den Sand auch in der Mitte etwas dichter streuen und außerdem auch kleine Kieselsteine einbetten, die in Farbe, Form und Größe dem Landschaftscharakter entsprechen.

gebaute UHU-plus-Endfest-Kleber
bewährt.

Als Modellierwerkzeug dient das
Palettmesser, mit dem das im
Mischungsverhältnis 1:1 angerührte
Material dem gewünschten Wellen-
verlauf entsprechend aufgetragen
und in den Wellentälern auf Null ausgezogen wird. Zum Modellieren von
besonders ausgeprägten Wasserver-
wirbelungen, wie sie beispielsweise
durch die Schiffsschrauben von
Wasserfahrzeugen verursacht werden
oder an der Basis von Wasserfällen
auftreten, hat sich auch der erheblich
schneller aushärtende UHU-plus-
Schnellfest gut bewährt. Zwar verlaufen auch hier die aufmodellierten
Wellenkämme etwas und dort, wo sie

Vor dem Einbringen des Harzes sollte
das Ufer bereits gestaltet sein, zum
Beispiel durch Aufschichten von
Steinsplitt, durch Einbetten von
Schweineborsten oder Naturgräsern
in die sandgefüllte Modelliermasse.
Auch die Mauern kanalisierter
Gewässer, Brückenpfeiler oder Kaimauern müssen ihre endgültigen
Farbgebungen erhalten, da ein Teil
dieser Flächen durch das Gießharz
abgedeckt wird. Bei Gewässern, die
bis zum Anlagenrand reichen, muß
man Vorsorge treffen, um dort ein
Auslaufen des Harzes zu verhindern.
Dies gelingt am besten, indem man
eine Holzleiste vornagelt und die
noch verbleibenden Ritzen mit Knet-
masse abdichtet. Um eine Verbindung des Harzes zu dieser Leiste, die
nach der Aushärtung wieder entfernt
wird, zu verhindern, klebt man einen
Streifen Tesafilm über die Leisten-
innenseite, die mit dem Harz in
Berührung gerät.

Um eine möglichst gleichmäßige Verteilung des Gießharzes und eine
allerorts einheitliche Wasserspiegelhöhe sicherzustellen, wird die Anlage
mit Hilfe einer Wasserwaage horizontal ausgerichtet. Erst dann kann der
eigentliche Gießvorgang beginnen.
Eine möglichst einheitliche Füllhöhe sichert eine möglichst gleichmäßige Aushärtung des Harzes.
Nur so gelingt es, während der End-
phase eventuelle Strukturierungen,

wie zum Beispiel Wellen, einzumodel-
lieren.

Nur wenige, im Handel erhältliche
Gießharze sind speziell für diesen
Zweck geeignet. Von allen in meinem
Atelier getesteten Materialien hat
sich das von UHU entwickelte und
von FALLER vertriebene Gießharz auf
Epoxidharzbasis (Bestell Nr. 508) am
besten bewährt. Nachdem die beiden
Komponenten dieses Gießharzes
(Harz und Härter) im Mischungsverhältnis 1:1 zusammengebracht und gut
durchmischt worden sind, ist das
Material verarbeitungsfertig. Es wird
einfach in die vorbereitete Gewässer-
bettung gegossen. Sofern eine völlig
unbewegte, glatte Wasseroberfläche
gewünscht wird, ist die Arbeit am
Gewässer nach der Aushärtezeit
abgeschlossen. Sie beträgt bei einer
Raumtemperatur von 20°C etwa
24 Stunden.

Das Einmodellieren von Wellen
gelingt nur im letzten Stadium der
Aushärtephase. Wenn man den Versuch zu früh unternimmt, fallen die
modellierten Strukturen wieder in
sich zusammen oder aber es ziehen
sich Fäden aus der Masse. Einfacher,
aber etwas zeitaufwendiger ist das
nachträgliche Aufmodellieren der
Wellen auf die völlig ausgehärtete,
glatte Gewässeroberfläche. Als
Modelliermasse hierzu hat sich der
ebenfalls auf Epoxidharzbasis auf-

auf Null ausgezogen wurden, bilden sich häßliche Mattflecken. Doch nach etwa 24 Stunden, wenn die aufmodellierte Wellenstruktur völlig ausgehärtet ist, werden die gesamten Flächen nochmals mit einem hochglänzenden farblosen Kunststofflack (z. B. CLOU-Kunststofflack) überlackiert. Wie die abgebildeten Beispiele zeigen, ist das Ergebnis zufriedenstellend.

Wenn diese Schlußlackierung ebenfalls hart durchgetrocknet ist, gilt es lediglich noch, mit weißer Palaktfarbe die Schaumkronen auf die Wellenkämme zu wischen. Diese hauchdünn und matt auftrocknende Farbe sollte

man jedoch nochmals mit dem farblosen Lack überlackieren, damit eine einheitliche Oberflächenwirkung erzielt wird.

Mit dem Aufmodellieren der Wellen in der beschriebenen Weise bietet sich auch die Möglichkeit, die Bug- und Heckwellen von fahrenden Schiffen sehr wirklichkeitsnah nachzubilden. Dies erfordert allerdings ein wenig Übung. Dem Anfänger wird daher empfohlen, entsprechende Vorversuche an einem Probestück außerhalb der Anlage vorzunehmen.

Mit zu den interessantesten Details an Wasserläufen, die zum Nachbilden reizen, zählen die Stauwehre. Für den Modellbahner speziell bieten sie sich dann an, wenn wegen unterführender Strecken ein quer durch das Landschaftsmodell ziehendes Gewässer in verschiedenen Höhenstufen angelegt werden muß. In vielen Fällen bleibt dann nur die Möglichkeit, die großen Höhendifferenzen im Wassergefälle

durch Stauwehre oder Wasserfälle einigermaßen wirklichkeitsnah darzustellen.

Unverzichtbar sind Stauwehre bei bestimmten Wasserkraftanlagen. Sie dienen dort zum Regeln der Wassermengen, die über die Einlaufkanäle den Antriebsrädern zugeführt werden. Wehre sind außerdem an kleineren Bachläufen erforderlich, wo das tagsüber für den Betrieb benötigte Wasser über Nacht erst angestaut werden muß. Die Darstellung einer Getreidemühle mit unterschlächtigem Wasserrad zum Beispiel wäre ohne den durch ein Wehr regulierbaren und parallel zum Bachlauf geführten Einlaufkanal ein unverzeihlicher Stilfehler – siehe Seite 151.

Bei den hier gezeigten Stauwehren handelt es sich um freie Nachbildungen existenter Originale. Sie entstanden aus Teilen handelsüblicher Profile (FALLER-Profilsortiment 540 — geeignet für HO und N). Für die

Abbildung oben:
Ein Hafenbecken aus der Vogelperspektive, gestaltet mit Gießharz. Die Schiffe entstanden aus WEGAS-Bausätzen.

Abbildung linke Spalte:
Vorbildnah gestaltetes Stauwehr unterhalb einer Schmalspur-Eisenbahnbrücke.

Abbildung Seite 152 oben links:
Das fachgerecht eingebaute Wasserkraft-Sägewerk.

Abbildungen Seite 152 rechte Spalte:
— Aufmalen der Wellenkämme an einer Naturstaustufe mit weißer Kaseinfarbe.
— Die fertig gestaltete Naturstaustufe.
— Das Setzen der Naturborsten im Zuge der Ufergestaltung.

Schieberfüllungen wurden 2 mm starke Leisten aus Balsaholz verwendet.

153

Auch Wasserfälle sind dankbare Motive. Auf der Anlage wirken sie jedoch nur dann, wenn sie wirklich gekonnt dargestellt sind. Bei den vielfältigen Arten der zu Tal gischtenden Wassermassen, denen wir in der Natur begegnen, angefangen von der kleinen Gefällstufe in einem Wildbach bis hin zu der von steiler Felswand herunterstürzenden Wassermasse kommt es vor allem darauf an, das fallende Wasser so zu gestalten, wie es sich wesenstypisch im Original darstellt. Die sich aus den Komponenten Strömung, Verwirbelung und freiem Fall ergebende Dynamik muß erkennbar sein, wenn das Detail nicht

kitschig wirken soll. Um die jeweils richtige Form zu finden, wird man sich stets an ein entsprechendes Vorbild anlehnen. Ein gutes Foto kann hierbei sehr hilfreich sein. Die vom Original selbst gefertigte Skizze wird aber dabei die besten Dienste leisten.

Für die technische Umsetzung sollte man sich viel Zeit lassen. Oft gelingt das Detail nicht auf Anhieb und es bedarf mehrerer Versuche, bis eine zufriedenstellende Form gefunden ist. Am besten gelingt das Formen des Wassers außerhalb des Modells. Man paßt die vorgefertigten Teile erst dann ein, wenn das landschaftliche Umfeld fertig gestaltet und das Gewässerbett zur Aufnahme des Gießharzes vorbereitet ist. So kann man die Form am besten beurteilen. Zur Gestaltung der Wasserschwälle

sind die bereits erwähnten genoppten Gewässerfolien hervorragend geeignet. Allerdings lassen sich diese Folien nur unter Wärmeanwendung in die richtige Form zwingen. Nachdem der zunächst grob zugeschnittene Folienstreifen mit etwas Überstand in das Gefälle eingepaßt wurde, legt man ihn zwischen zwei Leinenstreifen und bügelt die gewünschte Ausrundung auf einer Papprolle mit einem mäßig warmen Eisen ein. Wenn das Formteil erkaltet ist, wird es endgültig in das Modell eingepaßt und mit Stecknadeln fixiert. Anschließend läßt man entweder flüssigen Alleskleber oder Gießharz über das Formstück laufen. Auf diese Weise wird es in sich und an den Auflagepunkten verfestigt. Nach der Aushärtung wird dann noch die Wasserverwirbelung an der Basis plastisch dargestellt. Dies gelingt durch Aufmodellieren mit UHU-plus-Schnellfest-Kleber wie vor beschrieben. Zum Schluß werden noch die Schaumkronen mit weißer Plakatfarbe aufgewischt und nach dem Trocknen mit farblosem Hochglanzlack überzogen.

Letztlich stellt sich auch noch die Frage, inwieweit richtiges Wasser zur Belebung der Anlagenszene eingesetzt werden kann. Sinnvoll dürfte dies lediglich in Verbindung mit den bekannten FALLER-Modellen sein, die so konstruiert sind, daß der durch eine kleine Membranpumpe angetriebene Wasserkreislauf nicht nach außen tritt und durch Nässe an der Anlage kein Schaden entstehen kann.

Zwar könnte man theoretisch auch die offenen Gewässerbettungen in einem Landschaftsmodell nach entsprechender Vorbehandlung mit Wasser füllen und unter Einsatz von Aquarienpumpen in fluß halten, denn das Abdichten z. B. eines Gipsuntergrundes unter Verwendung von glasfaserarmiertem Gießharz, Silikonkautschukmassen und wasserbeständigen Lacken wäre durchaus möglich. Gegen die Verwendung von fließendem Wasser spricht vielmehr, daß mit den relativ geringen Wassermengen, die beispielsweise auf einer HO-Anlage umgewälzt werden könnten, ein auch nicht annähernd wirklichkeitsnaher Effekt erzielt würde; der hoch vom Felsen herabstürzende Wasserfall wäre hier bestenfalls als schmächtiges Rinnsal dargestellt. Zusammenfassend kann man also sagen, daß die „trockene", gekonnt ausgeführte Gewässergestaltung sicherlich weniger aufwendig ist und natürlicher wirkt. Bei der Verwendung von fließendem Wasser in offenem Kreislauf käme außerdem auch noch die durch die starke Wasserverdunstung verursachte hohe Luftfeuchtigkeit hinzu, die sich in Innenräumen sicherlich schädigend auf die korrosionsempfindlichen Teile der Modelleisenbahnfahrzeuge auswirken würde.

Die Winterlandschaft

Der besondere Reiz einer Winterlandschaft liegt zweifellos im Außergewöhnlichen, im Nichtalltäglichen. Für die im Winterkleid gestaltete Modelleisenbahnanlage spricht aber auch die Optik, denn die im neutral weißen Umfeld verkehrenden Züge kommen hier besser zur Geltung als vor dem Hintergrund einer grünbunten Sommerlandschaft. Das reine Weiß wirkt außerdem auch vermittelnd zwischen den übrigen Farben und vermindert die Gefahr von Disharmonien erheblich. Nachteilig könnte man allenfalls die etwas höhere Verschmutzungstendenz werten, da die üblichen Staubablagerungen auf den reinweißen Flächen eher sichtbar werden. Will man die Anlage in besichtigungswertem Zustand erhalten, wird man öfters staubsaugen und die weißen Flächen gegebenenfalls im Turnus von zwei bis drei Jahren auffrischen müssen.

Eine ernst zu nehmende Winterlandschaft läßt sich allerdings durch einfaches Überstreuen einer Sommerlandschaft mit weißer Kreide oder durch Übersprühen mit Dekorationsschnee nicht herstellen, so wie es gelegentlich für Fotozwecke empfohlen wird. Der so entstehende Postkartenkitsch würde sicherlich mehr Ärger als Freude einbringen, zumal sich die Spuren dieser Prozedur, wie die Praxis zeigt, nicht immer rückstandslos entfernen lassen. Ganz im Gegenteil muß man sich darüber im klaren sein, daß die Gestaltung einer Winterlandschaft eine spezielle Arbeitsweise bedingt und die spätere Verwandlung in eine Sommerlandschaft so ohne weiteres nicht möglich ist.

Das Thema Winterlandschaft muß also von Anfang an in das Gestaltungskonzept mit einbezogen werden. Spätestens nach der Rohbauphase muß man sich entscheiden, da sich der weitere Ausbau doch in einigen wesentlichen Punkten von den bisher beschriebenen Verfahren unterscheidet. Das soll aber nicht heißen, daß die Gestaltung einer schneebedeckten Landschaft im Vergleich mit einer schneefreien schwieriger oder gar risikoreicher ist. Die nachfolgend be-

schriebenen Verfahren sind praxiserprobt und ebenso leicht nachvollziehbar wie die anderen, in diesem Buch beschriebenen.

Wenn dessen ungeachtet Modelleisenbahnanlagen im Winterkleid immer noch zu den Seltenheiten zählen, dürfte der Grund kaum im etwas höheren Pflegeaufwand allein zu suchen sein. Es ist eher anzunehmen, daß viele Modellbauer den Mangel an eigenen ausreichenden praktischen Erfahrungen als unkalkulierbares Risiko fürchten. Sicherlich liegt im allzu leichtfertigen Umgang mit reinweißer Farbe und Glasdiamantin eine gewisse Gefahr, daß die Arbeit außer Kontrolle gerät und das Endergebnis mehr einer Zuckertorte ähnelt als einem realistischen Landschaftsbild. Dem kann man jedoch erfolgreich begegnen, indem man sich eingehend

Abbildung oben:
Die tiefverschneite Eisenbahnlandschaft im Modell.

Abbildung Seite 154 oben rechts:
Schwarzwaldmühle mit oberschlächtigem Wasserrad.
Abbildung Seite 154 linke Spalte:
Vorbildlich gestalteter Wasserfall. Er entstand unter Verwendung von Seefolie und Gießharz.

mit dem Thema Winter beschäftigt und sich beim Gestalten der Szenen streng an das Vorbild hält.
Bevor man sich jedoch mit den technischen Einzelheiten befaßt, muß man allen Überlegungen voranstellen, daß eine Winterlandschaft unendlich viele Gesichter haben kann. So stellt sich eine Winterlandschaft nach unmittelbar vorausgegangenem Schneesturm völlig anders dar als unter einer Alt-

schneedecke, die nach tagelangem Sonnenschein verharscht ist. Nach ausgiebigen, lang anhaltenden Schneefällen zum Beispiel liegt alles unter einem dicken Schneepolster. Straßen und Eisenbahngleise sind ebenfalls eingeschneit und zeichnen sich lediglich durch die frischen Spuren der Fahrzeuge ab. Doch Stunden später finden wir möglicherweise eine völlig veränderte Situation vor; der Schnee auf den Straßen und Schienen ist bereits geräumt und türmt sich links und rechts der Trassen zu mächtigen Wällen, an steilen Dächern, wie zum Beispiel an Kirchtürmen haben sich die ersten Schneebretter gelöst, und an den Luvseiten der Felsnasen, Fassaden, Bäumen und Telegrafenmasten ist die angewehte weiße Pracht längst wieder abgetaut. Vielleicht haben sich auch schon die ersten Eiszapfen an Dachrinnen und Fenstergesimsen gebildet. Kommt die wärmende Mittagssonne gar noch zum Vorschein, dann tauen auch die Schneereste auf der Straße und dem Bahnkörper ab, die die Räummaschinen übrig ließen. Und am nächsten Morgen ist nach vorausgegangenem Nachtfrost alles von spiegelglattem Eis überzogen. Wieder hat sich das Gesicht der Landschaft völlig verwandelt; Straßen und Bahnkörper kontrastieren in ihren Eigenstrukturen zu den übrigen Schneeflächen und von den Dachrinnen reichen die Eiszapfen bis zu den unteren Stockwerken. Die Beispiele, die man beliebig fortsetzen könnte, verdeutlichen, wie sehr es bei der Winterlandschaft darauf ankommt, die witterungsabhängigen Details gut beobachtet darzustellen, wenn man Stilbrüche vermeiden will.

So sind beispielsweise überhängende Schneekissen auf den Dächern nicht die Regel, sondern höchstens nach schweren Schneestürmen anzutreffen, sie sind dann aber einseitig in Anblasrichtung des Windes ausgebildet und an grundsätzlich allen Objekten, die aus dem Terrain herausragen, einheitlich ausgeprägt. Und Eiszapfen, zum Beispiel, dürfen nur dort angebracht werden, wo sie den physikalischen Gesetzen entsprechend tatsächlich entstehen können, z. B. an zugefrorenen Dachrinnen, Felsnasen,

Fenstergesimsen oder Vorsprüngen, niemals aber an Firstbrettern. Besonders zu beachten ist aber beim Anbringen von Eiszapfen, daß sie akkurat senkrecht ausgerichtet sein müssen. Ungeachtet der Tatsache, daß Eiszapfen in der Natur, bedingt durch die Windbeeinflussung nicht grundsätzlich senkrecht nach unten wachsen, würde man die in unterschiedlichen Winkeln zur Senkrechte angebrachten Gebilde auf der Anlage als grobe Nachlässigkeit werten.

Der Nachvollzug einer tiefverschneiten Winterlandschaft dürfte die schwierigste und aufwendigste, gleichzeitig aber auch die effektvollste Arbeit sein. Hier gilt es nämlich, nicht nur auf alles was aus dem Terrain herausragt, auf Dächern also ebenso wie auf Gartenzäunen oder Baumästen die dem Vorbild entsprechend dicken Schneeauflagen aufzubringen, sondern darüberhinaus auch die Bahnkörper bis auf Höhe der Schienenoberkanten über den gesamten sichtbaren Anlagenbereich hinweg aufzufüllen. Eine solche Ausführung ist allerdings nur bei Zweileiter-Gleichstrombahnen möglich. Wenn auf der Anlage Mittelleiter-Punktkontakt-Gleise installiert sind, sollte man besser auf eine tiefverschneite Landschaft verzichten, da sich hier die sonst unauffälligen, in der Gleismitte angeordneten Punktkontaktbänder

inmitten der weißen Schneeflächen deutlich abheben und damit der Gesamteindruck der Anlage erheblich beeinträchtigt wird.

Bei Anlagen mit solchen Gleisen wird man besser eine Winterlandschaft zum Vorbild wählen, wie sie sich nach trockenem, leichtem Schneefall auf eine vorhandene, verharschte Altschneedecke darstellt. Dann weisen die leicht bis mäßig geneigten Dächer immer noch dicke Schneepolster auf. Auch stark ausgeprägte Eiszapfenbildungen sind für diese Vorbildsituation typisch. Die vor dem jüngsten leichten Schneefall bereits geräumten und vollständig abgetauten Straßen, Gehwege und nichtüberdachten Bahnsteige weisen lediglich leichte Verwehungen auf ebenso wie die durch den Zugbetrieb weitgehend freigefegten Bahnkörper. Bei einer solchen Darstellung fällt das Mittelleiter-Kontaktband weit weniger auf. Im Vergleich mit einer tiefverschneiten Winterlandschaft wirkt die mit bereits schneefrei gefegten Verkehrswegen etwas farbiger und weniger monoton.

Die Gefahr, daß eine Winterlandschaft im Endergebnis durch das einheitliche Weiß zu monoton und damit ziemlich leblos wirkt, besteht immer. Man sollte deshalb dort, wo Farbe zu zeigen möglich ist, ausgiebig Gebrauch machen. So wird man beispielsweise bei den Bauwerken auf weiße Fassaden oder weiß getünchtes Mauerwerk verzichten. Durch Umbemalen von Bausatzteilen mit freundlichen bunten Farben erzielt man in der Regel bessere Kontrastwirkungen. Oft genügt aber auch ein Patinieren oder Übergranieren der betreffenden Flächen, damit sie sich ausreichend vom Weiß abheben. Und bei Gebirgslandschaften wird man der Monotonie auch mit kontrastierenden Felspartien erfolgreich begegnen können.

Nur bei sehr großen Anlagen und der entsprechenden Landschaftsstruktur könnte man auch an eine kombinierte Gestaltung denken, beispielsweise indem man ein Bergmassiv hoch aufbaut und die oberen Regionen mit Altschneeauflagen, die unteren hingegen im ersten Frühlingsgrün konzipiert. Die Schneegrenze darf in einem solchen Fall jedoch nie horizontal verlaufen. Vielmehr wird man wie in der Natur den Schnee an den Nordhängen bis in die Tallagen hinunter vorsehen und nur die Südhänge, die sogenannten „Sommerberge", als Vorfrühlingslandschaft gestalten. Das Ausbilden der natürlichen Übergänge von der weißen zur grünen Fläche ist sehr schwierig und dürfte ohne eingehende Vorbildstudien kaum befriedigend gelingen.

Da die Rohbauarbeiten zur Gestaltung einer Winterlandschaft die gleichen wie bei einer Sommerlandschaft sind und genau so ausgeführt werden, muß man sich erst nach der Gleisverlegung endgültig und gleichzeitig auch entweder für eine tiefverschneite oder eine lediglich leicht verwehte Version entscheiden.

Beim Gestalten einer tiefverschneiten Landschaft kann man auf das Einschottern der Gleise verzichten, da der gesamte Oberbau bis zur Schienenoberkante aufgefüttert wird. Dazu verwendet man am besten unstrukturierte, dichtgeschäumte Polystyrolplatten (z. B. HEKI-dur) in entsprechender Stärke, die man sorgfältig mit scharfer Klinge in Streifen schneidet und in die Gleiskörper so einpaßt, daß zwischen den Schienen und der Füllung ausreichend bemessene

Rillen für den unbehinderten Lauf der innenseitig geführten Radkränze verbleiben.

Eine andere Möglichkeit besteht darin, die Innenteile der Gleiskörper mit fließfähig angemachtem Modellgips auszugießen. Um hierbei die für den Radlauf erforderlichen Rillen freizuhalten, schneidet man sich Pappstreifen in entsprechender Stärke, die man an den Schienen anliegend als eine Art Schalung benutzt. Vorher müssen diese Pappstreifen jedoch in Speiseöl getränkt werden. Es verhindert das Ankleben am erstarrten Gips und damit ein Ausbrechen der Kanten beim Herausziehen. Das seitliche Auffüllen der Gleiskörper erfolgt dann ebenfalls mit dünn angesetztem Modellgips bis an die Schienenkopfoberkante, oder genauer ausgedrückt, der sicheren elektrischen Kontaktgabe wegen einen halben Millimeter darunter. Diese Arbeiten führt man zweckmäßigerweise im Zuge der allgemeinen Geländegestaltung durch, wobei in diesem speziellen Fall das zur Verankerung nötige Aluminiumgewebe über die Korkauflage der Gleisbettung hinweg gezogen und auf der Trassenkrone unter Verwendung der üblichen Klammern befestigt wird. Auf diese Weise wird auch innerhalb des Oberbaus eine ausreichende Armierung der aufmodellierten Schicht gewährleistet. Um

Abbildung oben:
Beispiel einer tiefverschneiten Winterlandschaft mit Zweileitergleisen.

Abbildung Seite 156:
Beispiel einer mit nur leichten Schneeverwehungen gestalteten Winterlandschaft mit Mittelleiter-Punktkontakt-Gleisen.

Kriechströmen oder gar möglichen Kurzschlüssen vorzubeugen, muß man beim Anbringen des Aluminiumgewebes am Gleiskörper sehr darauf achten, daß das Metall an keiner Stelle in unmittelbaren Kontakt zu den stromführenden Schienen gerät. Da auch das Anmachwasser des Modellgipses, bedingt durch die hohen Mineralsalzanteile, gut elektrisch leitfähig ist, muß außerdem das völlige Austrocknen abgewartet werden, bevor Fahrstrom eingespeist wird.

Es versteht sich von selbst, daß alle beweglichen Teile innerhalb der Gleiskörper wie beispielsweise die Weichenzungen samt deren Stellgestänge oder Entkupplungsvorrichtungen von den beschriebenen Behandlungen auszunehmen sind, damit die Funktionstüchtigkeit voll erhalten bleibt. Dies entspricht im übrigen ganz dem Vorbild, denn auch dort werden die Weichen entweder mit

Die Landschaftsgestaltung

Streusalz oder aber durch Anwendung von Wärme eis- und schneefrei gehalten. Recht vorbildnah gelingen solche Detailgestaltungen in Verbindung mit dem im FALLER-H0-Bausatzprogramm angebotenem Vorratsbehälter und Schaltkasten für gasbetriebene Weichenheizungen (B-142). Bei der Deutschen Bundesbahn werden etwa 80 % aller Weichen mit Gas beheizt.

Beim Nachvollzug einer lediglich schneeverwehten Winterlandschaft werden die Schienen zunächst mit Rostfarbe bemalt und anschließend die Gleiskörper wie üblich eingeschottert. Erst der fix und fertig gestaltete Oberbau wird anschließend mit weißer Sprühmattlackfarbe in steilem Winkel zur Senkrechte von oben überhaucht. Auf diese Weise wird der nach leichtem Schneefall durch den Zugverkehr freigefegte Bahnkörper treffend imitiert. Nach dem Trocknen schleift man die Schienenköpfe unter Verwendung von Wasserschleifpapier der Körnung 360 wieder blank. Um Verklebungen zu vermeiden, sind die im Gleiskörper liegenden beweglichen Teile der Weichen und Entkupplungsgleise durch Abkleben mit Tesafilm von der allgemeinen Behandlung auszunehmen.

Beim Modellieren der schneebedeckten Landschaft wird etwas anders verfahren als bei den Vorarbeiten zu einer Sommerlandschaft. Vorzugsweise wird mit unverschnittenem Modellgips, also ohne Torfmehlzusätze, gearbeitet. Hier kommt es vor allem darauf an, in zwei Arbeitsgängen möglichst glatte Oberflächen zu erzielen, wie sie für eine Schneedecke typisch ist. Dies gelingt, indem man zunächst eine dünne Schicht mit normal angesetztem Modellgips aufbringt, um das Gewebe zu verfestigen und gleichzeitig so abzudecken, daß beim zweiten Auftrag nichts durchlaufen kann. Bei größeren Flächen kann dieser erste Auftrag auch unter Mitverwendung von Gipsbindenstreifen erfolgen. Für die zweite Lage, die unmittelbar nach der Verfestigung der ersten aufgetragen werden muß, wird dann der Modellgips etwas dünner angerührt und in noch fließfähigem Zustand aufgetragen. Mit dem Palettmesser wird er dann lediglich gleichmäßig verteilt und möglichst nicht weiter bearbeitet, so daß die aufgebrachte Modelliermasse in sich verlaufend eine Oberfläche in der gewünschten Glätte bildet. Erst nach vollkommenem Trocknen werden die Flächen mit Schleifpapier der Körnung 200 leicht überschliffen und dann satt tränkend grundiert. Nach der Grundierung kann man eventuelle Unebenheiten unter Verwendung von feiner Dispersionsspachtelmasse noch ausgleichen. Anschließend erfolgt ein deckender Anstrich mit weißer Dispersionsfarbe.

Auch beim Gestalten der Straßen und Wege unterscheidet man anwendungstechnisch zwischen der tiefverschneiten und der lediglich verwehten Winterlandschaft. Zur Vorbereitung der Wege und Straßen einer tiefverschneiten Landschaft werden die Trassen mit Kunstharzspachtelmasse dickschichtig überzogen und die Fahrspuren mit einer aus Holz oder Kunststoff selbstgefertigten Ziehschablone einmodelliert. Will man hingegen lediglich verwehte Straßen nachbilden, wird man die Fahrbahndecken zunächst wie bei einer Sommerlandschaft mit Nitrospachtel glätten und mit asphaltgrauer Straßenfarbe bemalen. Danach wird mit weißer Sprühmattlackfarbe vorsichtig überhaucht.

Wird Glatteiseffekt gewünscht, überzieht man die Flächen zusätzlich mit einer farblosen Dispersion (z. B. Caparol-Tapetenschutz), die unverdünnt mit weichem Pinsel aufgetragen wird. Angehäufte Schneewälle werden entweder mit Aluminiumgewebe oder aber mit Polystyrolhartschaum vorgeformt und erhalten mit Modellgips oder Kunstharzmodelliermasse ihre endgültige Form.

Auch Gewässer werden in das winterliche Gestaltungskonzept mit einbezogen. Dabei sind die witterungsabhängigen Zustandsformen zu beachten. So wird man beispielsweise feststellen, daß Gewässer mit zunehmendem Frost in erster Linie dort zufrieren, wo die Wasseroberfläche nicht oder nur wenig bewegt ist. Tur-bulente Gebirgsflüsse frieren nur selten völlig zu. In Ufernähe hingegen, wo das Wasser langsamer strömt, bilden sich schon während mäßiger Frostperioden Eisschichten, die sich auch bei einsetzendem Tauwetter verhältnismäßig lange halten. Diese Eisränder an den Uferzonen, wie sie vor allem für kleinere Bachläufe und stehende Gewässer während der Wintermonate typisch sind, gelingen recht gut mit glatter Verpackungsfolie, die man etwa fingerbreit der Uferlinie folgend in Streifen schneidet und diese mit Plastikkleber (UHU-Allplast) auf die Seefolie oder die mit Gießharz gestaltete Wasseroberfläche aufklebt. Den weißen Schleier imitiert man abschließend durch Aufwischen von weißer Plakatfarbe mit der Fingerkuppe – siehe Seite 155.

Stehende Gewässer bilden schon bei mäßigem Frost in relativ kurzer Zeit eine durchgehend tragfähige Eisdecke, die sich in der Regel auch bei Temperaturen über Null einige Zeit hält. Solche völlig zugefrorenen Gewässer, auf deren spiegelglatten Eisflächen sich Wintersportler in der Kunst des Schlittschuhlaufens versuchen, sind stets dankbare Motive, die die Szene mit zusätzlichem Leben erfüllen. Sie gelingen am besten mit einer Plexiglasplatte, die man über den wie üblich gestalteten, aber in sehr dunklem Blau bemalten Gewässergrund deckt. Zweckmäßigerweise wird die so entstandene Seefläche zunächst mit weißer Mattlackfarbe leicht und sehr gleichmäßig übersprüht. Damit erhält sie die typische milchglasähnliche Trübung. Die Gleitspuren der Schlittschuhläufer — entsprechende Figuren finden sich im Lieferprogramm der Firma MERTEN — kann man mit einem Stichel oder einfach mit einem angespitzten Nagel in den hauchdünnen Lackfilm gravieren.

Mit dem nächsten Arbeitsgang erhalten alle aus dem Gelände herausragenden Objekte ihre Schneepolster. Vorher wird man jedoch dort, wo erforderlich, die Eiszapfen mit harzreichem Plastikkleber (z. B. UHU-Allplast) an die Dachrinnen, Fenstergesimse oder Felsvorsprünge kleben. Vorgefertigte Eiszapfen aus durchsichtigem Kunststoff — verwendbar für die Nenngrößen HO und N — finden sich im FALLER-Winter-Set, der speziell zur Gestaltung von Winterlandschaften entwickelt wurde und neben einer Spachtelmasse und weißer Farbe auch einen Beutel Glasdiamantin enthält. Man kann sich die Eiszapfen auch aus durchsichtiger Verpackungsfolie selbst zuschneiden. Ihre plastische Form erhalten sie erst nach dem Ankleben, indem man an jeden einen Tropfen glasklaren UHU-Alleskleber gibt. Das während des Ablaufens erstarrende Harz imitiert die Eiszapfenform sehr naturgetreu.

Zum Herstellen der Schneepolster sind vor allem die gipshaltigen Modelliermassen (FALLER, HEKI) hervorragend geeignet. Auf größere Flächen, wie beispielsweise auf Dächern, wird die mit Wasser in sämiger Konsistenz angeteigte Modelliermasse am besten mit einem Palettmesser oder mit einem Hornspatel aufgetragen und in einem Arbeitsgang ausgeformt. Allerdings muß man hierbei beachten, daß die Modelliermasse auf den glatten Kunststoffteilen der Gebäudebausätze nicht so ohne weiteres haftet. Deshalb muß auf die Plastikdächer, die ein Schneepolster erhalten sollen, zuerst eine sogenannte „Haftbrücke" aufgebracht werden. Dies geschieht durch strangweises Aufträufeln von harzhaltigem Plastikkleber (z. B. FALLER PC 496 der UHU-Allplast) und Einstreuen von trockenem Quarzsand (Vogelsand) in den noch nassen Kleberauftrag. Wenn der Kleber vollkommen erhärtet ist, haftet die Modelliermasse auf der so besandeten Oberfläche ausgezeichnet.

Zum Beschichten kleinerer Objekte, wie beispielsweise Gesimsoberflächen oder Äste, wird man der sämig angeteigten Modelliermasse noch etwas weiße Dispersionsfarbe zusetzen. Sie wird dadurch noch geschmeidiger und kann dann mit einem Haarpinsel verarbeitet werden. Auf diese Weise gelingt es auch punktförmig kleine Schneepolster aufzusetzen, so wie sie zum Beispiel auf den Isolatoren der Telegrafenmasten oder Gartenzäunen aufliegen.

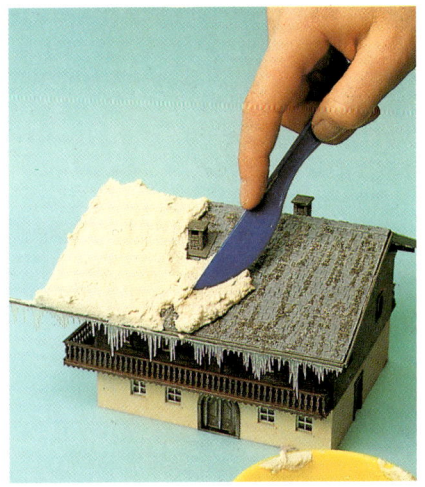
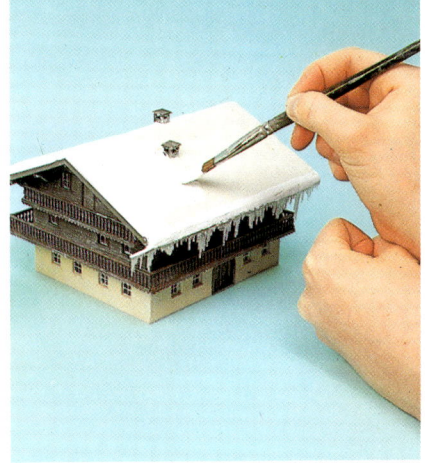

Wenn man eine Winterlandschaft so darstellen will, wie sie sich mit einer teilweisen abgetauten Altschneedecke präsentiert, kann man auf die Schneepolster auf den kleineren Objekten verzichten. So ist beispielsweise auch eine Schneelandschaft denkbar, aus der sich die Nadelbäume ohne Schneepolster dunkelgrün abheben. Zweifellos interessanter sind aber die tief verschneiten

Abbildungen oben von l. n. r.:
— Ankleben der Eiszapfen an die Dachrinne
— Auftragen des Klebers für die Besandung
— Einstreuen des Sandes in die frische Kleberschicht
— Auftrag der Spachtelmasse
— Auftrag der weißen Dispersionsfarbe
— Einstreuen von Glasdiamantin in die nasse Schneefarbe

159

Versionen nach unmittelbar vorausgegangenen ergiebigen Schneefällen. In diesem Fall müssen auch die Bäume Schneepolster erhalten. Hierzu verwendet man ebenfalls die mit Dispersionsfarbe angefettete Modelliermasse und trägt sie mit einem breiten Haarpinsel auf. Je nach Gestaltungsart kann man in gleicher Weise die Schneepolster auf unbelaubte Bäume (FALLER, HEKI) aufbringen oder aber auf solche, die Herbstlaub tragen. Bei den gedrehten Fichten und Tannen gelingt das Beschichten am besten, wenn man den prallvollen Pinsel von oben nach unten führend abstreift.

Beim Beschichten von beflockten Bäumen, und dazu zählen auch die gedrehten Tannen und Fichten, kann allerdings insofern ein Problem auftreten, als die wasserlöslichen Farbstoffe, mit denen die Flocken oftmals eingefärbt sind, in die Modelliermasse einwandern und diese ebenso giftgrün einfärben wie alle nachfolgenden Farbaufträge. Solche frühlingsgrünen Baumgruppen inmitten einer reinweißen Winterlandschaft sind jedoch alles andere als erwünscht. Um ein weiteres Durchschlagen dieser Farbtinten zu verhindern, ist es erforderlich, die grün verfärbten Schneepolster nach dem Trocknen mit weißem Spirituslack (auch unter der Bezeichnung „Kelterlack" in jedem Farbengeschäft erhältlich) oder speziellem Isolierlack (z. B. Kronengrund) zu übermalen. Zwar färbt sich auch dieser Isolieranstrich grün, da die Farbstoffe aber fest in das Bindemittel des Isolierlacks eingebunden sind, ist ein Durchschlagen

in die nachfolgend aufzutragende weiße Dispersionsfarbe nicht mehr zu befürchten.

Speziell für Schneeauflagen sind auch die ansonsten beim anspruchsvollen Anlagenbau verpönten zusammensteckbaren Bausatztannen (FALLER, HEKI) besonders gut geeignet. Sie bieten nicht nur ideale Auflagenflächen für die Modelliermasse, sondern wirken nach einer solchen Behandlung sehr natürlich. Und außerdem kommt es hier nicht zum Durchbluten, so daß man auf die isolierende Zwischenbemalung verzichten kann. Oft wird hier aber eine Besandung erforderlich, damit die Modelliermasse ausreichend haftet.

Niederes Buschwerk wird auf einer Winterlandschaft nicht mit Islandmoos gestaltet, das ebenfalls zum Durchbluten neigt und auf das außerdem in Er-

mangelung ausreichender Eigenfestigkeit ein Schneepolster kaum aufgebracht werden könnte. Besser geeignet sind entsprechend geformte Hecken und Büsche, die man sich aus einem Naturschwamm zurechtschneidet und mit Holzleim auf den bereits vorgestrichenen Untergrund klebt. Nach dem Trocknen können die Schneepolster in der üblichen Weise aufgetragen werden.

Das letzte Finish in Form von zwei deckenden Anstrichen mit reinweißer Dispersionsfarbe erhält die Winterlandschaft dann, wenn alle Bauwerke, Bäume, Büsche, Felsvorsprünge u. ä. ihre Schneepolster erhalten haben. Es empfiehlt sich hierfür eine wetterfest gebundene Fassadenfarbe (z. B. Amphibolin oder Baeuerle FFF) zu verwenden, die auf Grund ihres hohen Bindemittelanteils stets mit einem seidenglänzenden Lüster auftrocknet

und ihrer Zweckbestimmung entsprechend natürlicher wirkt als eine stumpfmatte Oberfläche. Der weißen Dispersionsfarbe kann man noch ein wenig Blau zumischen. Dadurch wird optisch ein höherer Weißgrad vorgetäuscht.

Grundsätzlich alle Schneeflächen, also das Terrain ebenso wie die auf die verschiedensten Objekte aufgebrachten Schneepolster erhalten ihr letztes Finish mit der weißen Dispersionsfarbe. Um eine ausreichende Untergrundabdeckung zu erzielen, sind mindestens zwei Farbaufträge erforderlich. Zum Bemalen größerer Flächen benutzt man einen weichen Plattpinsel mit Naturborstenbesatz. Für die kleineren Details wird man hingegen besser einen Rindshaar-

Malpinsel verwenden. Grundsätzlich wird die Farbe bei beiden Aufträgen mit wenig Wasser nur soweit verdünnt, daß sie sich gut verarbeiten läßt und strichfrei verläuft. Beim Bearbeiten größerer Flächen kann es von Vorteil sein, wenn man die frisch aufgetragene Farbe mit einem noch möglichst neuen, naturborstenbesetzten Ringpinsel mittlerer Größe nachtupft. Eventuelle Streichspuren werden dabei verwischt und gleichzeitig entsteht eine apfelsinenschalenähnlich genoppte Oberfläche. In die noch nasse Farbe streut man anschließend weißes Glasdiamantin ein, das in der Dispersionsfarbe eingebettet, ausgezeichnet haftet. Das Glasdiamantin, das sehr sparsam, aber möglichst gleichmäßig verteilt eingestreut

Abbildung oben:
Tiefverschneite Winterlandschaft mit Burgruine.

Abbildung Seite 160 oben:
Beschichten einer Tanne mit Modelliermasse.
Abbildung Seite 160 unten:
Winterlandschaft mit zugefrorenem Weiher.

werden sollte, bewirkt den typischen Glitzereffekt, wie er durch die Prismenwirkung der Schneekristalle auftritt und für sonnenbeschienene Winterlandschaften typisch ist.

Hinweis: Glasdiamantin ist im FALLER-Winterset enthalten. Weißes Glasdiamantin findet sich auch im Angebot der Fa. HEKI.

Die Klosteranlage im Weinberg als Motiv. Die Teile der modifizierten Gebäudebausätze wurden vor dem Zusammenbau mit Mattlackfarben patiniert (siehe Seite 165).

Spezielle Gestaltungstips

Gestalten mit Polystyrol-Modellbauplatten

Unter den Marken „HEKI-dur" und „Merkur" gibt es Modellbauplatten in Dicken von 1 bis 6 mm aus dichtgeschäumtem Polystyrolhartschaum. Angefangen von der einfachen Stützmauer über die originalgetreue Nachbildung von Tunnelportalen bis hin zum kunstvoll gestalteten Eisenbahnviadukt – siehe Seiten 76 und 85 – gelingen mit diesem Werkstoff Modellbauwerke nach eigenen Plänen. Auch Kombinationen mit Plastikbausätzen sind möglich.

Diese Modellbauplatten mit an ihren Vorderseiten tief eingeprägten Mauerwerksstrukturen sind biegsam und lassen sich mit scharfen Klingen leicht schneiden. Außerdem kann man sie auch ausgezeichnet nachprägen. Somit bieten sich mit diesem Material nahezu unbegrenzte Möglichkeiten individueller Oberflächenstrukturierung. Die Polystyrolerzeugnissen eigene, geringe Festigkeit fordert jedoch bei statisch belasteten Modellbauwerken wie zum Beispiel bei Brücken und Viadukten, eine versteifende Unterkonstruktion aus Pappe oder Holz. Wie alle Polystyrolerzeugnisse sind auch diese Modellbauplatten empfindlich gegen Wärme (über 60°C) und gegen die meisten Lösungsmittel. Sie können deshalb nur mit speziell empfohlenen Klebern (zum Beispiel UHU-por, UHU-Kontakt 3000 oder UHU-coll) verklebt und nur mit lösungsmittelfreien Farben überstrichen werden.

Polystyrol-Modellbauplatten sind besonders leicht bearbeitbar. Bedingt durch die hohe Druckempfindlichkeit gelingt jedoch ein einwandfreier Schnitt nur dann, wenn die Klinge gut

geschärft ist und die zu bearbeitende Platte auf einer planebenen, harten Unterlage aufliegt. Das Messer wird stets unter mäßigem Druck geführt, so daß die Klingenspitze noch etwas in die Unterlage ritzt. Diese Schnittechnik bewirkt allerdings, daß die Klingenspitze relativ rasch abstumpfen wird. Daher ist es erforderlich, die Klinge nach etwa jedem zwanzigsten Schnitt an einem Ölstein abzuziehen.

Den geraden Schnitt – und das sollte man sich unbedingt angewöhnen –

Abbildung oben:
Ausschnitt aus einer H0-Modellbahnanlage. Die Tunnelportale, die Burgruine und die Betonstützmauer entstanden aus Polystyrol-Modellbauplatten.

wird man stets mit Hilfe eines Stahllineals ausführen. In der Regel wird das Messer so geführt, daß der Schnitt korrekt im Winkel von 90° erfolgt. Der exakt ausgeführte Vertikalschnitt ist insbesondere dann wichtig, wenn die Kanten der zugeschnittenen Teile stumpf stoßend verklebt werden. Bei Außeneckverbindungen wird man den Schnitt jedoch stets in der entsprechenden Gehrung ausführen (meistens 45°). Hierfür gibt es einen speziellen Kantenschneider. Der Geübte wird jedoch mit dem schräg am Stahllineal geführten Messer rationeller arbeiten. Beim Kurvenschnitt wird das Messer zwischen Daumen, Zeige- und Mittel-

Abbildung oben:
45°-Kantenschnitt mit dem Spezialmesser. Ein Stahllineal dient als Führungsanschlag.

finger so gedreht, daß die Klinge dem Kreis folgend grundsätzlich immer in Schnittrichtung zeigt. Oft finden sich auch Dosendeckel, die man als Zuschnittschablone verwenden kann. Die Schnittlinien zeichnet man sich zuvor mit einem sehr weichen Bleistift oder einem Fettstift auf.

Polystyrol-Modellbauplatten sollten stets vollflächig verklebt werden. Bei punktförmiger Verklebung könnten unter bestimmten Bedingungen unerwünschte Verformungen eintreten.

Die Klebetechnik ist abhängig von der verwendeten Klebertype. Dispersionskleber (Holzleim), der hier mit einem weichen Rindshaarpinsel einseitig auf eine der beiden zu verklebenden Flächen aufgetragen wird,

verfügt über eine nur geringe Anfangshaftung. Die Festigkeit tritt erst dann ein, wenn der Wasseranteil aus der Kleberschicht verdunstet ist, was mitunter Stunden dauern kann. Vorteilhaft hierbei ist, daß man nach dem Zusammenfügen der Teile durch Verschieben noch korrigieren kann. Diesen Vorzug sollte man bei großflächigen Verklebungen auch unbedingt nutzen. Nachteilig hingegen ist die geringe Anfangshaftung dann, wenn die Verklebungen mit Stecknadeln fixiert werden müssen, bis die Endfestigkeit eingetreten ist.

Bei der Kontaktverklebung (z. B. mit UHU-por oder UHU-Kontakt 3000) wird der Kleber auf beide Klebeflächen aufgetragen. Zusammengefügt werden die Teile jedoch erst, wenn die Klebeschichten „abgelüftet" sind, das heißt, wenn der verflüssigende Lösungsmittelanteil weitgehend verdunstet ist. Nach mäßigem Anpreßdruck tritt dann die Haftung auf der Stelle ein, so daß Korrekturen durch Verschieben nicht mehr möglich sind.

Insbesondere die 3 mm starken Modellbauplatten eignen sich dank ihrer hervorragenden Biegsamkeit zum Herstellen von Türmen, Torbögen, Gewölbelaibungen und Tunnelröhren. Dabei ist zu beachten, daß das Formen in engere Bögen durch mehrfaches, behutsames Vorbiegen in die gewünschte Richtung erfolgen muß, da das dichtgeschäumte Material erst durch allmähliches Zusammenpressen der Porenstruktur zuneh-

Abbildung oben:
Eine Burgruine im Rohbau. Als Unterbau für die Türme wurden Papprollen verwendet. Die Versteifung der Mauern erfolgte mit Zeichenkarton. Das fertige Modell ist auf Seite 134 abgebildet.

Abbildung unten:
— Einpassen der vorgebogenen Modellbauplatte in die vorbereitete Tunnelröhre.
— Die Stützmauer einer Brückenauffahrt im Rohbau. Auch hier wurde das formgebende Gerippe der Böschung zuerst mit Zeichenkarton verkleidet.

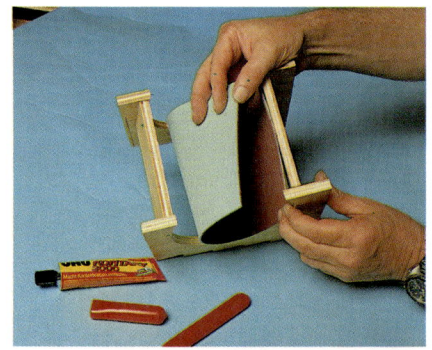

mend biegsam wird. Beim Versuch, den Werkstoff ohne Vorbiegen in die runde Form zu zwingen, kann die Platte brechen.

Wie bereits erwähnt, erfordern größere Architekturmodelle versteifende Unterkonstruktionen. Diese müssen jedoch nicht grundsätzlich so aufwendig sein, wie in den Abbildungen auf Seite 85 gezeigt. Manchmal finden sich auch im Verpackungsabfall Dinge, die man als Corpus für ein bestimmtes Architekturteil verwenden kann. Papprollen bildeten beispielsweise den Unterbau zu den Türmen der links im Bild dargestellten Burg.

Stabilere Unterkonstruktionen sind hingegen für Tunneleingänge erforderlich, da diese nicht nur formgebende Träger für die Polystyrol-Verkleidung sein müssen, sondern gleichzeitig auch tragende Gerüste zur sicheren Befestigung des formgebenden Trägergewebes für die Geländemodelliermasse. Und oft werden an diesen Konstruktionen auch noch die unter Zugspannung stehenden Oberleitungen befestigt. Für den Tunneleingang wird man deshalb, wie in den Bildern gezeigt, die Quersegmente mit der ausgeschnittenen Röhrenform aus Sperrholz fertigen. Die eigentliche Tunnelröhre wird zunächst aus dünnem Verpackungskarton vorgeformt und in das Holzgerüst geklebt. Diese Kartonröhre bildet dann die Basis zum Einkleben der entsprechend zugeschnittenen und vorgebogenen Polystyrol-Modellbauplatte. Auch bei der Herstellung von Stützmauern empfiehlt es sich, unter Verwendung von stabilem Karton einen geeigneten Untergrund für die Polystyrolplatten-Verklebung zu schaffen.

Es gibt viele Möglichkeiten, die Oberflächen der tiefgeprägten Polystyrol-Modellbauplatten noch nachträglich zu verändern. Insbesondere die Bruchsteinstrukturen kann man beispielsweise durch Eindrücken mit dem Messerrücken oder durch Aufträufeln von Holzleim plastisch verstärken.

Eine weitere Veränderung bietet sich durch teilweises Glätten der Mauer-

werksstrukturen mit einer Modellier-Spachtelmasse. Vor allem bei Burgruinen werden auf diese Weise stark verwitterte Putzflächen treffend imitiert.

Die strukturierten Seiten der Modellbauplatten sind bereits vom Hersteller mit Dispersionsfarbe vorbehandelt. Diese Oberflächenversiegelung ist jedoch nicht als Endfarbe gedacht, sondern mehr als haftvermittelnde Trägerschicht für eine endgültige Oberflächenbehandlung mit Dispersionsfarben im Zuge der allgemeinen Landschaftsgestaltung, wobei in der Regel die gleichen Verfahren angewendet werden, wie bei der Oberflächengestaltung der Gebirgsstrukturen beschrieben – siehe Seite 121.

Patinieren von Bausatzmodellen

Dem Streben nach Vorbildtreue, so wie sie bei den Modellbahnfahrzeugen längst üblich ist, sind bei der Herstellung von Gebäudebausätzen Grenzen gesetzt. Diese Bausätze, die rationell in großer Serie gefertigt werden müssen, damit sie noch zu erschwinglichen Preisen angeboten werden können, lassen sich – fertigungstechnisch bedingt – nicht in so differenzierten Farbgebungen herstellen, daß sie sich grundsätzlich in jedes Landschaftsbild harmonisch einfügen.

Fassadenteile und Dachflächen der Gebäudemodelle wirken daher in ihren Originalfarben oft viel zu bunt. Dies führt letztlich dazu, daß die streng in den Farben ihrer Vorbilder lackierten Züge ihre zugedachte erste Rangordnung in der Modellbahnszene verlieren und im farbigen Umfeld untergehen. Der anspruchsvolle Anlagengestalter aber wird einen solchen Zustand nicht hinnehmen und entsprechende Farbkorrekturen durchführen.

Um hier befriedigende Ergebnisse zu erzielen, bietet sich das Patinier-Verfahren an, nach dem auch die Natur arbeitet. Ablagerungen von Staub, Korrosionen und die durch die ultraviolette Strahlung des Sonnenlichtes bedingten Ausbleichungen der Farb-

pigmente sorgen an den Bauwerken in der Natur relativ rasch dafür, daß die Farben im Landschaftsbild meistens ausgewogen sind.

Im Gegensatz zur deckenden Bemalung wird beim Patinieren die Farbe nur hauchdünn aufgetragen, wobei entweder die Lasur- oder die Graniertechnik zur Anwendung kommt – siehe Seite 108.

Es ist immer noch eine weit verbreitete, aber irrige Ansicht, daß es genügt, zu neu wirkende Details auf der Anlage einfach „schmutzig" zu machen, damit sie älter wirken. Die Vorschläge reichen hierbei vom Überwischen mit Schuhcreme bis hin zum Übersprühen mit schwarzer Farbe. Sicherlich gelingt es auch mit diesen Mitteln, grelle Farben im Landschaftsbild abzumildern, doch die so behandelten Objekte dürften höheren Ansprüchen kaum genügen.

Die Verwitterungsprozesse in der Natur vollziehen sich nach ganz bestimmten Gesetzen und in Abhängigkeit zahlreicher örtlich gegebener Einwirkungsfaktoren wie Erosion, Korrosion, Feuchtigkeit, Anwuchs und Lichteinwirkung. Die vielfältigen Farbschattierungen, die dabei entstehen und die typische Patina bilden, gestalten die Oberflächen versöhnlicher mit ihrer farbigen Umwelt. So haben sich auch schon von alters her Künstler darum bemüht, diese Effekte mit Farben und Lasuren an den verschiedensten Objekten und zu den unterschiedlichsten Zwecken nachzuahmen.

Die Ausübung dieser Technik setzte einst viel Erfahrung voraus, die sich hauptsächlich auf das Ausmischen der Farbtöne bezog und weniger auf die relativ einfachen Auftragsverfahren. Im Ausmischen der Farbtöne dürfte auch bisher die größte Schwierigkeit bestanden haben, wenn sich Modellbauer im Patinieren von Anlagendetails versuchten.

In meiner Praxis arbeite ich seit vielen Jahren mit Mattlackfarben, wobei ich mir als Basis für fast alle meine beim Modelleisenbahnanlagenbau vorkommenden Patinierarbeiten vier

Standard-Farbtöne ausgemischt hatte, die die Firma HUMBROL als Basis für ihren Patina-Set übernommen hat. Im einzelnen handelt es sich dabei um eine Rostfarbe, eine dunkelbraungraue Staubfarbe zur Imitation von Ruß- und Staubablagerungen, eine Oxidfarbe zum Granieren der Strukturen und eine neutralgraue Betonfarbe zur Imitation von Betonflächen. Zusätzlich enthält das Set je eine Dose Lasurweiß und Rußschwarz zum Aufhellen bzw. Abdunkeln der Basisfarben, ein Glas Verdünner und einen Feinhaarpinsel, wie ich ihn für alle meine Patinaarbeiten zum Lasieren und Granieren benutze.

Grundsätzlich sollte man die Gebäudemodelle, die heutzutage fast ausschließlich in Bausatzform angeboten werden, vor dem Zusammenbau patinieren. Solange sich die einzelnen Teile noch an ihren Spritzlingen befinden, gelingt die Oberflächenbehandlung am leichtesten. Man wird dabei stets versuchen, die Klebefugen möglichst farbfrei zu halten. In dieser Hinsicht muß man jedoch nicht übertrieben vorsichtig sein, denn geringe Farbreste an den Klebefugen, die lediglich einen dünnen Film bilden, werden vom Klebstoff angelöst und mit eingebunden.

Zum Patinieren von Dach- und Fassadenflächen mit Ziegel- oder Mauerwerksstrukturen verwendet man die Staubfarbe. Je nach der Eigenfarbe der zu behandelnden Fläche und dem erwünschten Verschmutzungsgrad kann sie mit Lasurweiß aufgehellt oder aber unter Zugabe von Rußschwarz nachgedunkelt werden. Liegt zum Beispiel eine weiße oder hellgelbe Klinkerfassade vor, wird man mit der Original-Staubfarbe bereits einen starken Verschmutzungsgrad erreichen, wie er für ein Gebäude richtig wäre, das an einer dampfbetriebenen Strecke aufgestellt werden soll. Für ein Wohnviertel mit geringer Luftverschmutzung wäre hingegen eine solche Fassadenpatina viel zu stark. In diesem Falle würde man die Basisfarbe mit Lasurweiß aufhellen.

Zur Verarbeitung werden die Mattlackfarben verdünnt, bis sie leicht verlaufen. Der Auftrag erfolgt dann möglichst zügig. Nie sollten mehrere Teile auf einmal behandelt werden, als sich an einem Spritzling befinden. Unmittelbar nach dem Farbauftrag, auf alle Fälle aber bevor die Trocknung einsetzt, werden die Oberflächen wieder mit einem nichtfusselnden Leinenlappen abgewischt. Auf diese Weise verbleibt die Farbe konzentriert lediglich in den Vertiefungen der Struktur, während an den erhabenen Flächen die Eigenfarbe des Untergrundes mehr oder weniger durchscheint.

In einigen Fällen kann es von Vorteil sein, wenn man die Oberflächen nach dem Trocknen der Patinafarbe nochmals leicht mit feinem Schleifpapier (Körnung 360) nachbearbeitet. Die Konturen schwacher Strukturen, wie z. B. der Dachziele, erfahren hierbei eine besondere Betonung.

Ähnlich wie bei den gröber strukturierten Flächen wird die Patina auch auf feinstrukturierten Putzflächen aufgetragen. Hier empfiehlt es sich aber, die Patinafarbe stärker zu verdünnen und evtl. sogar auch den Leinenlappen, den man zum Wischen benutzt, schwach mit Verdünner anzufeuchten.

Die staubgraue Patinafarbe eignet sich auch zum Altern von Teilen mit Holzmaserungen, von Schindelstrukturen und Strohimitationen. Befriedigende Ergebnisse werden hier jedoch nur dann erzielt, wenn die Originalfarbe der zu behandelnden Fläche relativ hell ist. Die Patinafarbe wird in diesem Fall nur geringfügig verdünnt aufgetragen und sofort entlang des Maserverlaufs wieder weitgehend abgewischt. Je stärker die Farbe zum Untergrund kontrastiert, tritt auch die Maserung hervor. Bei dunkel gefärbten Holzflächen zeigt die Patina kaum eine Wirkung. Dort empfiehlt es sich, die Graniertechnik anzuwenden.

Auch glatte Bausatzteile kann man patinieren. Die Staubfarbe wird hierbei etwas stärker verdünnt. Allerdings wird dann nicht abgewischt, sondern mit einem zum Ball geformten Leinenlappen solange getupft, bis

eine gleichmäßige Flächenwirkung erzielt ist. Gelingt dies nicht, weil die Farbe vor allem beim Behandeln größerer Flächen zu schnell anzieht, kann auch der Lappen mit Verdünner angefeuchtet werden.

Die leicht grünlich getönte Oxidfarbe ist geeignet zum Granieren von Mauerwerks-, Dachziegel- und Holzstrukturen, außerdem auch von Brücken und Stahlkonstruktionen aller Art sowie zur Anwendung der Graniertechnik an Fahrzeugmodellen wie beispielsweise zum Aufsetzen der „Spitzenlichter" an den Fahrgestellen. Ferner gelingt damit auch die Imitation der Oxidschichten an Kupferdächern und der Verwitterungspatina an Felsnasen und Baumstämmen.

Brücken und Stahlkonstruktionen kann man rationell im Sprühverfahren patinieren. Auch hierzu verwendet man die Staubfarbe. Wenn es sich um Objekte handelt, die im unmittelbaren Umfeld von dampfbetriebenen Strecken aufgestellt werden, kann man auch Rußfarbe zumischen.

Zum Spritzauftrag muß die Farbe nach gründlichem Aufrühren mit ca. 15 bis 20% Verdünner auf spritzfähige Konsistenz eingestellt werden. Keinesfalls darf man die Farbe deckend auftragen. Deshalb wird aus größerer Entfernung gespritzt, so daß der Farbnebel nur in feinster Verteilung das Objekt erfaßt.

Nachdem die im Sprühauftrag aufgebrachte Patinafarbe gut getrocknet ist, erfolgt die Granierarbeit. Interessante Effekte erzielt man durch zusätzliches Anrosten mit Rostfarbe, die man mit der Fingerkuppe auf die Kanten wischt.

Hintergrundgestaltung und Anlagenbeleuchtung

Ebenso wie ein zweidimensional gestaltetes Landschaftsbild, das durch seinen Rahmen streng von den übrigen Wandflächen getrennt eine Einheit darstellt, handelt es sich bei der Modellbahnanlage um ein in sich abgeschlossenes Ganzes, vergleichbar mit einem aus dem Gelände aus-

gestochenen Landschaftsausschnitt.
Jeder Versuch, die mit den Anlagen-
rändern festgelegten, natürlichen
Grenzen durch optische Tricks zu
verwischen, muß daher fehlschlagen.
Hintergrundmalereien oder Fotos, die
den Zweck verfolgen, das dreidimensional gestaltete Landschaftsmodell
zweidimensional fortzusetzen, werden, von einigen Sonderfällen abgesehen, niemals überzeugen. Meistens entstehen durch die unterschiedlichen Darstellungsarten un-
erträgliche Disharmonien.

Insofern stellt sich die Frage, ob eine
spezielle Hintergrundgestaltung überhaupt erforderlich ist. Nun, verzichten
könnte man darauf allenfalls bei einer
frei im Raum aufgestellten Anlage,
die von allen Seiten einsehbar ist. Bei
Wandanlagen ist es hingegen zwingend erforderlich, den Hintergrund
entsprechend anzupassen, da die
Farben eines Landschaftsmodelles
nur vor der Kulisse eines natürlich
gestalteten Horizonts realistisch
wirken kann.

Weder die bemusterte Tapete noch
die Holzverkleidung oder gar irgend

ein Bildposter im Blickfeld der Anlage sind geeignete Hintergründe.
Vielmehr benötigt das dem Naturvorbild nachempfundene Landschaftsmodell einen in atmosphärischem
Blau gestalteten Horizont, der mindestens 20 cm über die höchste topo-
grafische Erhöhung hinausreicht. Ob
man dabei einen unbedeckten
Himmel als Hintergrundmotiv wählt,
die Szene durch Wolken belebt oder
ob man ein aufgehelltes Blau nach
dem Vorbild einer hochnebelähn-
lichen Stratusbewölkung bevorzugt,
spielt dabei eine untergeordnete
Rolle.

Für die fachgerechte Hintergrundgestaltung liefert die Zubehörindustrie (z. B. FALLER) farbig bedruckte
Hintergrundposter. Die nach Original-
fotos reproduzierten Landschaftsbil-
der stellen aus größerer Entfernung
aufgenommene Motive dar, die nur
einen indirekten Bezug zu der dreidimensional gestalteten Landschaft im
Vordergrund aufweisen und einen
idealen Hintergrund liefern. Allerdings reicht die Höhe dieser Hintergrundposter oft nicht aus, insbesondere wenn es sich um mehrstöckig

gebaute Landschaftsmodelle handelt
und die Anlage, wie empfohlen, in
einer Entfernung von mindestens
20 cm von der Wand aufgestellt wird.
Ein solcher Abstand ist nämlich erforderlich, wenn man häßliche Schatten-
schläge von Bäumen und Gebäuden
auf dem Hintergrund vermeiden will.

Bei größeren Anlagen empfiehlt es
sich, die den Hintergrund bildenden
Wände in atmosphärischem Blau vom
Fußboden bis zwei Hand breit über
der höchsten Anlagenerhebung zu
streichen und anschließend weiße
Farbe mit der auf Rundstrahl eingestellten Spritzpistole einzunebeln
und zwar nach unten hin verdichtend,
so daß sich das Bild einer leichten
Stratusbewölkung ergibt. Ein solcher
Hintergrund, den man sich am besten
von einem im Umgang mit der Spritzpistole geübten Fachmann aufbringen
läßt, ist weitgehend neutral und paßt
uneingeschränkt zu jedem Landschaftsbild. Ein großer Teil der in
diesem Buch gezeigten Anlagen-
motive ist vor einem solchen Hintergrund fotografiert.

Außerdem spielt auch die Beleuchtung am Anlagenstandort eine wichtige Rolle. Wie bereits mehrfach
erwähnt, ist von ihr die richtige Farbwiedergabe abhängig. Da Glühlam-
penlicht nicht über das volle Tages-
lichtspektrum verfügt – hier liegt der
Gelb-Rot-Anteil zu Ungunsten den
Blauanteils wesentlich höher – wirken
auch die Farben der mit Glühlampen
beleuchteten Gegenstände entsprechend verfälscht. Für die Anlagen-
beleuchtung sollte man deshalb möglichst Tageslicht-Leuchtstoffröhren
wählen. Sie werden über dem vorderen Anlagenrand angeordnet und
werfen das Licht möglichst gleichmäßig verteilt auf die Anlage. Um
unnatürliche Mehrfachschatten zu vermeiden, sollte man auf Punktstrahler
verzichten.

167

Stichwortverzeichnis